顶坛花椒
功能性状与培育

喻阳华　宋燕平　李一彤　主编

化学工业出版社

·北京·

内容简介

本书以贵州黔中花江高原峡谷大规模种植的顶坛花椒为对象，在概述中国花椒研究现状的基础上，深入分析了顶坛花椒种植对喀斯特地区关键生源要素钙的影响；从林龄和配置模式两个视角，阐明了顶坛花椒人工林的土壤性状，以及叶片、果皮品质等性状；以海拔为梯度序列，分析了顶坛花椒土壤和植物性状的响应规律。此外，详细介绍了顶坛花椒先进的培育技术，以期为顶坛花椒产业发展提供理论指导和技术支撑。

本书可供生物学、地理学、生态学、农学、环境科学、环境工程、农林经济管理等领域的科技人员、师生参考，也可供在喀斯特等脆弱地区从事生态产业的决策管理部门和有关工作人员阅读使用。

图书在版编目（CIP）数据

顶坛花椒功能性状与培育/喻阳华，宋燕平，李一彤主编. —北京：化学工业出版社，2024.4
ISBN 978-7-122-44987-0

Ⅰ.①顶… Ⅱ.①喻… ②宋… ③李… Ⅲ.①花椒-栽培技术 Ⅳ.①S573

中国国家版本馆 CIP 数据核字（2024）第 062178 号

责任编辑：孙高洁　刘　军　　　　文字编辑：李娇娇
责任校对：宋　夏　　　　　　　　装帧设计：关　飞

出版发行：化学工业出版社
　　　　　（北京市东城区青年湖南街 13 号　邮政编码 100011）
印　　装：北京科印技术咨询服务有限公司数码印刷分部
710mm×1000mm　1/16　印张 17　字数 337 千字
2024 年 6 月北京第 1 版第 1 次印刷

购书咨询：010-64518888　　　　售后服务：010-64518899
网　　址：http://www.cip.com.cn
凡购买本书，如有缺损质量问题，本社销售中心负责调换。

定　　价：88.00 元

本书编写人员名单

主 编

喻阳华　宋燕平　李一彤

参编人员

龙　健　李　红　吴银菇　邓雪花　王俊贤　杜明凤
韦昌盛　闵芳卿　曾光卫　符羽蓉　盈　斌　孔令伟
王登超　王光伦　贾兴莲　陈　琴　王朝华　张　松

前言

喀斯特作为专业术语，广泛应用于地理、地质、生态、环境、社会、经济、文化等领域；具有特殊水文和地貌现象，不仅有一套地表水系及相应产生的地貌，还有一套地下水系及相应塑造的地貌——暗河和洞穴。喀斯特地貌的特殊性和异质性，使其受到广泛关注，成为全球地理、生物等领域研究的热点。中国发育喀斯特的各种裸露、半裸露和埋藏碳酸盐地层占国土面积的70%以上，东北部、北部和南部等均有分布，特别是云南西部到贵州以及广西和广东东部。喀斯特地区特殊的自然景观和生态系统，对人类生存、经济社会发展等产生了不同程度的响应，彼此相互作用、互为影响。其中，石漠化演变加剧了喀斯特脆弱生态系统的退化，迫切需要治理与修复。

顶坛花椒系芸香科花椒属植物竹叶椒的一个变种，由于长期生长在黔中喀斯特干热河谷地区，形成了喜钙、石生、耐旱等优异适应性状，成为石漠化生态治理的重要先锋植物；其果皮以"香味浓、麻味纯、品质优"而著称，该花椒兼具生态和经济效益。目前，顶坛花椒生产已被列入贵州省重点特色优势产业，归入中药材产业领域。顶坛花椒自1992年开始大规模种植，现已在贵州省贞丰县、关岭布依族苗族自治县等县域大面积推广，并在贵州省德江县、惠水县、晴隆县等地开展引种实验，逐渐成为乡村振兴的主导产业，资源优势较为明显。由于顶坛花椒为药食同源植物，独特的化学成分使其功能多样、产品多元，开发潜力较大。因此，开展顶坛花椒高效培育研究，是延长产业链的重要基础。

功能性状是指能够影响生物生长、繁殖、生存等表现的形态、生理或物候等特征，与植物对资源的吸收、利用和保存密切相关，表征植物对不同生境的适应，权衡植物内部不同功能之间的生理或进化关系。功能性状将生物与环境的关系有机联系起来，在生态学、植物学、地理学、环境学等诸多学科领域得到应用，尤其在生物适应性、种质资源创制、产业规划等方面均取得了丰富成果，将其应用到人工林培育领域，有利于提高林分的稳定性和可持续性。本书以功能性状为主线，旨在加强对顶坛花椒生物学习性、生态学习性等的认识，最终服务于林分培育，促进生态产业高质量发展。

本书是全体编写成员团结协作、共同努力、辛勤工作的结晶。其中，喻阳华主要负责第1章、第9章、第10章，以及附录等内容的撰写；龙健和李红主要负责

第 2 章的撰写；宋燕平主要负责第 3 章、第 4 章、第 5 章、第 10 章的撰写；李一彤主要负责第 6 章、第 7 章、第 8 章的撰写；吴银菇、邓雪花、王俊贤参与了第 9 章的撰写。同时，喻阳华还负责全书的立项与统稿工作，宋燕平和李一彤还负责全书的初排和校对工作。此外，杜明凤、符羽蓉、孔令伟、王登超等参与了本书部分章节的撰写工作。闵芳卿、韦昌盛、曾光卫、盈斌等为本书的撰写提供了宝贵思路和丰富素材，使整体质量得到提高。本书其他参编人员也在资料收集、汇总、整理，以及技术示范、推广等方面做出了贡献。

本书的撰写和出版，得到了贵州师范大学地理与环境科学学院（喀斯特研究院）杨建红书记、周忠发院长、盛茂银副院长和朱大运副院长等领导的关怀和厚爱，贵州师范大学国家喀斯特石漠化防治工程技术研究中心主任熊康宁教授在成书过程中也给予了诸多宝贵意见和建议，还得到了其他许多同事的支持、帮助和鼓励。感谢贵州省科技支撑计划项目"贵州特产顶坛花椒种质评价及优良品种培育关键技术研究"（黔科合支撑［2023］一般 062 号）的资助。此外，还有许多从事生态修复和乡村振兴等研究的同行，为我们提供了宝贵的撰写思路和文献资料，在此一并表示感谢。

由于作者水平有限，并且在顶坛花椒培育及产业振兴方面的研究积累还不够丰富，疏漏之处在所难免，敬请读者朋友批评指正。

喻阳华

2023 年 11 月

目录

3　不同林龄顶坛花椒人工林土壤性状　048

4 不同林龄顶坛花椒地上部分功能性状 062

5 顶坛花椒与九叶青花椒功能性状对比 107

6　不同配置模式顶坛花椒的土壤性状 123

7　不同配置模式顶坛花椒的性状　148

8　不同配置模式优选与调控　176

9　不同海拔顶坛花椒的性状　184

10 顶坛花椒培育技术 232

附录 255

1 中国花椒研究现状

花椒是芸香科花椒属植物，在许多国家均有栽培，我国是世界上花椒种植面积和生产量最大的国家。全球市场对花椒的需求较大，对优质花椒和精深加工等的需求更为迫切，这些驱动了花椒产业发展。尤其在我国西南地区，花椒作为重要的调料，是调节麻味的唯一香料物质。本章从花椒种质资源、栽培技术、功能成分、资源化利用等视角，对我国花椒研究现状进行梳理，为不同花椒主体提供参考思路。

1.1 种质资源

1.1.1 品种资源

关于花椒的品种，已经有较多文献进行了详细介绍。根据杨途熙和魏安智（2018）的研究成果，全世界花椒属植物有 250 种，其中原产于我国的约有 45 种：主要类型包括野花椒、秦椒、川陕花椒、青花椒、竹叶花椒；主要栽培品种有凤县大红袍、韩城大红袍、武都大红袍、茂县大红袍、汉源花椒、枸椒、大红袍、秦安1 号、九叶青等，以及栽培面积不大但品质优势较为明显的顶坛花椒。不同花椒品种在生长、产量和品质等方面均具有差异，其生态适应性状和机理也不同，这成为品种选择、规划和栽培措施制订等的依据。

1.1.2 种质特征

花椒是重要的药食同源植物，具有悠久的栽培历史，形成了诸多优异种质资源。学者们对花椒的种质特征进行了研究，为种质创新和资源保护提供了科学参考。刘霞等（2023）首次组装了九叶青花椒叶绿体基因组全序列，明确了花椒属为单系类群，九叶青花椒与野花椒关系密切，这些成果逐步解析了花椒物种间的系统发育关系，为花椒的遗传信息、种质资源评价、分子育种等的开发及遗传多样性研究提供了理论依据。张晓熙等（2022）研究表明，竹叶花椒转录组中 SSR 位点出现频率高、分布密度大、重复基元类型丰富、多态性高。这一结果可为竹叶花椒的分子标记开发、花椒属植物的亲缘关系鉴定、DNA 指纹图谱构建等提供科学依据。黄凯麟等（2022）基于竹叶花椒全基因组的公布，鉴定了竹叶花椒中 GST 基因家族成员，并对其基因的分类、基因结构、亚细胞定位和不同组织中的表达量等进行分析。结果显示，ZaGSTs 有一定的组织表达特异性，在竹叶花椒叶和种子中的表达量高于其他组织器官，在皮刺中的表达量低于其他组织器官。结果可为竹叶花椒 GST 基因家族的功能及抗性品种选育与改良提供依据。郭莉等（2023）基于花椒窄吉丁转录组数据（SUB6796283），利用 cDNA 末端快速扩增技术对花椒窄吉丁气味结合蛋白基因 *AzanOBP5* 进行全长克隆并进行生物信息学分析，并通过实时荧光定量检测技术测定基因 *AzanOBP5* 在成虫不同组织中的表达情况。结果表明花椒窄吉丁气味结合蛋白基因 *AzanOBP5* 除参与嗅觉识别过程外，还可能具有其他生理功能。这些关于花椒生物信息的报道，有助于花椒种质改良和品种选育，也是性状调控的分子基础。

同时，王星斗等（2022）提出可以利用花椒无融合生殖的优势，以无重组育种为主体，加大种质资源开发力度；还应综合利用基因组、代谢组、转录组和蛋白质组等组学技术，揭示花椒关键性状的形成机制，结合酵母单/双杂交、凝胶阻滞、双荧光素酶互补等技术，阐明花椒优良种质在驯化过程中的遗传调控机制；还提出筛选鉴定生物胁迫和非生物胁迫的关键抗逆基因，结合基因编辑和遗传转化等技术，开发具有理想基因型的花椒品种。这些研究展望从核心功能性状和调控基因出发，将先进前沿技术应用到种质资源创制，具有较强的理论和实践价值。田凤鸣等（2022）对拮抗菌株进行分离，并鉴定为贝莱斯芽孢杆菌，该菌对花椒根腐病病菌的抑制率可达 72%，可使菌丝前端的生长严重受阻。该研究获得了拮抗基因相关的基因簇，是研究该菌株抑菌分子机理的基础。这些结果为花椒种质资源开发和利用提供了理论依据，是推动花椒资源化利用的重要基础研究。

白磊等（2022）还以蚬壳花椒种子人工萌发中不同生长期转录数据为基础，通过生物信息学拼接完整的种子萌发调控相关蚬壳花椒过氧化物酶同工酶基因 *ZdPOD1*、*ZdPOD2* 序列，克隆转导至酵母感受态细胞，初步探讨其可能影响蚬壳花椒种子萌发的特异性功能，并通过实时荧光定量 PCR 分析蚬壳花椒种子萌发过程中表达量变化，旨在揭示蚬壳花椒种子萌发过程中存在的分子调控机理。结果表明 *ZdPOD1* 主要与蚬壳花椒种子萌发初期细胞抗氧化性有关，*ZdPOD2* 主要与细胞壁形成有关，具有加固细胞壁的功能。这项研究结果显示，调控基因与花椒形态构成等关系密切，厘清种质资源特征是高效栽培、品质调控等产业实践的基础。

不同花椒种质资源，其特征差异也很大，对其资源特征进行识别和筛选，是走向生产应用的基础工作。侯娜等（2017）使用氨基酸自动分析仪，比较了不同产地花椒种质的氨基酸组成差异，并做出营养价值评价，对 13 个花椒种质进行聚类分析，划分为 3 类。根据不同花椒种质氨基酸含量的多少，开发和利用花椒植物蛋白资源。根据花椒中不同物质含量的上调和下调表达，可以进行产地鉴定和调整培育措施。

关于种质资源特征，笔者总结了还可以加强研究的几个方面。一是不同种质有何优异性状，这些性状是怎样形成的，是否具有稳定遗传特性，都应该首先得到揭示，没有这些基础性状数据，难以形成针对性的调控手段。二是调控核心性状和关键生物学过程的基因有哪些，筛选出这些基因后，如何在生产上予以应用，这是开展种质利用的前期基础。三是种质资源特征与产地环境之间具有一定关联，不能忽略生境要素，而仅仅关注遗传属性，否则可能导致引种失败，种质特征得以维持是品种属性和栽培环境相结合的成果。四是这些种质资源属性如何应用到种质创新上，推动种质资源库建立和完善，并实现持续更新，是一项重要而紧迫的工作。

1.2 栽培管理技术

关于花椒栽培理论与实践技术，已经有较多文献进行了介绍，这些成果类型包括论文、专利、专著、技术标准等。从生长发育来看，主要包括苗期和成熟期；从技术措施来看，包括水肥协同、整形修剪、病虫害防控等。但是，不论何种技术，都具有综合性和协同性，难以割裂开来。

枝条修剪对花椒种子萌发、花芽分化、水肥药管理措施等产生显著影响。在花椒种子萌发早期，外源蔗糖显著增强糖分解代谢，提高活性氧含量，进而促进蛋白质羧基化；种子具有更高的活性氧耐受能力。这些结果能够为提高种子萌发率奠定基础（王恒等，2022）。竹叶花椒形态分化包括未分化期、花序轴分化期、花蕾分化期、花被分化期及雌蕊分化期；云南省大关县的研究结果表明，海拔越高，花芽分化进程越晚；适度采枝修剪方式的花芽分化时间早于全下桩采收方式。这些结果能够为花椒种植、采收和修剪等提供科学依据（申显当等，2022）。结果表明，合适的枝条修剪方法是提升产量和品质的重要农艺措施，也是抵抗自然灾害、病虫害等风险的关键路径。修枝技术也应该结合采摘时间、海拔、积温等因子综合确定，盲目修枝会影响次年的产量和品质，人为制造小年，甚至减产绝收。

同时，施肥对花椒生长也产生明显影响。张树衡等（2021）研究显示，施肥能够显著提高花椒幼苗株高、茎径和生物量的积累，光合能力也明显增加，且混施对花椒的促进效果优于单施。综合看，以微生物菌肥与生物有机肥体积比为 2∶1 时效果较优，对花椒连作障碍有较好的缓解作用。适当喷施叶面肥，有利于花椒苗生长和提高生理抗性（纪道丹等，2022）。肥料种类、配比、施用量、施用时间以及土壤水分条件等，对花椒生长影响较大。越来越多的证据已表明，土壤水肥条件对产量和品质能够产生显著影响。据报道，施肥量、施肥次数和种植密度是影响花椒产量的主要因素，三者的贡献率达 52%，应予以系统考虑。针对重庆花椒种植户而言，产量、施肥量差异较大，提升农户科学施肥认识、整枝管理水平、耕地保护意识、合理密植观念等，有利于提高花椒的生产力（卢明等，2022）。相关研究内容较多，本书未进行详细阐述。

病虫害防控也是花椒栽培中关键而核心的技术，相关成果较为丰富，并逐步从药物防控走向生物防控。例如，阮钊等（2022）鉴定出花椒根腐病菌为腐皮镰刀菌（*Fusarium solani*），6％丙唑·多菌灵悬乳剂、30％苯甲·丙环唑悬乳剂、50％多菌灵可湿性粉剂和80％代森锰锌可湿性粉剂对花椒根腐病的抑制作用较强，这一研究结果能够为防控根腐病提供理论指导。病虫害防控相关技术较为系统，包括了病害和虫害两大类型，预防和治理两个手段。

当前，花椒面临生长衰退问题，对其开展防控是提高人工林生态系统稳定性的主要路径。王正江等（2023）选取重庆九叶青花椒正常株和黄花株为试材，通过石蜡切片、高效液相色谱和酶联免疫等方法，研究表明花椒开黄花的实质为雌蕊的缺失和雄蕊的出现；脱落酸和水杨酸在黄花株和正常株的秋季茎叶及次生春季花序中含量差异显著。这些结果从植物激素方面研究了花椒开黄花的生理变化，有利于下一步开展防控。周朝彬等（2022）认为，顶坛花椒雌雄花芽发育过程中具有显著不同的蛋白质组学调控机制，通过大量开雄花节约资源，可能更有利于植株对喀斯特环境的适应。顶坛花椒开黄花的这一典型衰退现象，可能是其适应环境胁迫的一个方式，通过控制繁殖生长以维持自身存活需要。

此外，选择合理的采收时间也是重要的栽培技术措施，这在以往的工作中通常被忽略，过早采摘不利于产量形成和次生代谢产物积累。例如，罗红等（2022）比较了贵州干热河谷地区九叶青和顶坛花椒的果实特性，结果表明在6月中旬采收时，九叶青的粒径、千粒重等表型性状更优，但顶坛花椒的挥发油含量显著要高。这一结果对顶坛花椒功能成分积累和采摘时间确定具有指导意义，也表明栽培管理措施对花椒品质产生显著影响。我们在生产实践中发现，花椒果实采摘过早或过晚，都会影响品质形成。特别是对产品进行功能性定位时，更应考虑采摘时间和方式等，这有利于构建栽培技术与产品功能属性的关系。

关于栽培管理技术，笔者总结了目前存在的一些问题。一是不同花椒的需肥规律不完全清楚，主要原因是花椒栽培地生境较复杂，难以总结出普适性的结果，这也与花椒的生长动态变化有关。目前的技术多为经验技术，较少是科学技术，导致推广有困难。二是花椒树形与资源利用效率的关系缺乏精准量化，目前的技术基本都是依据经验得到，不同树形对资源利用的效率缺乏评价，尤其是光合产物、能量积累和产量等数据监测缺失。三是花椒定向培育技术缺乏，极少开展对特定功能产品的培育措施研究，导致产品同质化严重，也在一定程度上引起市场不公平竞争。四是花椒病虫害的发生规律研究还很欠缺，生物防治措施关注较少，药物防治与树体损伤、品质影响的关系尚不够清楚。五是对花椒产量和品质的形成规律认识较浅，难以针对性地采取栽培地规划和培育措施调控。

1.3 花椒人工林效应评估

种植花椒具有明显的生态效益和经济效益，这已成为共识。刘志等（2019）研究表明，花椒和金银花混交，较纯林更有利于提高土壤抗侵蚀能力，这表明合理的配置是提高其生态效益和花椒适应能力的措施（Li et al.，2023）。种植花椒具有显著的经济效益。花椒是生境改良的优选物种，是生态效益和经济效益兼顾的植物。在干旱背景下，花椒林下间作豆科植物可以加快土壤养分、土壤微生物和线虫群落的恢复，进而有利于目标作物生长。表明构建合理的农林复合系统可以增强土壤生态系统稳定性（宋成军和孙锋，2021）。这些结果给花椒人工林复合种植提供了理论依据，成为提高林分稳定性的关键技术环节。

花椒种植也会明显改善土壤养分状况。魏勇等（2022）通过分析重庆市江津主产区2013 年土壤养分质量分数分布特征，并评价了 126 个定点监测椒园的土壤肥力变化特征和肥力水平，提出要提高土壤有机质含量、调节土壤 pH 值等措施，以改良土壤肥力，这些结果能够对土壤肥力综合调控提供理论依据。王帅等（2021）研究了重庆花椒种植区土壤剖面的肥力特征，结果显示耕作层质量最高，土壤养分在垂直方向上的表聚特征明显；养分类型上，钾素含量较为丰富，而有机质含量较为亏缺；不同土壤类型的肥力水平也存在差异，以石灰黄泥为高，这一结果有利于今后开展花椒种植区划研究。目前，花椒种植规划很少系统考虑土壤和气候等因子，形成了很多小老头树，今后应当结合花椒的生物学习性、生态学习性开展种植规划和布局。

相关研究文献较多，集中在生态效益方面。归纳来看，这一领域研究的主要问题有：一是未从微观上揭示产生这些效应的原因，导致机理层面的认识较少，也就难以采取针对性的调控措施。二是花椒作为纯林，其功能容易朝低效方向演化的风险是客观存在的，对基于生物多样性的林分结构配置缺乏研究。三是由于花椒的副产品较少，附加值较低，导致生态效益在数值上较低，生态产品价值实现的路径缺乏。四是今后对花椒根系生态学，尤其是菌根等方面可以做一些探索，这是提高其生态适应能力的关键基础。五是对生态和经济效益的协同关系缺乏研究，过度追求两者的最大化，给生态系统造成较大压力。科学评估花椒的效益，能够为培育措施调整提供基础资料。

1.4 花椒功能成分物质

花椒属植物中具有丰富的化学成分，可以简单地分为苯丙素类和非苯丙素类，非苯丙素类化学成分包括生物碱类、黄酮类、萜类、有机酸类、酚类等，强化对非苯丙素类化合物的研究，有利于新药开发和临床应用（袁海梅等，2021）。目前，对花椒化学成分物质测定的报道较多，对其成分的分离、鉴定，学者们较早就开展了研究。Xiong 等（1997）从花椒果皮中分离出了 10 个不饱和烷基酰胺，Cao 等（2022）从花椒果皮中鉴定出 1429 种代谢物，主要为类黄酮和酚酸，且在不同品种之间呈现较大差异。现在已经初步厘清了花椒中的风味物质，如酰胺类、半萜类、多糖类等。

高露等（2023）采用顶空固相微萃取-气相色谱-质谱联用技术，对 12 种红花椒油的挥发性风味物质进行了定性定量分析，共鉴定出 85 种挥发性物质，其中烯烃类 25 种、醛类 19 种、醇类 14 种、酯类 12 种、酸类 2 种、酮类 6 种、其他类 7 种。通过气味活度值结合偏最小二乘判别分析，筛选出花椒油中的芳樟醇、月桂烯、柠檬烯、桧烯等 12 种关键香气物质。这项结果的贡献在于，筛选出了花椒中的主要功能物质成分，为品质调控和产品开发提供了基础支撑。侯莹莹等（2023）以甘肃省陇南市经济林研究院种质资源库的狮子头、茂汶大红袍、实生大红袍 3 个花椒品种为对象，测定出其共有芳樟醇、柠檬烯等 7 种挥发性物质；并采用成熟期麻味物质与挥发性物质为品质评价指标，通过主成分分析，得出茂汶大红袍的品质最佳，实生大红袍则最差。杨成峻等（2023）从花椒果皮中鉴定出 20 种多酚化合物，包括 9 种酚酸及其衍生物和 11 种黄酮类化合物，采取的分级萃取方法能够对多酚类物质起到良好的富集作用。通过毒理学实验可知，花椒果皮中可提取出预防和治疗糖尿病潜质的活性成分，该项研究为开发花椒功能成分物质提供了理论参考。王玉萍等（2023）研究表明，目前从花椒中分离得到的非挥发油成分主要包括 41 个酰胺、24 个黄酮、18 个芳香糖苷、17 个生物碱和 12 个香豆素；并对花椒果皮正丁醇部分化学成分展开研究，分离得到 25 个化合物，包括香草酸、异香草酸、佛手柑内酯、葛根素、金丝桃苷等。这项成果为花椒的食用、药理价值开发提供了参考，有助于发现结构新颖、生物活性良好的化合物，丰富植物化学成分，促进特色资源开发。叶倩女等（2023）研究表明，花椒属植物所有的麻味均来源于酰胺类化学成分，这些成分是发挥药理作用的重要物质基础；文章还系统归纳了 26 种花椒属植物中已报道的 123 个酰胺类化学成分及其药理作用，包括抗炎、缓解阵痛、麻醉、降血糖、抗肿瘤、杀虫等，以及调节肠胃系统、改善皮肤皱纹、改善蛋白质代谢紊乱等，这给药物研发和临床应用等提供了科学参考。这些研究成果，为花椒尤其是果皮资源化利用提供了参考。并且随着研究手段的深入和更新，新化合物仍然不断被检测出，比如Tian 等（2016）从陕西秦岭山区栽培花椒果皮中分离到 8 种异丁基羟基酰胺，其中包括了 3 种新化合物。

同时，花椒中的化学物质受提取加工方法、干燥方式等影响较大，不同加工方式导致其物质含量存在波动。例如，不同干燥方式对青花椒精油品质影响较大，金敬红等（2022）比较了自然干燥、热风干燥、真空冷冻干燥、冷冻-微波联合干燥 4 种工艺对品质的影响。结果表明，联合干燥所用时间短、能耗少、精油含量高、含水率低，适宜干燥青花椒。该结果从制备方法与品质的关系出发，筛选出更为适宜的干燥方式，对指导花椒干制具有重要的参考价值。马丽娅等（2022）将气质联用与电子鼻技术结合分析火锅底料常用花椒的主要挥发性物质，结果显示：不同花椒品种的主要挥发性化合物分为烯烃类化合物、醇类化合物、酯类化合物；相较于单一品种，不同花椒混合后的特征香味变化明显。这一结果为花椒产品的灵活搭配使用提供了理论依据。采用顶空固相微萃取结合全二维气相色谱-四级杆飞行时间质谱联用的方法，构建了适用于高通量检测青花椒挥发性香气成分的方法，并通过谱库匹配、保留指数及精确质量进行定性确认。通过该方法，青花椒中共鉴定出 75 种挥发性香气化学成分，并以芳樟醇、月桂烯、柠檬烯等含量较高。该方法有助于花椒品质分析和产地鉴别（向章敏和刘恩刚，2022），为分析花椒品质提供了方法学参考。因此，基于花椒中化学物质的变化规律，不断优化样品制备、加工、使用工艺，是生产上的迫切需求。

目前还存在的问题有：一是影响花椒中化学成分物质的因素还不够清晰，品种资源和栽培措施对这些物质含量的影响尚不完全明确；由于初生代谢产物是维系生命和维持次生代谢产物的基础，必要时也可以开展初级产物研究，从代谢视角揭示核心品质性状形成的机制。二是对这些化学物质的丰度和主要功能掌握不够，限制了其食用、药用等价值的开发，主要还是停留在食用阶段，以及作为一些食品添加剂。三是缺乏花椒功能成分物质质量标准，其含量处于何种水平尚不清楚，缺乏统一的评价依据，因而进一步构建花椒不同部位的核心质量指标体系，并完善质量标准，具有较强的生产指导意义。

1.5 花椒加工与提取研究

目前，花椒油类产品的提取制备技术较多，参数的选择和优化也主要服务于食品应用领域，产品品质的评价多以风味物质的保留为标准，花椒油在生物活性领域的研究仍处于起步阶段。明确花椒精深加工的方向和目标，能够为其食品调味、日用化工、生物医药等花椒系列产品开发提供参考（胡晴文等，2023）。麻味和香气是影响花椒油和藤椒油风味品质的重要因素，张宇等（2023）采取 Schaal 烘箱法，探讨了加速氧化期内（0～35 天）花椒油和藤椒油的酸价、过氧化值和风味品质变化，旨在为品质控制及货架期预测提供参考。Zhang 等（2019）采用表面活性剂辅助酶解技术对花椒风味物质进行了提取，探讨了提取原理，并对具体工艺进行优化，这项结果为花椒精深加工和综合利用提供了科学参考。彭青等（2022）研究认为，不同浓度和比例的花椒-辣椒复合物对脂肪酶和 α-淀粉酶活性的抑制呈现不同的作用类型，并在各复配比例下均呈拮抗作用，比例下降其协同作用减小；复合物对酶活性的抑制能力较单一提取物更强。总体来看，目前关于花椒提取工艺的优化研究还较少，提取的物质也较为单一，更多还是使用其初级物质产品；同时，花椒中特定物质的提取设备、工艺、成本等要求都比较高，也在一定程度上限制了产品的应用，影响了产业链的延伸，未来有必要加大对设备的研发和生产力度，真正形成深加工产品并推向市场。

1.6 资源化利用

目前，关于花椒资源化利用的报道并不鲜见，表明学者们已经充分挖掘了花椒的价值。周勤文等（2022）研究表明，花椒籽饼粕对平菇菌株的菌丝生长有促进作用，对鸡腿菇、金针菇、蛹虫草菌丝的生长也具有促进作用；同时，不同的添加量对菌丝生长速率、实体生物转化率等有不同影响。这项结果能够为花椒籽饼粕资源化利用提供参考依据。青花椒果壳渣经生物发酵提取后，制得发酵产物滤液，1％、2％、4％的发酵产物滤液均能延长秀丽线虫寿命，提高其运动行为能力和吞咽频率，降低肠道氧自由基水平，还能缩短排泄周期，提高代谢能力。这一结果为花椒功能产品开发提供了理论依据（束成杰等，2022）。程志敏等（2022）研究也表明，青花椒精油可作为植物来源的潜在龋病抗菌剂。卢利平等（2022）将单因素实验和响应面分析法相结合，对天水大红袍花椒籽黑色素进行超声辅助提取工艺优化，表明NaOH浓度、料液比、提取温度、提取时间显著影响黑色素得率；体外氧化实验结果显示，天水大红袍花椒籽黑色素是一种良好的天然抗氧化剂。在这些资源化利用过程中，食品安全是大家关注的焦点之一。按照良好农业规范，在花椒上施用代森联和吡唑醚菌酯后，其随着生长发育均能快速消解，施用1月左右，鲜花椒消解率可到95％以上；鲜花椒加工成干花椒，能显著降低代森联在干花椒中的残留，而吡唑醚菌酯则发生了富集效应。这些结果可为花椒食品质量安全提供理论支撑（张耀海等，2022）。

此外，在花椒的药用价值方面，也进行了一些富有成效的探索，为花椒的资源化利用指明了路径。已有研究表明，竹叶花椒甲醇提取物可导致细胞存活率下降，直接诱导细胞内ROS升高，进一步引起细胞染色体损伤和ATM介导的DNA损伤，最终导致细胞凋亡，这项结果为竹叶花椒在正常动物细胞中的毒性机制提供了参考（蒋佳洛等，2022）。从竹叶花椒中提取天然黄酮类化合物，是提高其药用价值的重要途径。周孟焦等（2021）利用微波辅助提取竹叶椒中的总黄酮，得到了其提取和富集纯化工艺，表明聚酰胺-大孔吸附树脂联合吸附纯化总黄酮吸收率和纯度优于单独使用吸附剂。

目前，花椒资源化利用方面，还存在一些问题。一是对花椒特色资源的属性还需要不断挖掘，只有对其属性了解足够深入，资源化途径才会更丰富。二是对花椒剩余物的利用不够充分，资源化利用方式不多，甚至产生了一些负面环境问题。三是对其药用功能的挖掘仍然较为浅显，特色价值没有被认识与发掘，影响了花椒生态产品价值实现的多要素和多途径。四是对栽培措施和特有价值之间关系的认知较少，在生产中缺乏有效的人为调控措施，导致这些价值的形成仍为"暗箱"状态。因此，充分认识花椒的成分，是其资源化利用的关键，也是价值实现的必然路径。

值得说明的是，目前学术界关于花椒研究现状的文献还比较多，本章仅例举极少部分，不能完全代表该领域的研究现状和成果。在内容设计上，本章主要是对其架构进行分析，核心成果和文献呈现较少，以启发思维为主。在花椒功能成分物质鉴别、提取、加工和利用等方面的文献较为丰富，这对于花椒产业链构建和延伸具有突出贡献。在具体问题研究中，还需要扩大对相关文献的查阅范围，增加内容的深度，为研究的深入性提供理论和实践参考。本章从种质资源、高效培育、功能物质分析、产品开发与加工的视角构建花椒产业链，以期为不同花椒主体提供参考和借鉴。

参考文献

白磊，王恒，孙吉康，等，2022.蚬壳花椒 POD 同工酶基因在种子萌发过程中的功能分析 [J].分子植物育种，https：//kns. cnki. net/kcms/detail/46. 1068. S. 20220427. 1541. 022. html.

程志敏，陈彦荣，王建辉，等，2022.青花椒精油对致龋齿的体外抑菌活性 [J].食品科学，43（21）：70-77.

高露，赵镭，史波林，等，2023.GC-MS 结合气味活度值分析红花椒油的关键香气物质特征 [J].食品与发酵工业，https：//doi. org/10. 13995/j. cnki. 11-1802/ts. 034195.

郭莉，陈迪，贾任航，等，2023.花椒窄吉丁气味结合蛋白 AzanOBP5 的克隆与表达 [J].植物保护学报，50（1）：81-90.

侯娜，赵莉莉，魏安智，等，2017.不同种质花椒氨基酸组成及营养价值评价 [J].食品科学，38（18）：113-117.

侯莹莹，马君义，朱建朝，等，2023.白龙江武都区段 3 个品种花椒果皮风味物质随生长发育的动态变化 [J].食品与发酵工业，49（13）：297-303.

胡晴文，彭郁，李荣，等，2024.花椒油和花椒籽油提取技术研究进展 [J].中国油脂，49（1）：16-21.

黄凯麟，任妙珍，张剑，等，2022.竹叶花椒 GST 基因家族的全基因组鉴定及表达分析 [J].分子植物育种，https：//kns. cnki. net/kcms/detail/46. 1068. S. 20220429. 1521. 024. html.

纪道丹，Kuanysh Kassen，惠文斌，等，2022.5 种叶面肥对大红袍花椒生长和生理特性的影响 [J].西北林学院学报，37（4）：135-142.

蒋佳洛，黄艳，刘蜀坤，等．2022.竹叶花椒提取物诱导 BRL 3A 细胞产生 DNA 损伤和凋亡的机制研究 [J].毒理学杂志，36（5）：437-441.

金敬红，凌艺炜，姚正颖，等，2022.不同干燥方式对青花椒精油品质的影响 [J].中国野生植物资源，41（12）：46-50.

刘霞，孙冲，黄勤琴，等，2023.九叶青花椒叶绿体基因组结构及系统进化分析 [J].林业科学研究，36（1）：100-108.

刘志，杨瑞，裴仪岱，2019.喀斯特高原峡谷区顶坛花椒与金银花林地土壤抗侵蚀特征 [J].土壤学报，56（2）：466-473.

卢利平，雷佳欣，杨琦，等，2022.天水大红袍花椒籽黑色素的提取工艺优化及体外抗氧化活性分析 [J].食品工业科技，43（22）：205-213.

卢明，王帅，王洁，等，2023.重庆市花椒生产的产量差及影响因素分析 [J].中国土壤与肥料（8）：206-213.

罗红，许志高，娄丽，等，2022.贵州干热河谷区两种青花椒果实特性比较 [J].贵州林业科技，50（4）：39-43.

马丽娅, 张晓乐, 吕男, 等, 2022.火锅底料常用花椒主要挥发性物质分析 [J].食品科技, 47 (11)：244-249.

彭青, 卢云浩, 何强, 2022.花椒与辣椒协同抑制脂肪酶和 α-淀粉酶活性作用研究 [J].食品科技, 47 (2)：256-261.

阮钊, 丁俊园, 唐光辉, 等, 2022.花椒根腐病的病原鉴定与防治药剂筛选 [J].植物病理学报, 52 (4)：630-637.

申显当, 蒙进芳, 董治明, 等, 2022.大关县竹叶花椒花芽分化对海拔和采收方式的响应 [J].西部林业科学, 51 (6)：47-52.

束成杰, 张锋伦, 赵孔发, 等, 2022.青花椒果壳渣生物发酵产物滤液抗衰老功效探究 [J].中国野生植物资源, 41 (12)：30-34.

宋成军, 孙锋, 2021.干旱对不同花椒种植模式下土壤微生物和线虫群落的影响 [J].生物多样性, 29 (10)：1348-1357.

田凤鸣, 陈强, 何九军, 等.2022.一种花椒根腐病拮抗菌的分离鉴定及全基因组序列分析 [J].微生物学通报, 49 (8)：3205-3219.

王恒, 彭嵩敏, 孙吉康, 等, 2022.外源蔗糖调节萌发早期蚬壳花椒种子氧化-还原状态的相关机制研究 [J].植物生理学报, 58 (8)：1587-1597.

王帅, 赵敬坤, 王洋, 等, 2021.重庆花椒种植区主要类型土壤剖面的肥力特征 [J].西南大学学报 (自然科学版), 43 (11)：40-47.

王星斗, 王文君, 任媛媛, 等, 2022.花椒育种研究进展 [J].世界林业研究, 35 (5)：31-36.

王玉萍, 史波林, 刘珺琪, 等, 2023.花椒果皮正丁醇部分化学成分研究 [J].中草药, 54 (5)：1353-1361.

王正江, 张灿, 王帅, 等, 2023.青花椒开黄花的生理变化及调控初步研究 [J].植物生理学报, 59 (2)：315-323.

魏勇, 王帅, 赵敬坤, 等, 2022.重庆花椒主产区土壤养分分布特征及综合肥力评价 [J].西南大学学报 (自然科学版), 44 (7)：48-58.

向章敏, 刘恩刚, 2022.基于全二维气相色谱-四级杆飞行时间质谱高通量检测青花椒挥发性香气成分 [J].中国调味品, 47 (11)：158-163.

杨成峻, 陈明舜, 刘成梅, 等, 2023.花椒果皮多酚类成分鉴定及降血糖活性 [J].食品科学, 44 (2)：271-278.

杨途熙, 魏安智, 2018.花椒优质丰产配套技术 [M].北京：中国农业出版社.

叶倩女, 石晓峰, 杨军丽, 2023.花椒属植物中酰胺类成分的结构与功能研究进展 [J].中国中药杂志, 48 (9)：2406-2418.

袁海梅, 张釜, 邹亮, 等, 2021.花椒属植物非苯丙素类成分研究进展 [J].中草药, 52 (22)：7044-7056.

张树衡, 丁德东, 何静, 等, 2021.两种生物肥料配施对再植花椒生长及光合特性的影响 [J].西北农业学报, 30 (9)：1355-1364.

张晓熙, 刘晓梦, 张威威, 等, 2022.竹叶花椒 (*Zanthoxylum armatum*) 转录组 SSR 特征分析 [J].分子植物育种, https：//kns. cnki. net/kcms/detail/46. 1068. S. 20220409. 1609. 008. html.

张耀海, 赵其阳, 王成秋, 等, 2022.花椒代森联·吡唑醚菌酯的残留分析及膳食风险评估 [J].食品与发酵工业, 10.13995/j. cnki. 11-1802/ts. 033611.

张宇, 彭子芯, 严雨寒, 等, 2024.花椒油和藤椒油加速氧化过程中风味品质变化 [J].中国油脂, 42 (2)：33-41.

周朝彬, 张小新, 刘国蓉, 等, 2022.顶坛花椒雌雄花芽发育的蛋白质组学特征 [J].四川农业大学学报,

40 （5）：758-765＋774.

周孟焦，何鑫柱，陈凯，等，2021. 竹叶花椒中总黄酮提取及富集试验研究 ［J］. 食品研究与开发，42（21）：69-73.

周勤文，林群英，赵孔发，等，2022. 花椒籽饼粕对4种食用菌生长的影响 ［J］. 中国野生植物资源，41（11）：35-38.

Cao Y H，Ren M，Yang J L，et al，2022. Comparative metabolomics analysis of preicarp from four *Zanthoxylum bungeanum* Maxim ［J］. Bioengineered，13（6）：14815-14826.

Li Y T，Yu Y H，Song Y P，2023. Leaf functional traits of *Zanthoxylum planispinum* 'Dintanensis' plantations with different planting combinations and their responses to soil ［J］. Forests，14（3）：468.

Tian J M，Wang Y，Xu Y Z，et al，2016. Characterization of isobutylhydroxyamides with NGF-potentiationg activity from *Zanthoxylum bungeanum* ［J］. Bioorganic and Medicinal Chemistry Letters，26（2）：338-342.

Xiong Q B，Shi D W，Yamamoto H，1997. Alkylamides from pericarps of *Zanthoxylum bungeanum* ［J］. Phytochemistry，46（6）：1123-1126.

Zhang X X，Zhou X Q，Xi Z Y，et al，2019. Surfactant-assisted enzymatic extration of the flavor compounds from *Zanthoxylum bungeanum* ［J］. Separation Science and Technology，55（9）：1667-1676.

2 顶坛花椒种植年限对土壤钙的影响

顶坛花椒为喜钙植物，是中国西南喀斯特石漠化综合治理过程中重要的生态恢复经济树种，在石漠化治理恢复中发挥着至关重要的作用，经过长期的实践检验，对喀斯特石漠化环境具有特异的适应性。本章以钙元素为主线，探明顶坛花椒林土壤钙形态分布特征、钙形态之间及其与土壤其他理化性质的关系，阐述顶坛花椒生长对富钙岩溶土壤环境的适应性，阐明花椒种植对钙素的影响，为喀斯特石漠化退化生态系统的恢复提供科学依据，为钙循环研究提供基础资料。

2.1 石漠化生态恢复中元素演变研究进展

2.1.1 喀斯特地区石漠化生态恢复研究进展

喀斯特生态系统是陆地生态系统的重要组成成分，石漠化问题严重制约了喀斯特地区的生态和经济发展，因此生态恢复是喀斯特石漠化治理的核心任务（袁成军等，2021）。针对喀斯特地区的生态恢复，学者们重点围绕恢复对象、恢复模式与技术、修复成效、修复评价等方面展开。研究表明石漠化区普遍面临的问题是缺水，因此在植被恢复治理中应选择耐旱的作物，同时要考虑光热条件、地貌部位的差异（王赛男等，2019）。当前研究出"肥土补充-黏性基质＋农家肥混合-阻沟树木种植"（朱连奇等，2020）、"苔藓-秸秆-牧草"（贾雪婷等，2021）、"微藻生物-土壤生态修复-林业生态恢复技术"（沈银武等，2017）、"管道铺设补水-沉降蓄泥池"（顾铖和李继红，2018）、"仿自然植物群落构建"（赵高卷等，2020）、"立地生物活性物质制备"（刘世荣等，2020）、"坡改梯-堆肥-肥力恢复复合式"等修复模式（王俊艺等，2019）。此外在石漠化边坡区，研讨出喷播有机纤维层复绿、客土喷播复绿及客土挂网喷播复绿修复技术（徐敏等，2019）；在石漠化矿山区探讨出"剥离表土回收-收边残矿体回收-采空区再利用"的生态修复模式（颜永聪，2009），生态恢复技术的实施提高了喀斯特地区植被的恢复速率和石漠化治理的成功率。

在诸多石漠化治理模式中，根据地貌-生态经济发展方向模型将喀斯特石漠化的治理模式划分为生态农业、经济作物、种草养畜生态畜牧业、经果林种植、退耕还林（草）、水土保持与混农林牧业七种治理模式（左太安，2010）。对比各种植被恢复模式的治理效果，发现混交林对土壤肥力恢复的影响较纯林好，其中与豆科植物混交的植被模式恢复效果最佳（覃勇荣等，2006）。滇东南石漠化山地生态恢复中，退耕还林和封山育林有利于石漠化山地土壤肥力改善和水土保持功能增强，且封山育林的土壤肥力提升效果较退耕还林强（李品荣等，2008），不同植被恢复措施的土壤理化性质差异显著（董茜等，2022）。湘西南典型的石漠化地区植被恢复中，纯林地土壤质量密度小于混交林，土壤孔隙度为混交林大于纯林，且修复模式对土壤中有机质和全钙含量影响较大（向志勇等，2010）；随林龄的增加，土壤中有机碳含量增加，而全氮含量有不同程度的降低（徐杰，2013）。北盘江石漠化治理中，各种恢复模式下土壤养分具"表聚"分布特征（王进等，2019），花椒和金银花提升土壤质量的效果比核桃强（孙建等，2019）。在贵州毕节撒拉溪石漠化治理示范区，核桃种植模式下土壤微生物群落功能状况最佳（郭城，2021）。石漠化地区开展的各种生态修复均能显著提升土壤的营养固持力（伍方骥等，2020），改善土壤质量（黄明芝等，2021），增加植被碳储量，提高生态系统水分利用效率、生态系统生物多样性及生态服务效益，降低荒漠化和喀斯特生态系统对气候扰动的敏感性风险（张明阳等，2014；Xiao et al.，2020；Ding et al.，2021）。然而，喀斯特石漠化治理区受可溶性碳酸盐岩地质背景、生态治理长期性和复杂性的影响，存在维持与巩固治理成果难度大、治理技术与模式适宜范围小、水分利用效率低且缺水严重、植物群落稳定性弱、生态恢复成果可持续性差等问题（王克林等，2019）。因此，亟待从多方面、多要素探究喀斯特石漠化区的生态恢复，揭示石漠化生态恢复机理，为巩固石漠化治理成果提供科学指导。

2.1.2 石漠化生态恢复中碳氮钙研究进展

西南喀斯特地区是世界上最大的喀斯特连续带（吕明辉等，2007），其生态系统脆弱，灾变承受能力低，环境容量小，因而成为典型的生态脆弱区（曹建华等，2003）。喀斯特地区碳酸盐岩成土背景的特殊性，导致土壤中含有丰富的钙元素（陈佑启和 Verburg，2000），且碳酸盐岩是全球碳储量最大的碳库（陈高起等，2015；郭柯等，2011）。在碳的生物循环中，大气中的二氧化碳被植物吸收后，通过光合作用转化成碳，然后以根际沉积物和植物残体等形式输入土壤（安婷婷，2015），该循环展示了碳在动植物及环境之间的迁移（陶波等，2001）。土壤碳氮动态与土壤生产力、大气中温室气体浓度的变化密切相关（许泉等，2006），碳和氮及其相互关系也对土壤微生物有很大影响（Song et al.，2023）；钙与碳的关系，直接影响喀斯特生态系统平衡的维持（何尧启，1999），氮与钙的平衡与植物氮素有效性及光合器官的发育紧密联系（李中勇等，2013）。故在喀斯特地区碳、氮、钙元素之间有着密切的联系。

　　土壤有机碳是喀斯特生态系统中碳转移的动力学媒介和碳流通的主要途径，是土壤碳循环的重要组成部分（白义鑫等，2020），维系着土壤肥力、粮食安全及气候变化等诸多因素（王清奎等，2020）。喀斯特石漠化生态系统中土壤有机碳含量普遍较低（王霖娇等，2017），且随石漠化程度和人类干扰度的加深不断下降（王纳伟，2013；王思琦等，2020）。采取生态恢复措施可明显提升土壤中有机碳含量（黄宗胜等，2015；龙启霞等，2022），且随着恢复年限的增加含量增加（闫靖华等，2013），但植物的长期栽种会导致土壤有机碳矿化量增加（张文娟等，2015）。目前提升土壤中有机碳含量的方式主要是施用有机肥，可增加有机碳和改善土壤结构，以加速氮循环和无机氮供应（Yang et al.，2019b）。李菲等（2015）研究发现土地利用/土地覆被变化是影响典型喀斯特山区土壤有机碳含量分布的首要因素；土壤水分、坡度、岩石裸露率及三者的交互作用显著控制坡耕地有机碳的空间格局（吴敏等，2016）；洼地底部土壤有机碳含量的分布主要受土壤 pH 值影响（景建生等，2020）。在石漠化区进行植被恢复可以有效防止土地石漠化，增加碳的流通（李衍青等，2016）。氮素是石漠化生态恢复中重要的限制性元素，是影响喀斯特地区植被恢复下土壤活性有机碳组分和土壤有机碳库的主要环境因子（蔡华等，2023），土壤中氮素的增加可提高作物产量，但施氮过高则会抑制植物的生长（陈宝明，2006）。植被恢复可提高喀斯特高原土壤氮含量与储量（张跃进等，2023），减少氮素流失，促进土壤碳和氮的耦合积累，提高土壤氮素转化率和氮素可用性，但整个恢复阶段都持续存在氮素限制（徐杰，2013；陈青松等，2020；Wang et al.，2021），且在植被恢复的早期阶段，土壤碳氮耦合积累可能受到土壤氮的限制。

　　钙素作为喀斯特地区富含的元素，是岩溶动力系统物质循环中的关键元素，显著影响着系统中的植物营养、土壤理化性质及水化学特征（Audette et al.，2016；许婷婷等，2019）。土壤中钙含量的增加有利于有机质积累（Rowley et al.，2018）、提高土壤中化学元素的有效性（宋正国等，2009）、提高酸性土壤的 pH 值和碱解氮含量（张博文等，2020）。钙元素在植物体内是连接植物胞外信号与胞内生理反应的第二信使，能够调节植物生长发育、成熟衰老及抗旱等生理反应（张圣旺等，2002；陈德伟等，2019；殷秀霞等，2023），对植物起到保护作用。在干旱胁迫下，充足的钙供给能够维持植物体内细胞膜和叶绿体的完整性和酶活性，保证植物的光合作用、调节激素和物质代谢（车家骧等，2008）。土壤中钙离子浓度过高，会导致植物生长、营养吸收和光合能力下降，抑制植物的生长（付威波，2015）。钙元素具有多种形态，钙在土壤中的转化和生态功能、钙对植物的有效性取决于土壤钙形态（杨慧等，2017；Prietzel et al.，2021），不同钙形态对植物和其他土壤理化指标的作用及关系也具有差异（Rowley et al.，2018；Sun et al.，2021），研究钙形态比研究总含量更有参考价值。学者们从土地利用类型（倪大伟等，2018）、石漠化程度（张鹏等，2020）、地貌部位和恢复模式等方面对钙形态特征展开研究（Yang et al.，2015；陈青松等，2020），发现在岩性一致条件下，相对高差和地形坡度通过影响水动力条件而导致水溶态钙和交换态钙发生迁移；植被覆盖度越高，土壤中钙素越不易发生淋溶流失（章程，2011）。随人工种植果树年限的增加，果树对钙元素的吸收发生了明显的变化（邓丽和贺茂勇，2017），且发现在钙含量丰富地区存在果树缺钙的现象（杨利玲和刘慧，2011）。在人工干扰下，针叶林内水热条件、土壤养分变化导致土壤理化性质、养分含量和微生物活动发生改变，进而对土壤中钙元素的生物物理化学循环产生影响（Zetterberg et al.，2013）。土壤中氮磷钾的富积造成养分比例失衡（杨野等，2014），可促进土壤交换性钙的解吸，水溶态钙向非酸溶态钙的转化，导致植物可吸收和利用的有效态钙减少（韩巍等，2018）。土壤中有机碳含量增加有助于有机结合态钙的络合和吸附（陈家瑞等，2012）；残渣态钙和全钙则主要受原位母岩和裸岩的聚集效应影响（盛茂银等，2013）。可见，土壤理化性质特征和植物生长对土壤钙含量和形态的迁移转化极为重要。针对喀斯特地区钙元素的研究，侧重于不同石漠化程度（陈青松等，2020）、土地利用方式（黄芬等，2015；倪大伟等，2018）、地貌部位（李忠云等，2015）、植被类型和海拔梯度（Luo et al.，2023），阐明了土壤钙含量形态分布特征及影响；揭示了植物不同群落、生长部位、适应方式的钙元素分布运动特征和形态含量变化（刘晶晶等，2005；李小方，2006；陈家瑞等，2012），以及植物对高钙环境的适应特征和吸收、转运、返还机制（周卫和林葆，1996；吴刚等，2002；姬飞腾等，2009；王程媛等，2011；魏兴琥等，2017）。未见植物长期种植对钙的影响研究。

综上，对喀斯特地区钙素展开研究，有助于更深入了解岩溶生态系统中土壤钙素与其他养分元素的关系，将钙作为重要的环境因子，深度分析钙素与其他土壤因子的关系、钙对植物生长的响应，为岩溶生态环境的维护和石漠化治理提供指导。

2.1.3　顶坛花椒生长与喀斯特环境的关系

植物适应喀斯特生境是石漠化生态恢复的关键（郭柯等，2011）。针对西南岩溶区的石漠化问题，国家开展了诸多的研究和治理项目，并探讨出一系列的顶坛模式、晴隆模式、立体农业模式等成功的治理模式（苏醒等，2014）。在这些模式中，顶坛花椒的种植取得了最为显著的成效，对石漠化综合治理具有至关重要的作用（张亦诚等，2011；刘志等，2019）。顶坛花椒籽中含有较高的羟基-β-山椒素而致使其"麻味重"（王进等，2015），使其具有较高的药用和食用价值。花椒根系发达，为界于散生根型与水平根型之间的浅根性根系（容丽和熊康宁，2007），适宜在土壤水分22%～28%中生长（李安定等，2007），且对土壤有积极的保水效应（Liu et al.，2021）；在遭受严重水分胁迫下，花椒通过降低自身根冠比、减小叶面积、降低高度等来提高植株的水分吸收能力和抗旱性（车家骧等，2008），同时花椒为喜钙植物，岩溶富钙土壤环境促使花椒吸收大量的钙，钙能减缓干旱胁迫对植物的伤害（关军锋和李广敏，2001）。李苇洁等（2010）研究发现花江峡谷区顶坛花椒林服务功能总价值 9.69×10^4 万元，年固碳释氧总价值 1.7×10^3 万元；碳储量 10828.95t，平均碳密度为 $3.06t \cdot hm^{-2}$（杨龙等，2016），有较高的生态和经济效益。为了提升顶坛花椒的生态经济价值及土地利用率，学者们研究出了由珠心胚诱导的快速繁殖方法（赵德刚等，2018）、速生丰产栽培技术（李柱军，2009）、花椒林矮化密植（喻阳华等，2020）、顶坛花椒套种等技术（陈俊竹等，2019）、阐明了顶坛花椒种子萌发的最宜方式（陈训等，2009）、花椒种苗各生物构件生长规律（彭惠蓉和陈训，2009）。为了合理布局花椒林地，科学指导花椒林的种植、施肥管理，贺瑞坤等（2008）揭示了花江峡谷种植顶坛花椒的优势地区是海拔 850m 以下的南亚热带干热河谷气候区域；10～15 年生的顶坛花椒保水保肥能力和光合效率高于其他生长年限的，对外界环境变化的适应能力更强（吴亚婷等，2023）；顶坛花椒林地土壤肥力一般，呈现低氮高磷格局，主要受到氮元素限制（喻阳华等，2019b），在水平上因受地形条件限制而具有较大的差异性，垂直方向上则有明显的"表聚"特征（瞿爽等，2020），不同林龄林分土壤肥力限制因子不同（宋燕平等，2023）；其他作物与顶坛花椒进行套种能显著增加土壤部分矿质元素的含量（陈俊竹等，2019）。

近年来，顶坛花椒林生长出现了早衰的问题。对比正常生长的花椒人工林，发现衰退人工林根区土壤碳、磷、钾、硫及氧化物等含量总体降低（喻阳华等，2019a），土壤质量与人工林衰老退化呈反比（王璐等，2019），顶坛花椒叶片净光合速率、光同化能力、光合生产力均随着植株生长衰退加剧而下降（谭代军等，2019）。研究发现水肥耦合亏缺、水肥供应不协调、肥力退化、有机结构破坏及林分结构单一等是引起顶坛花椒林生长衰退的主导诱因（喻阳华和秦仕忆，2018；Yu et al.，2021）；随着种植年限的增加，花椒林土壤活性有机碳递增、缓效性有机碳含量递减，合理的花椒种植年限能够改善土壤质量、提高固碳能力（龙健等，2018）。顶坛花椒长期生长在高钙环境中，是否因为钙吸收速率和钙积累发生改变，而影响植物体内养分吸收与利用，进一步阻碍植株的生长和发育，促使顶坛花椒出现生长衰退的状况？反之花椒的长期种植会对植物和土壤中钙造成怎样影响？都需要进一步探究。因此，结合钙探究顶坛花椒生长和发育的研究，可进一步探明顶坛花椒的生长衰退机理。

2.2 研究方法

2.2.1 样地选择

于 2020 年 1 月在贵州花江石漠化综合治理区进行野外调查，在较适宜顶坛花椒生长的 650～700m 海拔范围内，根据海拔、坡度、坡位、坡向和土壤类型相似立地条件，选取种植年限为 3 年、5 年、10 年、15 年生长状况相近，管理措施相同的正常花椒树各 3 株（表 2-1）。这些样地在行政区划上隶属贞丰县北盘江镇，为典型的干热河谷地区。

表 2-1　顶坛花椒植株基本情况

年限/a	海拔/m	地径/cm	平均冠幅/(m×m)
3	670	13	2.6×4.2
5	695	21	2.4×4.4
10	705	42	2.7×4.1
15	672	58	5×4.54

2.2.2　样品采集

（1）土壤样品采集　在花椒树干 10cm 以外至 35cm 半径范围内进行土样采集，在每个采样点分别采取 0～10cm、10～20cm 土层深度土壤 1kg，装入土壤袋；再采集 0～10cm、10～20cm 的混合土样 1kg。采样时，去除表层杂质。共计取得 36 份土壤样品。样品带回实验室后，用 20g 新鲜土壤进行含水量的测定，剩下的土壤自然风干，研磨依次通过 2mm、0.15mm 筛，用于化学性质分析。

（2）植物样品采集

① 叶片：采摘代表植株东南西北四个方向上生长成熟、完整、无病虫害的叶片，每株代表植株采集约 100g。

② 枝条：用枝剪剪取东南西北和上中下不同部位木质化花椒枝条，采集约 150g，且采摘枝条上的叶片是健康和完全展开的状态。

③ 根系：用小铁锹挖掘代表植株树干 25～45cm 的土壤，用枝剪剪取直径约 2mm 的细根 100g。主要采集侧根和须根，以不损伤树体为原则，保证花椒植株正常生长。

④ 凋落物：在所选定的植株冠幅内采集已枯黄凋落的顶坛花椒叶片和枝条，约 200g，混合后放入样品袋中。

所有样品置入自封袋，并做好编号，带回实验室，置于 80℃烘箱中烘干并研磨过 0.15mm 筛，用于植物钙形态含量的测定。

2.2.3　样品测定

土壤有机碳采用 K_2CrO_4 外加热法，全磷采用 $HClO_4$-H_2SO_4 消煮-钼锑抗比色-紫外分光光度法；总钾、总钠采用 $HClO_4$-HF 消煮-火焰光度法测定；全碳、全氮采用元素分析仪测定；土壤含水率采用直接烘干法；pH 采用水土比 1：2.5 电极法；全钙、总钠和总镁采用 HNO_3-$HClO_4$-HF 消煮，原子吸收分光光度计测定。水溶态钙用蒸馏水提取，交换态钙用 $1mol \cdot L^{-1}$ $AlCl_3$ 提取，酸溶态钙用 $3mol \cdot L^{-1}$ HCl 提取，用原子吸收分光光度计测定。

植物钙形态按照 Ohta 等（1970）方法进行测定：硝酸钙与氯化钙用 80% C_2H_5OH 提取；水溶性有机酸钙用蒸馏水提取；果胶酸钙用 $1mol \cdot L^{-1}$ NaCl 提取；磷酸钙和碳酸钙用 2% CH_3COOH 提取；草酸钙用 0.6% HCl 提取；全钙采用 HNO_3-$HClO_4$ 混酸浸泡消煮，用原子吸收分光光度计测定。顶坛花椒钙的植物吸收系数、钙的转运率及钙的返还率根据式（2-1）～式（2-4）计算：

$$\alpha = A/B \tag{2-1}$$
$$A = a + b + c \tag{2-2}$$
$$\beta = [(c - a - b)/c] \times 100\% \tag{2-3}$$
$$\varphi = d/A \tag{2-4}$$

式中，A 为植物全钙含量，$g \cdot kg^{-1}$；B 为土壤全钙含量，$g \cdot kg^{-1}$；a 为叶片全钙含量，$g \cdot kg^{-1}$；b 为枝全钙含量，$g \cdot kg^{-1}$；c 为根系全钙含量，$g \cdot kg^{-1}$；d 为凋落物全钙含量，$g \cdot kg^{-1}$；α 为钙的植物吸收系数；β 为钙的转运率，%；φ 为钙的返还率，%。

2.2.4 数据处理

使用 Microsoft Excel 2019 制成电子数据表格，对数据进行初步整理；接着用 IBM SPSS Statistics 26 软件对数据进行正态分布和方差齐性检验，再采用 Person 相关性分析法进行土壤钙形态与土壤理化性质相关性分析，用 Data Processing System 软件进行单因素方差分析并用最小显著差异法进行多重比较分析，运用 R 4.1.1 和 Origin 2018 软件制图。

2.3 土壤钙形态分布特征及对土壤因子的响应

2.3.1 不同种植年限花椒林土壤钙形态分布特征

由图 2-1 可知，土壤全钙含量为 31.58～58.82$g \cdot kg^{-1}$，在两个土层之间有显著差异；在 0～10cm 土层，土壤全钙含量随种植年限延长先降低后增加，10～20cm 则较为稳定。水溶态钙（0.02～0.6$g \cdot kg^{-1}$、均值 0.29$g \cdot kg^{-1}$）、交换态钙（1.29～3.1$g \cdot kg^{-1}$、均值 1.99$g \cdot kg^{-1}$）和酸溶态钙（0.18～0.76$g \cdot kg^{-1}$、均值 0.34$g \cdot kg^{-1}$）随种植年限的增加均先升高后降低，在 4 个样地中含量排列为：5 年林＞10 年林＞3 年林＞15 年林。整体而言，顶坛花椒林土壤交换态钙占全钙含量最多，其次是酸溶态钙，最后是水溶态钙。水溶态钙、交换态钙和酸溶态钙占全钙含量随种植年限增加先升高再降低，在 5 年林中占比最大。

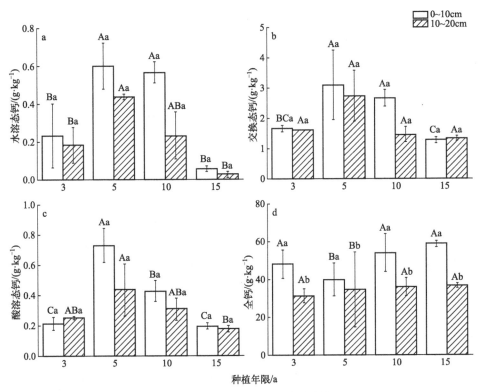

图 2-1　顶坛花椒林土壤钙分布特征
不同大写字母表示在不同种植年限间存在显著差异，
不同小写字母表明同一年限花椒林之间存在显著差异。下同

2.3.2　不同种植年限花椒林土壤理化性质

由图 2-2 可知，顶坛花椒林土壤全氮含量 8.42～11.87g·kg^{-1}，随种植年限的增加而升高。土壤有机碳为 21.16～47.22g·kg^{-1}，3 年林土壤有机碳含量显著低于其他三个年限花椒林土壤有机碳含量。土壤磷、镁、硫、钠、土壤水分和 pH 在土层深度 0～10cm 与 10～20cm 之间无显著差异。土壤镁含量（10.81～13.19g·kg^{-1}）、土壤水分（21.4%～25.6%）和全磷含量（0.83～2.65g·kg^{-1}）随种植年限的增加先增加后减少，在 5 年林达到最大值。钠含量（1.03～3.49g·kg^{-1}）随种植年限的延长呈逐渐增加的趋势。pH（6.76～7.06）在 15 年林显著低于其他三个年限花椒林。硫含量（2.54～2.66g·kg^{-1}）以 5 年林显著高于其他林分。表明种植年限延长对土壤理化性质的影响程度不同，具有一定的差异性。

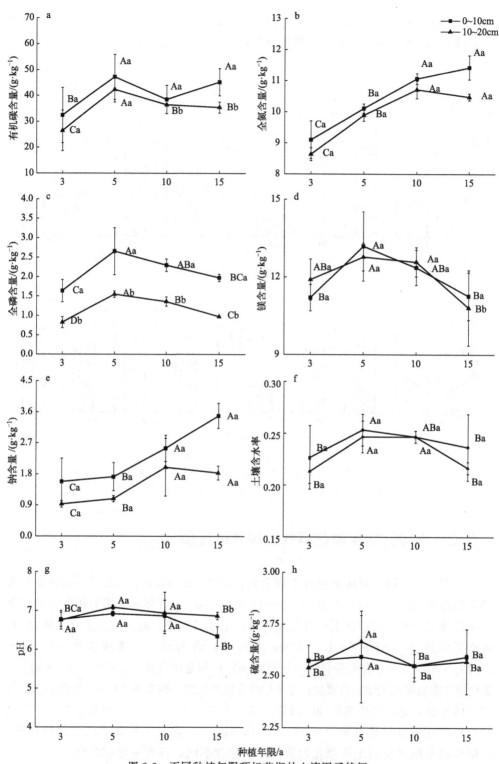

图 2-2　不同种植年限顶坛花椒林土壤因子特征

2.3.3 土壤因子间的相关性分析

相关性分析发现，土壤有机碳与土壤水分、全氮、全硫、全磷、交换态钙和酸溶态钙呈显著正相关关系；全氮与土壤水分、有机碳、全磷、钠、全钙呈正相关关系；全钙与 pH 呈显著负相关关系，与全磷和钠呈显著正相关关系。水溶态钙与交换态钙、水溶态钙与酸溶态钙、交换态钙与酸溶态钙呈极显著正相关关系；此外，水溶态钙与土壤水分、全磷和镁呈显著正相关关系；交换态钙与土壤水分、有机碳、全磷和镁呈显著正相关关系；酸溶态钙与土壤水分、pH、有机碳、全磷和镁呈显著正相关关系（表 2-2）。

表 2-2　土壤指标之间的相关性分析

因子	SWC	pH	SOC	TN	TS	TP	Na	Mg	TCa	Water-Ca	Exc-Ca
pH	0.143	1									
SOC	0.651**	0.035	1								
TN	0.460*	−0.224	0.597**	1							
TS	0.201	−0.034	0.450*	0.06	1						
TP	0.596**	−0.052	0.713**	0.444*	0.303	1					
Na	−0.007	−.419*	0.229	0.690**	−0.144	0.338	1				
Mg	0.418*	0.132	0.309	0.046	−0.092	0.308	−0.202	1			
TCa	0.236	−0.426*	0.343	0.478*	0.02	0.468*	0.535**	−0.025	1		
Water-Ca	0.472*	0.39	0.294	0.022	0.085	0.616**	−0.163	0.607**	0.023	1	
Exc-Ca	0.449*	0.35	0.460*	−0.013	0.342	0.583**	−0.243	0.576**	0.045	0.823**	1
Acid-Ca	0.484*	0.406*	0.485*	0.021	0.33	0.460*	−0.315	0.629**	−0.065	0.722**	0.907**

注：SWC 为土壤含水量；SOC 为土壤有机碳；TN 为全氮；TS 为全硫；TP 为全磷；Na 为钠；Mg 为镁；TCa 为全钙；Water-Ca 为水溶态钙；Exc-Ca 为交换态钙；Acid-Ca 为酸溶态钙。* 表示在 0.05 水平（双侧）上显著相关；** 表示在 0.01 水平（双侧）上显著相关。下同。

2.3.4 土壤因子对土壤钙的相对重要性分析

对顶坛花椒土壤钙、种植年限及土壤因子进行相对重要性分析，可以探析种植年限、土壤因子对土壤钙的重要程度。如表 2-3 所示，pH 和镁对水溶态钙、交换态钙、酸溶态钙和全钙影响较大，相对重要性分别是水溶态钙（0.23、0.23）、交换态钙（0.29、0.22）、酸溶态钙（0.27、0.3）、全钙（0.25、0.26）。土壤 pH 和金属元素对土壤钙元素迁移影响较大，且顶坛花椒种植年限对土壤中水溶态钙的影响大于其他形态钙。

表 2-3　土壤因子和种植年限对土壤钙相对重要性分析

因子	Water-Ca	Exc-Ca	Acid-Ca	TCa
SWC	0.07	0.03	0.06	0.03

因子	Water-Ca	Exc-Ca	Acid-Ca	TCa
pH	0.23	0.29	0.27	0.25
TS	0.02	0.10	0.09	0.12
TP	0.13	0.03	0.02	0.05
Na	0.05	0.13	0.14	0.11
Mg	0.23	0.22	0.3	0.26
TN	0.07	0.07	0.04	0.05
SOC	0.05	0.03	0.04	0.05
年限	0.15	0.09	0.05	0.08

土壤中过量的钙会对土壤结构和化学性质产生负面影响，从而限制作物根系生长以及对土壤水分和养分的有效吸收（Sun et al.，2021）。本研究区土壤全钙为 $31.58 \sim 58.82 g \cdot kg^{-1}$，显著高于贵州茂兰喀斯特地区（$0.81 \sim 40.05 g \cdot kg^{-1}$）（杨胜天等，2021）和贵州晴隆地区（$7.2 \sim 11.8 g \cdot kg^{-1}$）（陈青松等，2020）。这是因为研究区碳酸盐岩为物质基础的地质背景，决定了土壤中含有大量的钙；加之石漠化裸露岩石的"聚集效应"，致使土壤中钙含量随石漠化程度的加深而提高（盛茂银等，2013）；且富钙叶片枯枝凋落物分解，使得碳和钙回归到土壤中的含量较多，土壤与母岩强烈的交替作用，导致全钙含量高。土壤水溶态钙是最易于被植物吸收利用，但同时也是最易于流失的一类钙，受土壤中水分含量影响大（李菁等，2019）。陕西关中农田、云南蒙自断陷盆地地区和桂林岩溶石山区土壤水溶态钙分别为 $0.14 \sim 0.25 g \cdot kg^{-1}$、$0.05 \sim 0.1 g \cdot kg^{-1}$ 和 $2.08 \sim 8.80 g \cdot kg^{-1}$（史红平，2016；张鹏等，2020；肖艳梅等，2021）。本研究顶坛花椒林土壤水溶态钙含量 $0.02 \sim 0.6 g \cdot kg^{-1}$。农田和盆地地势平坦、水分相对充足，而在岩溶石山区，山体陡峭、水动力大且土壤高度异质，而导致岩溶石山区水溶态钙含量高且变异大。土壤交换态钙是易于迁移和被植物吸收利用的一类钙，其含量较高表明土壤中钙活度高，处于迁移活跃和易于被生物利用状态（盛茂银等，2013）。顶坛花椒林土壤交换态钙含量 $1.99 g \cdot kg^{-1}$，比云南盆地、关中农田和东北人工林土壤交换态钙低（赵瑛琳，2015；史红平，2016；张鹏等，2020），说明顶坛花椒林土壤钙活跃度低于东北人工林、关中农田及喀斯特盆地。原因可能是喀斯特干热河谷石漠化地区土层浅薄，基岩漏水，年均蒸发量大于年降水量，造成水分成为限制顶坛花椒林土壤生态系统活力的主要因子；土壤水动力强但水分不足，从而影响了顶坛花椒林土壤中钙的迁移运动。土壤酸溶态钙主要是与碳酸盐、硫酸盐以及铁锰氧化物结合的钙（余海和王世杰，2007），在水动力条件好且易形成产汇流的地区含量较高。该研究区地势陡峭、坡度大，在降雨季节地表产汇流大；在二元三维的喀斯特空间地域系统下，花椒林土壤侵蚀严重、土壤水分下渗能力强，促使顶坛花椒林土壤酸溶态钙含量高。各形态钙含量及占全钙百分比的均值排序为：交换态钙＞酸溶态钙＞水溶态钙，与贵州晴隆（陈青松等，2020）和云南蒙自（张鹏等，2020）的研究

结果一致。交换态钙与酸溶态钙都为土壤中的有效态钙，当水溶性钙被植物吸收利用或流失而减少时，交换性钙可被土壤中含量较高的其他阳离子交换转化为水溶性钙；酸溶态钙在酸性或中性条件下易释放为活性钙，故土壤交换态钙、水溶态钙及酸溶态钙之间有着密切的联系。土壤中钙形态的转化，是土壤质量特征的指示器。

随顶坛花椒种植年限的增加，两个土层全钙含量变化不一致，且 0～10cm 土壤全钙含量高于 10～20cm，说明顶坛花椒对不同深度土壤全钙的影响具有一定差异，这大多是与顶坛花椒的根系分布、研究区干热气候有密切联系。顶坛花椒林土壤水溶态钙和交换态钙随花椒种植年限的延长先增加后减少，这与设施蔬菜大棚的研究结果一致（韩巍等，2018）。施肥制度可在时间和空间尺度显著影响土壤钙素含量（史红平，2016；赵金月，2019）。对含钙量较低地区长期施肥可显著提升土壤中交换态钙含量，而在含钙量较高的土地长期施肥可降低土壤钙含量（陈建国等，2008）。大量氮肥随种植年限的增加在土壤中积累，土壤氮素逐年增加，碳、氮和磷养分元素的失衡可促进交换性钙解吸，水溶态钙、交换态钙向非有效性钙转化（韩巍等，2018）。随花椒连作年限的增加，土壤酶活性先升高后降低，在生长到 10 年时土壤酶活性最低，连作障碍最严重（魏晓骁，2017）。此外，植物根系改善土壤物理性质的效应与根密度有一定关系（刘姣姣等，2019），顶坛花椒的根系系统随生长年限的增加而更加复杂，根系密度变大、根的数量变多，进入老年期后，根系逐渐衰老，植物根系皮层衰老降低了根系组织的养分吸收能力、养分含量、呼吸强度和径向水力导度（李勇等，1993）。对比青壮成熟林，幼年和老年时根系数量少或性能较弱，导致土壤中钙富集作用弱于青壮成熟林。表明随着种植年限的延长，顶坛花椒土壤中养分元素的失衡、根系养分吸收能力减弱可能是土壤钙含量变化以及钙形态迁移的原因之一。

2.4 土壤碳氮钙生态化学计量特征及对土壤因子的响应

2.4.1 顶坛花椒林土壤生态化学计量比特征

（1）土壤碳氮磷生态化学计量比 由图 2-3 和表 2-4 综合可知，顶坛花椒林土壤 C：N、N：P 和 C：P 分别为 3.29～4.77、4.84～7.43 和 20.51～27.42，均值为 3.72、6.39 和 23.2，变异系数分别为 18.65%、19.70% 和 15.02%。随种植年限的增加，土壤 C：N 先增加后减少，C：P 和 N：P 先减后增。

（2）土壤中钙素与其他元素的生态化学计量比 由图 2-3d～图 2-3i 和表 2-4 可知，土壤 C：Ca、N：Ca 分别为 0.66～1.29 和 0.21～0.29，均值为 0.91 和 0.24，变异系数为 33.77% 及 22.36%，随种植年限的延长先增加后减小，在 5 年林达到

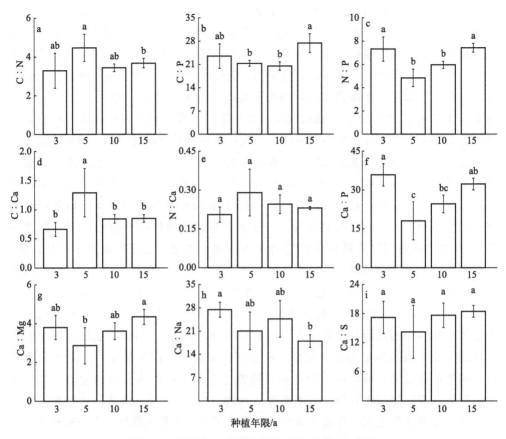

图 2-3　不同种植年限花椒林土壤生态化学计量比

最大值。Ca：P、Ca：Mg 和 Ca：S 值依次为 18.08～35.9、2.85～4.34 和 14.25～18.48，均值为 27.74、3.65 和 16.91，变异系数为 29.77%、21.25% 和 20.18%，随种植年限的增加先降低后增加，在 5 年林处于最低值。Ca：Na 范围为 17.99～27.44，均值 26.09，变异系数 48.77%，随种植年限的增加呈降低的趋势，在 3 年林处于最大值。

表 2-4　花椒林土壤生态化学计量指标变异系数

指标	C：N	C：P	N：P	C：Ca	N：Ca	Ca：P	Ca：Mg	Ca：Na	Ca：S
变异系数/%	18.65	15.02	19.70	33.77	22.36	29.77	21.25	48.77	20.18

2.4.2　土壤生态化学计量指标的主成分分析

根据特征根值大于 1 及累计贡献率大于 80% 的原则抽取主成分。由表 2-5 可知，满足主成分分析抽取条件的主成分共有 3 个，前 3 个主成分特征根值分别为

2.3、1.44 和 1.001，贡献率依次为 58.76％、22.89％和 11.15％，累计贡献率达 92.80％，前 3 个主成分能够说明 92.80％的原始数据信息量。

表 2-5　前 3 个主成分特征值及贡献率

主成分	特征根值	贡献率/％	累计贡献率/％
1	2.3	58.76	58.76
2	1.44	22.89	81.65
3	1.001	11.15	92.80

从表 2-6 可知，第一主成分与 Ca∶P、Ca∶Mg 的正载荷较大，载荷系数分别达 0.96、0.90，与 N∶Ca 负载荷较大，载荷系数−0.92；第二主成分主要受 C∶N 的支配，载荷系数达到 0.90；第三主成分支配指标是 C∶P，载荷系数为 0.70。表明长期种植花椒的土地中钙素与碳氮磷一样对土壤质量起到明显的支配作用。

表 2-6　生态化学计量指标载荷矩阵

因子	主成分		
	1	2	3
C∶N	−0.38	0.90	0.19
C∶P	0.60	0.34	0.70
N∶P	0.72	−0.60	0.28
C∶Ca	−0.89	0.33	0.29
N∶Ca	−0.92	−0.24	0.26
Ca∶P	0.96	−0.15	0.01
Ca∶Mg	0.90	0.22	0.22
Ca∶Na	0.42	0.64	−0.46
Ca∶S	0.85	0.36	−0.07

2.4.3　土壤碳氮钙生态计量比与土壤理化性质的关系

由表 2-7 相关性分析表明，土壤含水量与 C∶N 呈显著正相关关系，与 N∶P 呈显著负相关关系；有机碳含量与 C∶N、C∶Ca 呈极显著正相关关系，与 N∶P 呈显著负相关关系；全磷含量与 C∶N、C∶Ca 呈极显著正相关关系，与 N∶P 和 Ca∶P 呈极显著负相关关系；镁含量和 N∶P 呈极显著负相关关系；全硫与 C∶N 呈显著正相关关系；土壤交换态钙、酸溶态钙与 C∶N 呈显著正相关关系，与 N∶P、Ca∶P 呈极显著或显著负相关关系；水溶态钙与 C∶P、N∶P、Ca∶P 和 Ca∶Mg 呈极显著或显著负相关关系；表明土壤中养分平衡变化能够影响土壤钙的迁移与转化。土壤全钙含量与 C∶Ca、N∶Ca 呈显著/极显著负相关关系，与 Ca∶P、Ca∶Mg 和 Ca∶S 呈显著/极显著正相关关系，表明土壤中全钙含量与土壤中的碳、氮、硫及金属元素密切相关。

表 2-7　土壤生态化学计量学与土壤理化性质的相关性分析

因子	C∶N	C∶P	N∶P	C∶Ca	N∶Ca	Ca∶P	Ca∶Mg	Ca∶Na	Ca∶S
SWC	0.58*	−0.15	−0.68*	0.46	0.23	−0.52	−0.25	0.13	0.07
pH	0.34	−0.28	−0.52	0.37	0.29	−0.45	−0.33	0.20	−0.24
SOC	0.92**	0.26	−0.69*	0.66*	0.19	−0.51	0.01	0.06	0.074
TN	0.2	0.22	−0.16	0.17	0.12	−0.27	0.25	−0.51	0.26
TS	0.60*	−0.10	−0.5	0.50	0.13	−0.37	−0.12	0.02	−0.27
TP	0.76**	−0.37	−0.95**	0.77**	0.46	−0.85**	−0.45	−0.09	−0.28
Na	−0.32	0.2	0.32	−0.13	0.11	0.01	0.28	−0.76**	0.10
Mg	0.42	−0.48	−0.74**	0.31	0.12	−0.51	−0.44	0.25	0.01
TCa	0.05	0.54	0.24	−0.65*	−0.90**	0.65*	0.90**	0.50	0.99**
Water-Ca	0.37	−0.70*	−0.82**	0.475	0.40	−0.73**	−0.647*	0.06	−0.35
Exc-Ca	0.66*	−0.46	−0.82**	0.513	0.18	−0.59*	−0.41	0.24	−0.19
Acid-Ca	0.64*	−0.43	−0.80**	0.501	0.18	−0.58*	−0.37	0.18	−0.13

植物生长所需的碳、氢、氧除可以从大气中获取外，其余的大中微量营养元素需要从土壤中汲取（张慧萍，2019）。土壤元素的失衡可造成生态系统向退化方向发展（刘敏等，2020）。土壤中碳、氮和磷元素是土壤养分的重要组成部分，同时也是植物干物质组成和生长发育的重要元素（龙明军，2017；韩潇潇等，2020）。土壤中碳、氮和磷的生态化学计量比能够判断土壤养分和土壤肥力的潜在价值，预测植物生长的养分元素限制（Tian et al.，2010；卢同平等，2016；王晓光等，2016）。顶坛花椒林土壤 C∶N（3.29～4.77）、C∶P（20.51～27.42）、N∶P（4.84～7.43）均低于全球和全国土壤 C∶N、C∶P 及 N∶P 均值（Cleveland & Liptzin，2007；Tian et al.，2010）。本研究中土壤 C∶N、C∶P 较低，说明顶坛花椒种植下土壤有机质矿化速率快，土壤有效磷含量较高。土壤 C∶N 小于 25 说明顶坛花椒林土壤有机质分解速率大于累积率，氮素矿化能力较强，有效氮含量充足。土壤 C∶N 较低的原因是土壤中氮的分解程度低于碳的分解程度，且花椒林在种植过程中有人工施肥氮素的补充。土壤 C∶P 低会提高土壤释放养分的能力，土壤磷的有效性增强，利于植物对磷的吸收和利用（杨秀才等，2019）。土壤 N∶P 是诊断 N 饱和的指标，判断养分限制的阈值（Elser et al.，2000），N∶P 值越小表明氮素缺乏越加严重（朱秋莲等，2013）。顶坛花椒林土壤 N∶P（4.84～7.43）高于西南喀斯特典型石漠化系统（3.45）（王霖娇等，2018），表明对比西南喀斯特系统，顶坛花椒林土壤氮素相对较为充足。但整体而言，顶坛花椒林土壤肥力一般，土壤中的氮素主要来源于人工化学肥料的施用，存在缺磷现象（瞿爽等，2020）。土壤 N∶P 值随种植年限增加先减后增，说明在花椒林种植过程中，幼年林和老年林花椒缺磷最为严重。花椒林地施肥以氮肥、复合肥等化学肥料为主，因此土壤全氮含量随种植年限的延长逐渐增加。土壤有机碳在顶坛花椒长期种植后存在下降的风险（廖洪凯等，2015），因为花椒林在达到盛产期后，花椒为了维持自身正常的生长发育，需要大量土壤有机质，从而加速了土壤有机质的消耗（王钰和

杨少杰，2007），导致土壤中碳氮磷元素的失衡，进一步影响植物体内有机物质的形成、转化及生长发育（龙明军，2017）。且近些年来对顶坛花椒林的管理方式较为粗放、土壤盐碱化、土壤养分含量下降等问题导致顶坛花椒生长提前进入衰老，衰老导致光合作用在植物体内形成的碳通过根系送至土壤的量减少。表明在进行花椒管理过程中，应该增加有机肥的施用，调整土壤中碳氮磷元素的平衡。

土壤养分元素之间是密切相关、相互耦合的关系（陶冶等，2016）。土壤有机碳、全氮和全磷等是衡量土壤肥力的重要指标（王利民等，2012），土壤元素的轻微变化便会导致土壤碳氮磷等养分元素关系的失衡，进一步影响植物生长发育和物种的多样性（宁志英等，2019）。在中梁山岩溶槽谷区，土地类型、有机碳和全氮等土壤理化性质、人类活动是显著影响土壤 C、N、P 含量和 C∶N∶P 值的因素（彭学义等，2019）；对矿区复垦土地修复研究，发现土壤有机碳和含水量是影响土壤 C∶N 的关键因子（王玲玲等，2020）。本研究中，顶坛花椒林土壤有机碳、土壤含水量与土壤 C∶N 呈显著正相关关系，与土壤 N∶P 呈显著负相关关系。土壤水分作为养分的溶剂，含量高低直接影响土壤中其他营养元素的迁移、转化及生物有效性。在喀斯特高原峡谷石漠化区，地形、地貌、成土母质以及成土因素是影响土壤生态化学计量学特征的主要因子（杜家颖等，2017）。本研究区干热气候、"二元"地质结构、陡峭山体和浅薄土层等是土壤水分成为阻碍顶坛花椒林土壤条件改善的关键原因；其次顶坛花椒林管理中施肥以复合肥为主，不合理的施肥方式导致土壤有机碳成为限制石漠化治理中土壤肥力提升的原因。顶坛花椒林土壤 C∶N 与交换态钙呈显著正相关关系，与他人研究结果一致（Rowley et al.，2018）。土壤中钙可与有机碳发生作用而降低有机碳的溶解度（Sokoloff，1938），同时有机碳浓度的升高会增加土壤中阳离子交换量（Yuan et al.，1967）。土壤 N∶P 与水溶态钙、交换态钙和酸溶态钙呈显著负相关关系，表明土壤氮、磷元素的丰缺与土壤钙的有效性密切相关。土壤中磷含量的增加会促使水溶态向无效的非酸溶态钙转化（韩巍等，2018），而本研究中水溶态钙与全磷含量呈正相关关系，与土壤 C∶P 呈负相关关系，这可能是喀斯特地区富钙的土壤环境导致喀斯特地区土壤中磷素和钙素的关系与非喀斯特地区不同。综上表明，在喀斯特地区提升土壤肥力及植被恢复过程中，除了关注土壤碳氮磷等元素平衡外，还应注意各营养元素与钙素之间的关系。

陆地生态系统中土壤最为复杂多变（王晓光等，2016），土壤中各元素所占比例过高或过低均会对土壤微生物、植物生长产生影响（Hu et al.，2016；Luo et al.，2020；高江平等，2021）。当前针对土壤生态化学计量学的研究主要集中在碳、氮、磷、硫及钾等元素的生态化学计量学指标上，已有的指标只能反映土壤生物系统中部分能量、元素平衡及元素之间的耦合协同关系，故拓展生态化学计量学指标可为土壤养分的综合管理与利用提供依据（喻阳华等，2019c）。钙是地壳中含量最丰富、丰度最高的元素之一，在土壤环境中钙素可与其他元素或物质发生离子交换、胶体络合及吸附等作用（吴刚等，2002；袁大刚等，2012；苏初连等，

2021；Barreto et al.，2021）。本研究通过主成分分析发现钙素与碳氮磷素一样，对土壤质量起到明显的支配作用。在喀斯特地区，钙素从不同层面影响着岩溶系统的水圈、土壤圈及生物圈（Behera et al.，2018；van Driessche et al.，2019；Bollens et al.，2021；Prokof'eva et al.，2021）。长期土壤氮富集会消耗土壤中可用的钙，促使钙素可取代氮素而限制树木的生长（Hynicka et al.，2016），钙供应不足会影响植物的正常生长（Leys et al.，2016），限制森林生态系统的生产力（Fahey et al.，2016）；在喀斯特地区，富含钙的地质背景控制了石荒漠化区有机碳的矿化（Yang et al.，2019a）；土壤镁与钙含量比可反映植物对钙、镁的摄取能力，以及土壤成熟度的差异（Han et al.，2021），且交换态钙、水溶态钙的含量及其比例对环境条件的变化甚为敏感（李忠云等，2015）。因此，开展生态系统中钙与其他元素的生态化学计量学特征研究，在生态系统生物地球化学循环及石漠化生态恢复中具有重要的理论和现实意义。

2.5 顶坛花椒钙形态分布特征及对土壤因子的响应

2.5.1 不同种植年限顶坛花椒根茎叶、凋落物全钙及碳氮元素含量

钙在植物体内是连接植物胞外信号与胞内生理反应的第二信使，能够调节植物生长发育、成熟衰老及抗旱等生理反应（陈德伟等，2019；许婷婷等，2019），对植物起到保护的作用。碳是植物体内所需元素之首，是构成植物骨架的基础物质（龙明军，2017），植物体内碳素状况决定了植物分枝形态及产量，植物所固定的碳是陆地上所有生命的基础（Dreccer et al.，2000；Al-Barzinjy et al.，2003；Kirkegaard et al.，2018）。氮素是植物体内重要的营养物质和信号物质（刘利等，2018），是核酸、蛋白质和叶绿素等重要组成成分，与植物的光合作用和生长发育密切相关（冯博和徐程扬，2014；蒋志敏等，2018）。随着氮沉降的加剧，钙可能成为树木生长的限制因子（Bailey et al.，1996）。土壤中钙含量的增加可促进有机碳的积累（胡乐宁等，2012），提高土壤中化学元素的有效性（宋正国等，2009），提高酸性土壤的 pH 值和土壤养分含量（张博文等，2020），提高植物体内钙含量；钙离子的变化还会干扰土壤碳氮代谢，从而削弱土壤质量（Tang et al.，2018）。碳与钙的关系直接影响喀斯特生态系统平衡的维持（何尧启，1999）。因此，研究喀斯特区碳氮钙元素对喀斯特生态环境的维护和石漠化治理具有重要的指导意义。

由图 2-4a 可知，顶坛花椒林叶片全碳含量 405.68～414.44g·kg^{-1}，15 年林叶片全碳含量显著低于种植年限较短的花椒叶片全碳含量。图 2-4b 可知，枝条全碳含量 425.42～430.86g·kg^{-1}，在 4 个种植年限之间无显著差异。图 2-4c 可知，

根系全碳含量 404.14~422.13g·kg^{-1}，随种植年限的延长先升高后降低。图 2-4d 可知，凋落物全碳含量 290.25~378.08g·kg^{-1}，3 年林凋落物全碳含量显著低于其他 3 个种植林。图 2-4e~图 2-4h 可知，顶坛花椒林叶片全氮含量（34.9~42.52g·kg^{-1}）随种植年限的增长先增加后降低，5 年林和 10 年林叶片全氮含量显著高于 3 年和 15 年林叶片全氮含量；枝条全氮含量（25.72~27.63g·kg^{-1}）在不同种植林间无显著差异；根系和凋落物全氮含量（31.83~70.20g·kg^{-1}、27.6~41.25g·kg^{-1}）随花椒种植年限的增加而呈上升趋势。图 2-4i~图 2-4l 可知，叶片全钙含量 21.25~36.32g·kg^{-1}，15 年林花椒叶片全钙含量显著高于其他 3 个种植林；枝条全钙变化范围为 4.11~5.42g·kg^{-1}，以 15 年花椒林含量较高，但在 4 个种植年限花椒林中无显著差异；花椒植株根系和凋落物全钙含量（16.89~22.3g·kg^{-1} 和 33.66~42.9g·kg^{-1}）随种植年限增长先增后减，根系全钙含量在 10 年林达到最大值且显著高于 3 年和 15 年花椒林根系全钙含量，但凋落物全钙含量在不同种植年限花椒林中差异不显著。碳氮钙元素在花椒根枝条叶及凋落物中的分布存在差异，且对种植年限延长的响应也不同。

2.5.2 顶坛花椒碳氮钙含量分布比较

由图 2-5 可知，碳氮钙含量在顶坛花椒各部位之间具有显著差异。全碳含量排序为枝条＞叶片＞根系＞凋落物；凋落物中全碳含量显著低于花椒植株体内各器官全碳含量。顶坛花椒林全氮含量呈根系＞叶片＞凋落物＞枝条的分布特征，且具有显著差异。顶坛花椒林中各形态钙分布情况依次是硝酸钙与氯化钙：凋落物＞根系＞叶片＞枝，除根系与叶片之间无显著差异外，其他均有显著差异；水溶性有机酸钙：叶片＞根系＞凋落物＞枝，在根系与叶片间无显著差异；果胶酸钙：叶片＞枝＞凋落物＞根系，凋落物与根系、枝无显著差异，其他均有显著差异；磷酸与碳酸钙：凋落物＞叶片＞根系＞枝；草酸钙：根系＞凋落物＞叶片＞枝；全钙：凋落物＞叶片＞根系＞枝；磷酸与碳酸钙、草酸钙和全钙在各部位间均具有显著差异。

2.5.3 顶坛花椒碳氮钙元素相关性分析

在碳的生物循环中，大气中的二氧化碳被植物吸收后，通过光合作用转化成碳，然后以根际沉积物和植物残体等形式输入土壤（安婷婷，2015），该循环展示了碳在动植物及环境之间的迁移（陶波等，2001）。土壤碳氮动态与土壤生产力、大气中温室气体浓度的变化密切相关（许泉等，2006），钙与碳的关系直接影响喀斯特生态系统平衡的维持（何尧启，1999），氮与钙的平衡与植物氮素有效性及光合器官的发育紧密联系（李中勇等，2013）。故在喀斯特地区，碳、氮、钙元素之间有着密切的联系。

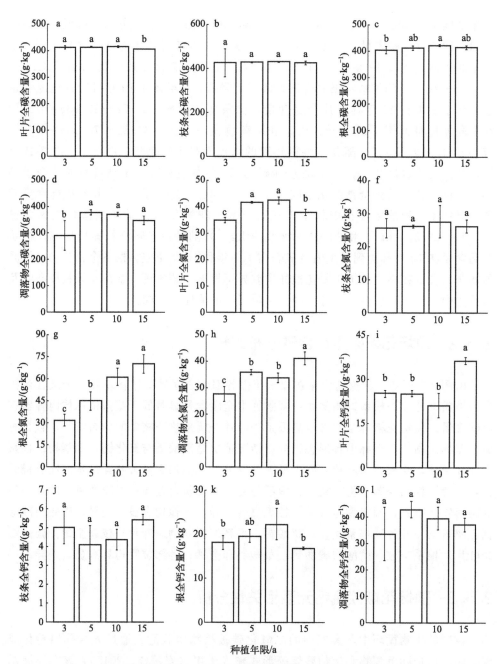

图 2-4　不同种植年限顶坛花椒根枝叶和凋落物全钙、全碳和全氮含量

　　叶片全碳与叶片全钙、凋落物全氮呈极显著负相关关系，叶片全氮与根全碳、根全钙及凋落物全碳呈显著正相关关系，叶片全钙与根全钙呈极显著负相关关系；凋落物全氮与凋落物全碳、枝条全氮间存在相互促进效应；凋落物全钙与全碳相互促进，与枝条全碳间相互抑制（表 2-8）。表明顶坛花椒各部位的碳氮钙素间具有紧密的联系。

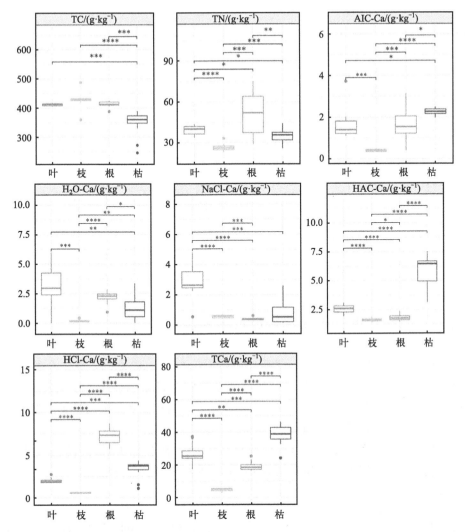

图 2-5 碳氮钙元素在顶坛花椒叶片、枝条、根系和凋落物分布特征

TC：全碳；TN：全氮；AIC-Ca：硝酸钙与氯化钙；H_2O-Ca：水溶性有机酸钙；NaCl-Ca：果胶酸钙；HAC-Ca：磷酸与碳酸钙；HCl-Ca：草酸钙。不同大写字母表示同一形态钙在不同种植年限间存在显著差异，不同小写字母表明同一年限花椒林各形态钙存在显著差异。有 * 表明两者之间显著差异，* 越多表明显著水平越高

表 2-8 花椒植株各部位碳氮钙相关性分析

植物指标		叶片			枝条			根系			凋落物		
		TC	TN	TCa	TC	TN	TCa	TC	TN	TCa	TC	TN	TCa
叶片	TN	0.337	1										
	TCa	−0.882**	−0.448	1									

植物指标		叶片			枝条			根系			凋落物		
		TC	TN	TCa	TC	TN	TCa	TC	TN	TCa	TC	TN	TCa
枝条	TC	0.508	0.171	−0.142	1								
	TN	−0.303	−0.033	0.168	−0.362	1							
	TCa	−0.246	−0.428	0.466	0.304	−0.323	1						
根系	TC	0.247	0.615*	−0.161	0.612*	−0.127	−0.05	1					
	TN	−0.465	0.428	0.395	−0.056	0.046	0.183	0.405	1				
	TCa	0.5	0.634*	−0.738**	−0.152	−0.13	−0.41	0.268	0.128	1			
凋落物	TC	−0.245	0.671*	−0.035	−0.496	0.397	−0.516	0.032	0.481	0.408	1		
	TN	−0.739**	0.266	0.691*	−0.218	0.267	0.058	0.165	0.731**	−0.228	0.618*	1	
	TCa	−0.257	0.43	−0.099	−0.682*	0.224	−0.553	−0.15	0.169	0.512	0.824**	0.388	1

注：* 表示在 0.05 水平（双侧）上显著相关；** 表示在 0.01 水平（双侧）上显著相关。下同。

2.5.4　顶坛花椒钙吸收、转运及返还能力

由图 2-6a 可知，顶坛花椒全钙吸收系数在 1.08～1.42 之间，在 4 个种植林之间无显著差异。从图 2-6b 可知，顶坛花椒全钙转运率均小于 0，地上部分全钙含量大于根系全钙含量，说明顶坛花椒是茎叶储存转运型植物；全钙转运率随种植年限的增加先增后减，表明种植年限对顶坛花椒钙转运能力有极大的影响。图 2-6c 所示，顶坛花椒全钙返还率为 63.17%～87.67%，随种植年限的延长呈先升高后降低的变化趋势，说明种植年限能够影响顶坛花椒全钙的返还能力。

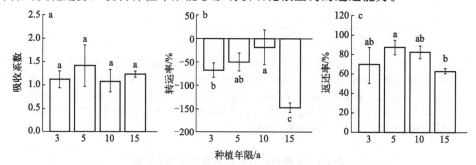

图 2-6　不同种植年限顶坛花椒钙生物吸收系数、转运率及返还率变化

2.5.5　碳氮钙素与钙吸收、转运和返还能力的关系

相关性分析发现（表 2-9），顶坛花椒全钙转运率与全钙返还率间呈显著正相

关关系。如表 2-10 所示，土壤全钙含量与顶坛花椒钙吸收系数呈极显著负相关关系，土壤交换态钙、酸溶态钙与花椒钙返还率，水溶态钙与花椒钙转运率呈显著正相关关系，说明土壤中钙含量及形态特征对花椒植株钙吸收、转运及返还能力均有影响。

表 2-9　顶坛花椒钙吸收、转运、返还率的相关性分析

指标	吸收系数	转运率
转运率	0.046	1
返还率	0.077	0.687*

花椒钙转运率与顶坛花椒叶片全碳、根全钙呈显著正相关关系，与叶片和枝条全钙呈显著负相关关系；返还率与枝条全钙呈显著负相关关系，与根全钙、凋落物全钙和凋落物全碳呈显著正相关关系；而全钙吸收系数与花椒植株碳氮钙元素无显著关系（表 2-10）。表明植物体内碳、钙元素在植物体内的分配会影响花椒钙转运及返还能力。

表 2-10　碳氮钙素与花椒钙吸收系数、转运率、返还率的相关性分析

对象	指标	吸收系数	转运率	返还率
花椒植株	转运率	0.046	1	
	返还率	0.077	0.687*	1
土壤	SOC	0.031	−0.09	0.492
	TN	−0.079	−0.153	0.08
	TCa	−0.913**	−0.338	−0.137
	Water-Ca	0.144	0.680*	0.57
	Exc-Ca	0.01	0.451	0.698*
	Aicd-Ca	−0.002	0.369	0.647*
叶片	TC	0.114	0.781**	0.185
	TN	0.174	0.54	0.544
	TCa	0.057	−0.968**	−0.533
枝条	TC	0.173	−0.02	−0.514
	TN	−0.18	−0.095	0.152
	TCa	−0.137	−0.578*	−0.768**
根系	TC	0.27	0.162	−0.092
	TN	−0.089	−0.29	−0.111
	TCa	0.169	0.856**	0.677*
凋落物	TC	−0.001	0.219	0.715**
	TN	0.128	−0.562	0.006
	TCa	0.171	0.315	0.875**

土壤理化性质的变化直接影响土壤中元素的分布、迁移与转化（黄殿男等，2019；余慧敏等，2020；刘思佳等，2020）。在干旱半干旱地区，降水、土壤淋溶及土地利用方式等差异是引起土壤钙元素迁移的主要原因（李菁等，2019）。本研

究中，顶坛花椒林土壤全钙含量以表层较高，具有"表聚"特征，这与美国高原和长春公园草坪的研究结果不一致（Barreto et al.，2021；刘骞等，2020）。原因是高钙的土壤环境利于土壤矿物对有机分子的吸附，能促进有机质含量的增加（Yang et al.，2015），加之表层施肥和植物枯落导致花椒林土壤腐殖质和有机碳含量随土层加深而降低，使得表层土壤钙离子更易于结合和稳定；且花椒林土层浅薄、土壤孔隙度大和高温气候环境使得土壤中水溶态钙易随土壤水分蒸发而向上层迁移。有机碳含量增加有利于土壤中钙的固定（曹建华等，2003；章程，2009）。岩溶区石灰土中有机碳含量直接影响植物对水分和钙等营养成分的吸收与利用（Jobbágy & Jackson，2000），土壤腐殖质作为有机碳的载体可与钙结合，腐殖质中胡敏酸能与钙结合成难溶于水的钙盐，可以抑制钙的流失和迁移（陈家瑞等，2012）。土壤中磷易与钙、镁等离子发生螯合反应（张鹏和王国梁，2020），同时植物对钙和磷元素的吸收存在协同作用（沈浦等，2017），所以土壤全磷与全钙和形态钙之间存在协作效应。相对重要性分析发现，在花椒林种植过程中，土壤 pH 和镁是影响钙元素迁移转化的主要因子，且土壤全镁含量与 3 个形态钙呈极显著的正相关关系。说明土壤中的镁含量与土壤中钙的迁移转化密切相关。当土壤 pH 维持在 5.5～7.5 时，钙的有效性最好。土壤 pH 通过影响土壤中螯合剂和金属离子的水解、吸附和解吸附、氧化还原反应及难溶性化合物的溶解，进而影响钙离子的竞争能力（杨慧等，2017）。顶坛花椒林土壤偏酸（pH 6.01～7.09），表明顶坛花椒林土壤在向酸化方向发展，土壤中酸溶态钙易于转化为活性钙（Sun et al.，2021），水溶态钙和交换态钙含量增加。水是岩溶钙离子迁移的主要动力和载体（陈同庆等，2014），水-钙关系分析表明，在喀斯特地区土壤含水量充足条件下，土壤水溶态钙能够满足供应（刘洋，2021）。本研究区受地上地下"二元"地质结构、干热河谷气候和深切地形的影响，存在严重的工程性缺水（苏维词，2007），交换性钙可被土壤中含量较高的其他阳离子（H^+、NH_4^+、K^+ 等）交换转化为水溶性钙（李鹏迪，2016）；加之研究区裸岩聚集效应使得地表微岩溶负地形中的土壤很好地避免了侵蚀流失（魏兴琥等，2013），同时截留溶解了大量交换态钙离子的地表径流，且不容易被淋滤而脱钙，造成土壤中交换态钙积累（张鹏和王国梁，2020）。分析表明，在喀斯特石漠化区顶坛花椒林中，土壤酸碱度、水分及养分是影响其钙迁移转化的主要因素，也表明土壤因子之间存在较强的耦联效应。

2.6 顶坛花椒种植年限对植物钙的影响分析

植物生长发育过程中，为了适应不同的环境，其养分吸收、生长速率及各部位元素分配存在差异（Rao et al.，2020）。植物地上部分是植物生理活动的主要场所，故植物地上部分钙含量可反映植物生理活动对钙的需求（姬飞腾等，2009）。

钙通过植物根系进入花椒，并在植物蒸腾液流的作用下将钙通过木质部运输到生长旺盛的茎干、叶片、花等顶端分生组织，钙在到达这些器官后便不再分配与运输（魏兴琥等，2017）。喀斯特地区喜钙植物伞花木、云贵鹅耳枥、单性木兰，以及随遇植物青冈栎和油茶各器官全钙含量为叶＞茎＞根，嫌钙植物华山松全钙含量呈根＞叶＞茎（王传明和乙引，2014）；而本研究中顶坛花椒体内全钙含量表现为叶片＞根＞枝条的分布特征，这与粤北岩溶峰林5种乔木及苹果树体内全钙分布特征相同（张新生等，1999；魏兴琥等，2017）。这是因为各种植物生理活性、对钙需求量的差异导致植物在喀斯特环境中具有不同的生存机制。顶坛花椒地上部分钙含量大于地下部分，表明顶坛花椒对钙需求量较大。在高浓度钙环境条件下，植物细胞内的蛋白质、核苷酸等与钙离子结合形成缓冲的作用，降低细胞内钙离子浓度（叶盛等，2000）；细胞壁上钙离子可结合位点多，钙离子结合后可增加细胞壁的稳定性（周卫和林葆，1995），与磷脂分子结合稳定细胞膜（周卫和汪洪，2007）；此外，植物体内钙含量过高时，磷酸根可与钙生成不溶性的磷酸钙来消除钙对植物的毒害作用（谢丽萍等，2007），多余的钙离子可与草酸结合，从而减轻细胞质内高钙环境对相应细胞器的破坏（Elisabeth et al.，2001；Mazen，2004），以及避免过多草酸对植物的伤害作用，阻止因草酸过多破坏中胶层而诱发植物病变（Rosenberger et al.，2004）。顶坛花椒叶片果胶酸钙、水溶性有机酸钙、磷酸和碳酸钙含量较高，根系中草酸钙含量较高，枝条中各形态钙含量均较少，说明顶坛花椒在长期的适应过程中将吸收的大部分钙以果胶酸钙的形式储存在叶片中，加强叶片细胞组织间的黏结、细胞膜的稳定性来增强细胞壁的刚性，同时在根系中将未及时运输至植物地上部分多余的钙进行消化，而减少对细胞器的破坏。说明在长期的适应性进化过程中，顶坛花椒植物各部位对钙的储存方式具有多样性，这可能就是顶坛花椒在高钙环境中能够生长较好的原因。

在植物元素之间主要存在"拮抗"和"协助"两种交互作用。植物体内营养元素之间的相互关系与植物代谢活动密切相关（张德山和何文寿，1993）。钙离子作为多功能元素，对多种离子具有协助作用（高雅洁等，2015；付嵘，2019）。在低温、降水不足环境中，植物叶片会选择较为经济的低碳-高钙叶片建成方式，这体现了碳在叶片功能结构上的分配（Xing et al.，2021）。当植物遭受干旱胁迫时，钙处理可提高植物叶片叶绿素含量和净光合速率，提高植物光合碳等有机物质含量（顾学花等，2015），为抗旱系统提供物质基础；此外，植物体内的钙通过信号调节功能调节气孔运动，提高水分利用效率（Wang et al.，2012）。本研究中，叶片全碳含量与叶片全钙间呈极显著负相关关系，表明顶坛花椒叶片碳-钙之间存在相同的权衡机制，且在干旱恶劣环境下的长期生存使得花椒形成了低碳-高钙经济的叶片建成策略。在植物氮钙元素之间，钙的第二信使功能参与了对氮素同化的调节作用（鲁翠涛等，2002），植物氮-钙元素的失衡可降低氮素的生理有效性，不利于光合器官的发育（李中勇等，2013）。顶坛花椒叶片全氮与根全钙含量间具有显著正相关关系，钙素可增强氮素的生物有效性（李中勇等，2013），进一步促进蛋白质、磷脂、核酸等有机含氮化合物的形成，同时钙素与氮素共同参与叶绿素的合成，提高叶片光合作用和光合效率，延缓叶片衰老和光合功能退化（勾玲等，2004；刘连涛，2007）。分析表明，顶坛花椒体内钙元素通过影响碳素分配、氮素有效性而影响植物光合作用及植物生长发育。

随着种植年限的增加，顶坛花椒叶片和根中的全钙含量显著变化，枝条全钙则较稳定。研究表明，根系中只有未形成凯氏带的幼嫩根尖能吸收土壤中的钙（Ferguson & Clarkson，1975；杨洪强和接玉玲，2005），根系中的钙素向上移动的速率主要受植物蒸腾强度的影响（陈德伟等，2019），蒸腾强度越大和生长时间越久的器官钙含量就越多（张新生等，1999）。植物生长过程中不同组织器官钙吸收积累与钙存在形态紧密联系（马建军等，2008）。钙素一般以水溶态钙、磷酸钙、果胶酸钙及草酸钙等形态存在于植物体内，其中果胶酸钙是与细胞壁中果胶质结合的部分钙（张新生等，1999），草酸钙是与有机酸结合的钙，且钙越充足则与有机酸结合形成的草酸盐越多（叶盛等，2000）。随种植年限的增加，叶片和枝条中水溶性有机酸钙含量增加，而根中水溶性有机酸钙含量减少；叶片中磷酸与碳酸钙随种植年限的增加先增加后减少时，根中磷酸与碳酸钙则出现相反的变化趋势，这是因为植物茎干、枝条和叶片中所需的钙素只能通过根系从土壤中吸收。根系中果胶酸钙和草酸钙含量随种植年限增加先增后减，在10年林达到最高值，说明种植年限太长会导致顶坛花椒根系中钙素不足，植物体内果胶酸钙含量减少，细胞壁稳定性减弱，造成植物抵抗外界恶劣环境能力降低。在植物幼年或老年时期，花椒根系数量少或是根系养分吸收能力衰退，进而导致根系中钙含量在青年成熟时期较高；顶坛花椒林土壤肥力不足、养分失衡和人类不合理的管理措施也是影响花椒对土壤中钙素等养分吸收和利用的重要因素。综上分析表明，种植年限对花椒体内钙素影响较大，且顶坛花椒的生长衰退并不是花椒体内钙素积累过多引起的，相反可能是生长衰退和种植年限增加造成花椒体内碳氮钙元素失衡、钙素的成熟衰老及抗旱生理等反应迟缓，进而加速顶坛花椒的生长衰退。

2.7　顶坛花椒植株钙吸收、转运和返还能力分析

在植物-土壤系统中，土壤中养分通过根系进入植物体，植物体内养分又经过凋落物分解归还土壤，植物-土壤间的养分循环联通了森林生态系统的物质循环和能量流动（余培培，2016）。植物对岩溶富钙环境的长期适应，使得不同树种在钙素储存能力和策略上存在差异（刘进等，2021）。高钙的土壤环境是导致植物钙生物吸收系数高的主要原因（谢丽萍等，2007）。顶坛花椒全钙吸收系数0.92～1.57，其钙吸收能力与岩溶区攀缘植物、乔木相差不大（魏兴琥等，2017），这与

顶坛花椒强大的钙富集能力和发达的根系系统密切相关。适宜钙浓度范围内，植物生长量和钙吸收能力随钙浓度的增加而增加，但钙素含量过高则会抑制植物对养分的吸收和植物生长（肖常沛，2001）。顶坛花椒钙吸收系数与土壤全钙含量呈极显著负相关关系，而与顶坛花椒植物各器官无显著相关性，说明顶坛花椒对钙的生物吸收能力主要受土壤钙浓度的影响，且当前高浓度钙素土壤环境对花椒钙吸收能力已表征出抑制现象。根据植物地上部分和根系钙含量的差异，将植物养分转运方式划分为：茎叶储存型转运、根储存型转运和均衡型转运（魏兴琥等，2017）。顶坛花椒全钙转运率均小于0，花椒地上部分钙含量高于地下部分钙含量，表明顶坛花椒钙离子转运方式为茎叶储存型转运。钙离子在植物体内的转运主要受蒸腾作用影响，蒸腾强度越大，传输到叶片、花朵、果实等顶端组织的钙含量越高；钙在植物组织中的再利用率较低，使得根系需从土壤中吸收钙素并为植物新生组织的生长持续供应，而喀斯特地区富钙的土壤环境为花椒提供了充足的钙源（蒋廷惠等，2005）。钙在植物体内的转运方式为单向转运，这导致植物衰老器官中的钙素只能通过凋落物分解返回土壤中。凋落物是连接植物与土壤的桥梁，是植物养分还归土壤的重要途径（程曼，2015），对土壤有机质形成、土壤结构改善、养分循环、生态系统稳定和功能的加强具有至关重要的作用（Domke et al.，2016；刘洋等，2017）。生态学家经常将凋落物的质量等同于分解率（Siders et al.，2018）。顶坛花椒钙返还率为63.17％～87.67％，高于非喀斯特地区植物钙循环系数（陈灵芝，1997），说明顶坛花椒返还到土壤的钙含量高于非喀斯特地区。花椒钙返还率与凋落物碳氮钙呈正相关关系，是因为植物钙返还率决定了凋落物中养分含量高低。分析表明，顶坛花椒对土壤中的钙是高吸收-高返还，这与魏兴琥等（2017）研究结论相符，且花椒钙吸收能力主要受土壤的影响，而体内钙转运和返还土壤的能力主要由植物本身生理特性所决定。

随种植年限的增加，花椒全钙吸收系数无显著变化，转运率和返还率均先增加后减少。说明当前种植年限对花椒钙吸收能力影响较小，对花椒体内的钙转运能力和钙素返还土壤影响较大。土壤中钙含量、土壤环境和植物自身特性是决定植物钙生物吸收系数大小的主要原因，顶坛花椒是生长在富含钙素生境的高钙吸收植物，故土壤环境是影响顶坛花椒对土壤中钙吸收强弱的首要因素。植物根系对钙吸收主要是未形成凯氏带的幼嫩根系（Bangerth，1979），有机碳、全氮等营养元素含量较低的土壤环境不利于植物根系的发育，致使根系钙吸收能力较弱，提高土壤中的有机碳、全氮含量，改善土壤环境可促进顶坛花椒根系发育，增强植物钙吸收能力。随种植年限的增加，花椒体内钙转运方式逐渐向均衡型方向发展，但在种植到15年时，钙转运方式发生了较大变化。这可能是花椒进入衰老阶段的原因，植物衰老会导致植物根系数量和吸收养分的能力下降，而植物地上部位仍在持续不断向根系索取养分，并储存在茎叶中以抵御恶劣环境的胁迫、维持植物自身生长和减缓植物衰老，造成地上部分钙含量显著高于根系钙含量，因而顶坛花椒钙转运率与叶片、枝条和根系全钙含量及土壤中水溶态钙含量有显著的相关关系。营养元素和矿质元素在植物体内叶片、枝条等各器官的含量，决定了凋落物中养分的含量，所以顶坛花椒钙转运方式决定着植物营养返还率。

综上分析表明，顶坛花椒对土壤中钙是高吸收-茎叶储存型转运-高返还，花椒钙吸收能力主要受土壤的影响，采取措施提高土壤有机碳和氮素含量，可增强顶坛花椒对土壤中钙的吸收能力，顶坛花椒钙转运方式和返还率则是由钙素在植物体内的分配和植物本身生理特性所决定的。

参考文献

安婷婷，2015. 利用[13]C标记方法研究光合碳在植物-土壤系统的分配及其微生物的固定 [D]. 沈阳：沈阳农业大学.

白义鑫，盛茂银，胡琪娟，等，2020. 西南喀斯特石漠化环境下土地利用变化对土壤有机碳及其组分的影响 [J]. 应用生态学报，31（5）：1607-1616.

蔡华，舒英格，王昌敏，等，2023. 喀斯特地区植被恢复下土壤活性有机碳与碳库管理指数的演变特征 [J/OL]. 环境科学，1-16.

曹建华，袁道先，潘根兴，2003. 岩溶生态系统中的土壤 [J]. 地球科学进展，18（1）：37-44.

车家骧，彭熙，苏维词，2008. 低热喀斯特河谷顶坛花椒生态需水及抗旱机理研究-花江峡谷为例 [J]. 生态经济（6）：49-51.

陈宝明，2006. 施氮对植物生长、硝态氮累积及土壤硝态氮残留的影响 [J]. 生态环境，15（3）：630-632.

陈德伟，汤寓涵，石文波，等，2019. 钙调控植物生长发育的进展分析 [J]. 分子植物育种，17（11）：3593-3601.

陈高起，傅瓦利，沈艳，等，2015. 岩溶区不同土地利用方式对土壤有机碳及其组分的影响 [J]. 水土保持学报，29（3）：123-130.

陈家瑞，曹建华，梁毅，等，2012. 石灰土发育过程中土壤腐殖质组成及其与土壤钙赋存形态关系 [J]. 中国岩溶，31（1）：7-11.

陈建国，张杨珠，曾希柏，等，2008. 长期不同施肥对水稻土交换性钙、镁和有效硫、硅含量的影响 [J]. 生态环境，17（5）：2064-2067.

陈俊竹，容丽，熊康宁，2019. 套种模式对顶坛花椒土壤矿质元素含量的影响 [J]. 西南农业学报，32（4）：763-769.

陈灵芝，1997. 中国森林生态系统养分循环 [M]. 北京：气象出版社.

陈青松，舒英格，周鹏鹏，等，2020. 喀斯特山区不同生态恢复下石灰土钙形态特征 [J]. 水土保持学报，34（4）：48-55.

陈同庆，魏兴琥，关共凑，等，2014. 粤北岩溶区不同土地利用方式对土壤钙离子的影响 [J]. 热带地理，34（3）：337-343.

陈训，彭惠蓉，贺瑞坤，2009. 顶坛花椒种子萌发试验 [J]. 安徽农业科学，37（6）：2370-2371.

陈佑启，Verburg P H，2000. 中国土地利用/土地覆盖的多尺度空间分布特征分析 [J]. 地理科学，20（3）：197-202.

程曼，2015. 黄土丘陵区典型植物枯落物分解对土壤有机碳、氮转化及微生物多样性的影响 [D]. 杨凌：西北农林科技大学.

邓丽，贺茂勇，2017. 不同种植年限苹果园土壤磷、钙、硅、镁常量元素垂直分布特征 [J]. 地球环境学报，8（1）：72-77.

董茜，王根柱，庞丹波，等，2022. 喀斯特区不同植被恢复措施土壤质量评价 [J]. 林业科学研究，35（3）：169-178.

杜家颖，王霖娇，盛茂银，等，2017. 喀斯特高原峡谷石漠化生态系统土壤 C、N、P 生态化学计量学特征 [J]. 四川农业大学学报，35（1）：45-51.

冯博，徐程扬，2014. 光照对植物体内碳氮分配作用的机理研究进展 [J]. 吉林农业科学，39（5）：18-22＋42.

付嵘，2019. 嗜钙与嫌钙金花茶的营养元素含量及对钙胁迫响应研究 [D]. 南宁：广西大学.

付威波，2015. 不同钙浓度对典型岩溶植物生长及光合生理特性的影响 [D]. 南宁：广西大学.

高江平，赵锐锋，张丽华，等，2021. 降雨变化对荒漠草原植物群落多样性与土壤 C：N：P 生态化学计量特征的影响 [J]. 环境科学，42（2）：977-987.

高雅洁，王朝辉，王森，等，2015. 石灰性土壤施用氯化钙对冬小麦生长及钙锌吸收的影响 [J]. 植物营养与肥料学报，21（3）：719-726.

勾玲，闫洁，韩春丽，等，2004. 氮肥对新疆棉花产量形成期叶片光合特性的调节效应 [J]. 植物营养与肥料学报，10（5）：488-493.

顾铖，李继红，2018-09-04. 一种石漠化治理及其生态恢复系统：CN207802707U [P].

顾学花，孙莲强，高波，等，2015. 施钙对干旱胁迫下花生生理特性、产量和品质的影响 [J]. 应用生态学报，26（5）：1433-1439.

关军锋，李广敏，2001. Ca^{2+} 与植物抗旱性的关系 [J]. 植物学通报，18（4）：473-478＋458.

郭城，2021. 石漠化地区不同植被恢复模式下土壤微生物群落结构研究 [D]. 贵阳：贵州师范大学.

郭柯，刘长成，董鸣，2011. 我国西南喀斯特植物生态适应性与石漠化治理 [J]. 植物生态学报，35（10）：991-999.

韩巍，赵金月，李豆豆，等，2018. 设施蔬菜大棚土壤氮磷钾养分富积降低土壤钙素的有效性 [J]. 植物营养与肥料学报，24（4）：1019-1026.

韩潇潇，林力涛，于占源，等，2020. N、P 停止施入后植物叶片主要元素含量及化学计量特征的响应 [J]. 生态学杂志，39（7）：2167-2174.

何尧启，1999. 主成分分析在喀斯特土壤环境退化研究中的初步运用——以贵州麻山地区紫云县宗地乡为例 [J]. 贵州师范大学学报：自然科学版，17（1）：12-19.

贺瑞坤，彭慧蓉，陈训，2008. 海拔高度对贵州花江峡谷顶坛花椒产量与品质的影响 [J]. 安徽农业科学（6）：2294-2295.

胡乐宁，苏以荣，何寻阳，等，2012. 西南喀斯特石灰土中钙的形态与含量及其对土壤有机碳的影响 [J]. 中国农业科学，45（10）：1946-1953.

黄殿男，李琳，傅金祥，等，2019. 污泥改良沙土中重金属及营养元素的迁移转化 [J]. 水土保持研究，26（2）：359-365.

黄芬，胡刚，涂春燕，等，2015. 岩溶区不同土地利用类型土壤钙形态分布特征 [J]. 南方农业学报，46（9）：1574-1578.

黄明芝，蓝家程，文柳茜，等，2021. 喀斯特石漠化地区土壤质量对生态修复的响应 [J]. 森林与环境学报，41（2）：148-156.

黄宗胜，喻理飞，符裕红，等，2015. 退化喀斯特森林植被自然恢复中土壤有机碳 $\delta^{13}C$ 值特征 [J]. 土壤学报，52（2）：345-354.

姬飞腾，李楠，邓馨，2009. 喀斯特地区植物钙含量特征与高钙适应方式分析 [J]. 植物生态学报，33（5）：926-935.

贾雪婷，刘玉莎，廖长君，等，2021-10-19. 一种石漠化地区的生态修复方法：CN113508658A [P].

蒋廷惠，占新华，徐阳春，等，2005. 钙对植物抗逆能力的影响及其生态学意义 [J]. 应用生态学报，16（5）：971-976.

蒋志敏，王威，储成才，2018. 植物氮高效利用研究进展和展望 [J]. 生命科学，30（10）：1060-1071.

景建生，刘子琦，罗鼎，等，2020. 喀斯特洼地土壤有机碳分布特征及影响因素 [J]. 森林与环境学报，40（2）：133-139.

李安定，喻理飞，卢永飞，2007. 喀斯特区顶坛花椒适生的土壤水分环境 [J]. 福建林业科技，34（3）：117-121.

李菲，李娟，龙健，等，2015. 典型喀斯特山区植被类型对土壤有机碳、氮的影响 [J]. 生态学杂志，34（12）：3374-3381.

李菁，杨程，靳振江，等，2019. 断陷盆地区不同土地利用方式土壤钙形态分布特征 [J]. 中国岩溶，38（6）：889-895.

李鹏迪，2016. 不同水平氮、钾肥单施和配施对土壤钙素有效性的影响 [D]. 沈阳：沈阳农业大学.

李品荣，孟广涛，方向京，2008. 滇东南石漠化山地不同植被恢复模式下土壤地力变化和水土流失状况研究 [J]. 水土保持学报，22（6）：35-39.

李苇洁，汪廷梅，王桂萍，等，2010. 花江喀斯特峡谷区顶坛花椒林生态系统服务功能价值评估 [J]. 中国岩溶，29（2）：152-154＋161.

李小方，2006. 岩溶环境中土壤-植物系统钙元素形态分析及其生态意义 [D]. 桂林：广西师范大学.

李衍青，蒋忠诚，罗为群，等，2016. 植被恢复对岩溶石漠化区土壤有机碳及轻组有机碳的影响 [J]. 水土保持通报，36（4）：158-163.

李勇，徐晓琴，朱显谟，1993. 黄土高原油松人工林根系改善土壤物理性质的有效性模式 [J]. 林业科学，29（3）：193-198.

李中勇，张媛，韩龙慧，等，2013. 氮钙互作对设施栽培油桃叶片光合特性及叶绿素荧光参数的影响 [J]. 植物营养与肥料学报，19（4）：893-900.

李忠云，魏兴琥，李保生，等，2015. 粤北岩溶丘陵区不同地貌部位土壤钙的分布特征——以英德市九龙镇为例 [J]. 热带地理，35（1）：89-95.

李柱军，2009. 喀斯特地区顶坛花椒速生丰产栽培技术 [J]. 山东林业科技，39（2）：88-90.

廖洪凯，龙健，李娟，等，2015. 花椒（Zanthoxylum bungeanum）种植对喀斯特山区土壤水稳性团聚体分布及有机碳周转的影响 [J]. 生态学杂志，34（1）：106-113.

刘姣姣，何静，陈伟，等，2019. 花椒连作对土壤化学性质及酶活性的影响 [J]. 分子植物育种，17（22）：7545-7550.

刘进，龙健，李娟，等，2021. 典型喀斯特山区优势树种钙吸收能力的海拔分异特征研究 [J]. 生态环境学报，30（8）：1589-1598.

刘晶晶，刘春生，李同杰，等，2005. 钙在土壤中的淋溶迁移特征研究 [J]. 水土保持学报，19（4）：53-56＋75.

刘利，李秀杰，韩真，等，2018. 植物中氮素感知和信号的研究进展 [J]. 植物生理学报，54（10）：1535-1545.

刘连涛，2007. 氮素对棉花衰老过程的调控效应及其生理机制研究 [D]. 保定：河北农业大学.

刘敏，孙经国，徐兴良，2020. 土壤元素失衡是导致高寒草甸退化的重要诱因 [J]. 生态学杂志，39（8）：2574-2580.

刘骞，韩嘉峰，覃鸿毅，等，2020. 长春市公园草坪土壤钙素垂直分布特征 [J]. 北方园艺，（1）：75-82.

刘世荣，王晖，张小平，等，2020-05-22. 一种西南山地喀斯特石漠化立地的生态修复方法：CN109076949B [P].

刘思佳，吴榕榕，刘岚君，等，2020. 梵净山翠峰茶产地岩-土系统元素迁移富集特征分析 [J]. 地质与勘探，56（5）：942-954.

刘洋，2021. 贵州典型喀斯特区土壤含水量与水溶性钙分布特征及水-钙关系分析 [D]. 贵阳：贵州师范大学.

刘洋，曾全超，安韶山，等，2017. 黄土丘陵区草本植物叶片与枯落物生态化学计量学特征 [J]. 应用生态学报，28（6）：1793-1800.

刘志，杨瑞，裴仪岱，2019. 喀斯特高原峡谷区顶坛花椒与金银花林地土壤抗侵蚀特征 [J]. 土壤学报，56（2）：466-474.

龙健，廖洪凯，李娟，等，2018. 花椒（Zanthoxylum bungeanum）种植年限对土壤有机碳矿化拟合及化学分离稳定性碳的影响 [J]. 生态学杂志，37（4）：1111-1119.

龙明军，2017. 不同有机碳与氮源互作对作物生长的影响 [D]. 广州：华南农业大学.

龙启霞，蓝家程，姜勇祥，2022. 生态恢复对石漠化地区土壤有机碳累积特征及其机制的影响 [J]. 生态学报，42（18）：7390-7402.

卢同平，史正涛，牛洁，等，2016. 我国陆生生态化学计量学应用研究进展与展望 [J]. 土壤，48（1）：29-35.

鲁翠涛，李合生，王学奎，2002. 钙对小麦氮同化关键酶活性的影响及其与蛋白质磷酸化的关系 [J]. 植物营养与肥料学报，8（1）：110-114.

吕明辉，王红亚，蔡运龙，2007. 西南喀斯特地区土壤侵蚀研究综述 [J]. 地理科学进展，26（2）：87-96.

马建军，张立彬，刘玉艳，等，2008. 野生欧李生长期组织器官中不同形态钙含量的变化及其相关性 [J]. 园艺学报，35（5）：631-636.

倪大伟，王妍，刘云根，等，2018. 典型岩溶小流域不同土地利用类型土壤钙分布及形态特征 [J]. 西南林业大学学报（自然科学），38（2）：83-88.

宁志英，李玉霖，杨红玲，等，2019. 沙化草地土壤碳氮磷化学计量特征及其对植被生产力和多样性的影响 [J]. 生态学报，39（10）：3537-3546.

彭惠蓉，陈训，2009. 顶坛花椒苗期生长规律初探 [J]. 安徽农业科学，37（33）：16351-16354＋16377.

彭学义，贾亚男，蒋勇军，等，2019. 中梁山岩溶槽谷区不同土地类型土壤生态化学计量学特征 [J]. 中国农学通报，35（5）：84-92.

覃勇荣，岑忠用，刘旭辉，等，2006. 桂西北石漠化地区不同植被恢复模式土壤性状的初步研究 [J]. 河池学院学报（自然科学版）（5）：34-41.

瞿爽，杨瑞，王勇，等，2020. 喀斯特高原顶坛花椒生长过程中土壤养分变化特征 [J]. 经济林研究，38（2）：183-191.

容丽，熊康宁，2007. 花江喀斯特峡谷适生植物的抗旱特征Ⅰ：顶坛花椒根系与土壤环境 [J]. 贵州师范大学学报（自然科学版）（4）：1-7＋34.

沈浦，吴正锋，王才斌，等，2017. 花生钙营养效应及其与磷协同吸收特征 [J]. 中国油料作物学报，39（1）：85-90.

沈银武，刘浩，常锋毅，等，2017-11-10. 一种石漠化生态修复的方法：CN107333543A [P].

盛茂银，刘洋，熊康宁，2013. 中国南方喀斯特石漠化演替过程中土壤理化性质的响应 [J]. 生态学报，33（19）：6303-6313.

史红平，2016. 关中农田土壤钙素状况及其退化特征研究 [D]. 杨凌：西北农林科技大学.

宋燕平，喻阳华，李一彤，2023. 不同林龄顶坛花椒人工林土壤肥力变化规律 [J]. 水土保持研究，30（4）：137-145.

宋正国，徐明岗，李菊梅，等，2009. 钙对土壤镉有效性的影响及其机理 [J]. 应用生态学报，20（7）：

1705-1710.

苏初连，邓爱妮，范琼，等，2021. 腐植酸类营养液改良镉污染稻田土壤和保障水稻安全生产 [J]. 分子植物育种，19（9）：3116-3121.

苏维词，2007. 花江喀斯特峡石漠化治理示范区水资源赋存特点及开发条件评价 [J]. 水文地质工程地质（6）：37-40.

苏醒，冯梅，颜修琴，等，2014. 我国西南地区石漠化治理研究综述 [J]. 贵州师范大学学报（社会科学版）（2）：92-97.

孙建，刘子琦，朱大运，等，2019. 石漠化治理区不同生态恢复模式土壤质量评价 [J]. 水土保持研究（5）：222-228.

谭代军，熊康宁，张俞，等，2019. 喀斯特石漠化地区不同退化程度花椒光合日动态及其与环境因子的关系 [J]. 生态学杂志，38（7）：2057-2064.

陶波，葛全胜，李克让，等，2001. 陆地生态系统碳循环研究进展 [J]. 地理研究（5）：564-575.

陶冶，张元明，周晓兵，2016. 伊犁野果林浅层土壤养分生态化学计量特征及其影响因素 [J]. 应用生态学报，27（7）：2239-2248.

王程媛，王世杰，容丽，等，2011. 茂兰喀斯特地区常见蕨类植物的钙含量特征及高钙适应方式分析 [J]. 植物生态学报，35（10）：1061-1069.

王传明，乙引，2014. 外源 Ca^{2+} 对喜钙植物、随遇植物和嫌钙植物 POD 活性和相对含水量的影响 [J]. 湖北农业科学，53（10）：2347-2351.

王进，李欣，杨龙佳，等，2015. 高效液相色谱法测定贵州顶坛花椒中麻味成分羟基-β-山椒素的含量 [J]. 中国调味品，40（10）：102-105.

王进，刘子琦，张国，等，2019. 喀斯特石漠化治理不同恢复模式土壤养分分布特征——以贵州花江示范区为例 [J]. 西南农业学报，32（7）：1578-1585.

王俊艺，唐翠芝，刘宇辉，等，2019-09-06. 一种复合式石漠化生态修复方法：CN110199606A [P].

王克林，岳跃民，陈洪松，等，2019. 喀斯特石漠化综合治理及其区域恢复效应 [J]. 生态学报，39（20）：7432-7440.

王利民，邱珊莲，林新坚，等，2012. 不同培肥茶园土壤微生物量碳氮及相关参数的变化与敏感性分析 [J]. 生态学报，32（18）：5930-5936.

王霖娇，李瑞，盛茂银，2017. 典型喀斯特石漠化生态系统土壤有机碳时空分布格局及其与环境的相关性 [J]. 生态学报，37（5）：1367-1378.

王霖娇，汪攀，盛茂银，2018. 西南喀斯特典型石漠化生态系统土壤养分生态化学计量特征及其影响因素 [J]. 生态学报，38（18）：6580-6593.

王玲玲，况欣宇，曹银贵，等，2020. 内蒙古草原露天矿区复垦地重构土壤碳氮比差异及影响因素研究 [J]. 露天采矿技术，35（6）：8-12.

王璐，喻阳华，秦仕忆，等，2019. 不同衰老程度顶坛花椒土壤养分质量的评价 [J]. 西南农业学报，32（1）：139-147.

王纳伟，2013. 湘中地区石漠化过程中土壤有机碳变化特征 [D]. 长沙：中南林业科技大学.

王清奎，田鹏，孙兆林，等，2020. 森林土壤有机质研究的现状与挑战 [J]. 生态学杂志，39（11）：3829-3843.

王赛男，蒲俊兵，李建鸿，等，2019. 岩溶断陷盆地"盆-山"耦合地形影响下的气候特征及其对石漠化生态恢复的影响探讨 [J]. 中国岩溶，38（1）：50-59.

王思琦，薛亚芳，王颖，等，2020. 喀斯特关键带不同干扰梯度下土壤-岩石界面对土壤有机质水解酶活性的影响 [J]. 生态学报，40（10）：3431-3440.

王晓光，乌云娜，宋彦涛，等，2016. 土壤与植物生态化学计量学研究进展 [J]. 大连民族大学学报，

18（5）：437-442＋449.

王钰，杨少杰，2007. 贵州喀斯特峡谷花椒林地土壤物理性质初步研究及建议 [J]. 亚热带水土保持，2007，74（4）：17-19＋28.

魏晓骁，2017. 连栽障碍地杉木优良无性系土壤特性分析及酚酸鉴定 [D]. 福州：福建农林大学.

魏兴琥，雷俐，刘淑娟，等，2017. 粤北岩溶峰林植物钙吸收、转运、返还能力及适应性分析 [J]. 中国岩溶，36（3）：368-376.

魏兴琥，徐喜珍，雷俐，等，2013. 石漠化对峰丛洼地土壤有机碳储量的影响——以广东英德市岩背镇为例 [J]. 中国岩溶，32（4）：371-376.

吴刚，李金英，曾晓舵，2002. 土壤钙的生物有效性及与其他元素的相互作用 [J]. 土壤与环境（3）：319-322.

吴敏，刘淑娟，叶莹莹，等，2016. 喀斯特地区坡耕地与退耕地土壤有机碳空间异质性及其影响因素 [J]. 生态学报，36（6）：1619-1627.

吴亚婷，龙健，李娟，等，2023. 典型喀斯特石漠化区顶坛花椒养分、光合效率变化及与水分利用的关系 [J]. 植物生理学报，59（5）：1008-1016.

伍方骥，刘娜，胡培雷，等，2020. 典型喀斯特洼地植被恢复过程中土壤碳氮储量动态及其对极端内涝灾害的响应 [J]. 中国生态农业学报（中英文），28（3）：429-437.

向志勇，邓湘雯，田大伦，等，2010. 五种植被恢复模式对邵阳县石漠化土壤理化性质的影响 [J]. 中南林业科技大学学报，30（2）：23-28.

肖常沛，2001. 不同供钙水平对黄瓜生长、养分吸收和酶活性的影响 [J]. 广西热带农业（2）：4-6.

肖艳梅，解娟媛，姚义鹏，等，2021. 桂林岩溶石山常绿落叶阔叶混交林乔木层优势物种生态位研究 [J]. 生态学报，41（20）：8159-8170.

谢丽萍，王世杰，肖德安，2007. 喀斯特小流域植被-土壤系统钙的协变关系研究 [J]. 地球与环境，35（1）：26-32.

徐杰，2013. 邵阳县石漠化地区不同植被恢复模式土壤碳氮特征研究 [D]. 长沙：中南林业科技大学.

徐敏，刘欢，郭佳莹，2019. 贺兰山地区石漠化坡面生态恢复植物选择与配比方案 [J]. 节能与环保（3）：76-77.

许泉，芮雯奕，刘家龙，等，2006. 我国农田土壤碳氮耦合特征的区域差异 [J]. 生态与农村环境学报（3）：57-60.

许婷婷，石程仁，戴良香，等，2019. 施用钙肥对盐碱地花生开花期后土壤水分、盐分和速效养分运移的影响 [J]. 中国农学通报，35（24）：73-81.

同靖华，张凤华，谭斌，等，2013. 不同恢复年限对土壤有机碳组分及团聚体稳定性的影响 [J]. 土壤学报，50（6）：1183-1190.

颜永聪，2009. 石漠化矿区治理与矿山生态环境建设模式初探 [J]. 轻金属（4）：8-10.

杨洪强，接玉玲，2005. 植物钙素吸收和运转（英文） [J]. 植物生理与分子生物学学报，31（3）：227-234.

杨慧，陈家瑞，梁建宏，等，2017. 桂林丫吉岩溶区土壤有机碳和 pH 值与钙形态分布的关系初探 [J]. 地质论评，63（4）：1117-1126.

杨利玲，刘慧，2011. 北方石灰性土壤番茄缺钙症的发生及防治 [J]. 长江蔬菜（11）：39-40.

杨龙，熊康宁，肖时珍，等，2016. 花椒林在喀斯特石漠化治理中的碳汇效益 [J]. 水土保持通报，36（1）：292-297.

杨胜天，黎喜，娄和震，等，2021. 贵州茂兰喀斯特地区土壤全钙含量空间估算模型与迁移分析 [J]. 中国岩溶，40（3）：449-458.

杨秀才，领陈，张青伟，等，2019. 碳磷比对土壤磷素有效性的影响研究进展 [J]. 土壤科学，7（1）：

10-15.

杨野，王丽，郭兰萍，等，2014. 三七不同间隔年限种植土壤中、微量元素动态变化规律研究 [J]. 中国中药杂志，39 (4)：580-587.

叶盛，汪东风，丁凌志，等，2000. 植物体内钙的存在形式研究进展（综述）[J]. 安徽农业大学学报 (4)：417-421.

殷秀霞，陈芹芹，刘海双，等，2023. 钙信号在植物响应盐胁迫中的作用研究进展 [J]. 分子植物育种，21 (3)：850-857.

余海，王世杰，2007. 土壤中钙形态的连续浸提方法 [J]. 岩矿测试 (6)：436-440.

余慧敏，朱青，傅聪颖，等，2020. 江西鄱阳湖平原区农田土壤微量元素空间分异特征及其影响因素 [J]. 植物营养与肥料学报，26 (1)：172-184.

余培培，2016. 互花米草光合碳在植物-土壤系统中的分配研究 [D]. 南京：南京师范大学.

喻阳华，闵芳卿，盈斌，2020-12-11. 顶坛花椒矮化密植方法 [P]：CN109168865B.

喻阳华，秦仕忆，2018. 黔中顶坛花椒衰老退化原因及其防治策略 [J]. 贵阳学院学报（自然科学版），13 (2)：98-102.

喻阳华，杨丹丽，秦仕忆，等，2019a. 黔中石漠化区衰老退化与正常生长顶坛花椒根区土壤质量特征 [J]. 广西植物，39 (2)：143-151.

喻阳华，钟欣平，李红，2019b. 黔中石漠化区不同海拔顶坛花椒人工林生态化学计量特征 [J]. 生态学报，39 (15)：5536-5545.

喻阳华，钟欣平，王颖，2019c. 喀斯特高原峡谷区土壤大/中/微量元素的生态化学计量特征 [J]. 西南农业学报，32 (9)：2068-2072.

袁成军，熊康宁，容丽，等，2021. 喀斯特石漠化生态恢复中的生物多样性研究进展 [J]. 地球与环境，49 (3)：336-345.

袁大刚，吴金权，翟鸿凯，等，2012. 氮、磷、钾肥与酚对漂洗水稻土硅、铝、铁的活化效应 [J]. 植物营养与肥料学报，18 (3)：771-776.

张博文，穆青，刘登望，等，2020. 施钙对瘠薄红壤旱地花生土壤理化性质的影响 [J]. 中国油料作物学报，42 (5)：896-902.

张德山，何文寿，1993. 植物营养元素之间的相互关系及其机理 [J]. 宁夏农学院学报 (2)：75-81.

张慧萍，2019. 植物根系养分吸收模型的解析解 [D]. 福州：福建师范大学.

张明阳，王克林，刘会玉，等，2014. 生态恢复对桂西北典型喀斯特区植被碳储量的影响 [J]. 生态学杂志，33 (9)：2288-2295.

张鹏，胡晓农，杨慧，等，2020. 云南蒙自断陷盆地石漠化区土壤钙形态特征 [J]. 中国岩溶，39 (3)：368-374.

张鹏，王国梁，2020. 黄土高原刺槐林土壤酶化学计量沿着环境梯度变化 [J]. 水土保持研究，27 (1)：161-167.

张圣旺，郑国生，孟丽，2002. 钙素对栽培牡丹花衰老的影响 [J]. 植物营养与肥料学报，8 (4)：483-487.

张文娟，廖洪凯，龙健，等，2015. 种植花椒对喀斯特石漠化地区土壤有机碳矿化及活性有机碳的影响 [J]. 环境科学，36 (3)：1053-1059.

张新生，熊学林，周卫，等，1999. 苹果钙素营养研究进展 [J]. 土壤肥料 (4)：3-6.

张亦诚，陈凯，雷朝云，等，2011. 顶坛花椒产业的生态经济模式分析 [J]. 生态经济（学术版）(2)：265-267+278.

张跃进，李沁谊，王好才，等，2023. 中国西南喀斯特地区植被自然恢复演替典型群落土壤碳氮储量特征 [J]. 林业科学，59 (7)：45-53.

章程，2011. 不同土地利用下的岩溶作用强度及其碳汇效应 [J]. 科学通报，56（26）：2174-2180.

章程，2009. 典型岩溶泉流域不同土地利用方式土壤营养元素形态及其影响因素 [J]. 水土保持学报，23（4）：165-169＋199.

赵德刚，李建容，曾晓芳，2018-01-16. 一种由珠心胚诱导顶坛花椒快速繁殖的方法：CN106069779B [P].

赵高卷，沈有信，李振江，等，2020-11-10. 一种仿自然植物群落构建的石漠化生态修复方法：CN109673353B [P].

赵金月，2019. 长期施肥对设施土壤钙素有效态及生物有效性的影响 [D]. 沈阳：沈阳农业大学.

赵瑛琳，2015. 东北林区红松人工土壤及针叶钙、镁、硫养分的分布特征 [D]. 哈尔滨：东北林业大学.

周卫，林葆，1996. 土壤中钙的化学行为与生物有效性研究进展 [J]. 土壤肥料（5）：20-23＋45.

周卫，林葆，1995. 植物钙素营养机理研究进展 [J]. 土壤学进展，23（2）：12-17＋25.

周卫，汪洪，2007. 植物钙吸收、转运及代谢的生理和分子机制 [J]. 植物学通报（6）：762-778.

朱连奇，时振钦，朱文博，2020-09-22. 一种石漠化山地生态修复方法：CN111684891A [P].

朱秋莲，邢肖毅，张宏，等，2013. 黄土丘陵沟壑区不同植被区土壤生态化学计量特征 [J]. 生态学报，33（15）：4674-4682.

左太安，2010. 贵州喀斯特石漠化治理模式类型及典型治理模式对比研究 [D]. 重庆：重庆师范大学.

Al-Barzinjy M, Stolen O, Christiansen J L, 2003. Comparison of growth, pod distribution and canopy structure of old and new cultivars of oilseed rape (Brassica napus L.) [J]. Acta Agriculturae Scandinavica, 53 (3): 138-146.

Audette Y, O'halloran I P, Voroney R P, 2016. Kinetics of phosphorus forms applied as inorganic and organic amendments to a calcareous soil [J]. Geoderma, 262: 119-124.

Bailey S W, Hornbeck J W, Driscoll C T, et al, 1996. Calcium inputs and transport in a base-poor forest ecosystem as interpreted by Sr isotopes [J]. Water Resources Research, 32 (3): 707-719.

Bangerth F, 1979. Calcium-related physiological disorders of plants [J]. Annual review of phytopathology, 17 (1): 97-122.

Barreto M S C, Elzinga E J, Ramlogan M, et al, 2021. Calcium enhances adsorption and thermal stability of organic compounds on soil minerals [J]. Chemical Geology, 559: 119804.

Behera S, Xu Z L, Luoni L, et al, 2018. Cellular Ca^{2+} signals generate defined pH signatures in plants [J]. The Plant Cell, 30 (11): 2704-2719.

Bollens S M, Harrison J A, Kramer M G, et al, 2021. Calcium concentrations in the lower Columbia River, USA, are generally sufficient to support invasive bivalve spread [J]. River Research, 37 (6): 889-894.

Cleveland C C, Liptzin D, 2007. C：N：P stoichiometry in soil: is there a "Redfield ratio" for the microbial biomass? [J]. Biogeochemistry, 85 (3): 235-252.

Ding Z, Liu Y, Wang L C, et al, 2021. Effects and implications of ecological restoration projects on ecosystem water use efficiency in the karst region of Southwest China [J]. Ecological Engineering, 170: 106356.

Domke G M, Perry C H, Walters B F, et al, 2016. Estimating litter carbon stocks on forest land in the United States [J]. Science of The Total Environment, 557: 469-478.

Dreccer M F, Schapendonk A H C M, Oijen, et al, 2000. Radiation and nitrogen use at the leaf and canopy level by wheat and oilseed rape during the critical period for grain number definition [J]. Australian Journal of Plant Physiology, 27 (10): 899-910.

Elisabeth Z F, Hönow R, Hesse A, 2001. Calcium and oxalate content of the leaves of Phaseolus *vulgaris* at different calcium supply in relation to calcium oxalate crystal formation [J]. Journal of Plant Physiology, 158 (2): 139-144.

Elser J, Sterner R W, Gorokhova E, et al, 2000. Biological stoichiometry from genes to ecosystems [J]. Ecology letters, 3 (6): 540-550.

Fahey T J, Heinz A K, Battles J J, et al, 2016. Fine root biomass declined in response to restoration of soil calcium in a northern hardwood forest [J]. Canadian Journal of Forest Research, 46 (5): 738-744.

Ferguson I, Clarkson D, 1975. Ion transport and endodermal suberization in the roots of *Zea mays* [J]. New phytologist, 75 (1): 69-79.

Han G L, Eisenhauer A, Zeng J, et al, 2021. Calcium biogeochemical cycle in a typical karst forest: evidence from calcium isotope compositions [J]. Forests, 12 (6): 666.

Hu N, Li H, Tang Z, et al, 2016. Community size, activity and C : N stoichiometry of soil microorganisms following reforestation in a karst region [J]. European Journal of Soil Biology, 73: 77-83.

Hynicka J D, Pett - Ridge J C, Perakis S S, 2016. Nitrogen enrichment regulates calcium sources in forests [J]. Global change biology, 22 (12): 4067-4079.

Jobbágy E G, Jackson R B, 2000. The vertical distribution of soil organic carbon and its relation to climate and vegetation [J]. Ecological applications, 10 (2): 423-436.

Kirkegaard J A, Lilley J M, Brill R D, et al, 2018. The critical period for yield and quality determination in canola (*Brassica napus* L.) [J]. Field Crops Research, 222: 180-188.

Leys B A, Likens G E, Johnson C E, et al, 2016. Natural and anthropogenic drivers of calcium depletion in a northern forest during the last millennium [J]. Proceedings of the National Academy of Sciences, 113 (25): 6934-6938.

Liu Z Q, Li K P, Xiong K N, et al, 2021. Effects of *Zanthoxylum bungeanum* planting on soil hydraulic properties and soil moisture in a karst area [J]. Agricultural Water Management, 257.

Luo S S, Gao Q, Wang S J, et al, 2020. Long-term fertilization and residue return affect soil stoichiometry characteristics and labile soil organic matter fractions [J]. Pedosphere, 30 (5): 703-713.

Luo Y, Shi C M, Yang S T, et al, 2023. Characteristics of soil calcium content distribution in karst dry-hot valley and its influencing factors [J]. Water, 15 (6): 1119.

Mazen A M A, 2004. Calcium oxalate deposits in leaves of *Corchorus olitorius* as related to accumulation of toxic metals1 [J]. Russian Journal of Plant Physiology, 51 (2): 281-285.

Ohta Y, Yamamoto K, Deguchi M, 1970. Chemical fractionation of calcium in the fresh rice leaf blade and influences of deficiency or oversupply of calcium and age of leaf on the content of each calcium fraction: chemical fractionation of calcium in some plant species (Part 1) [J]. Soil Manure, 41: 19-26.

Prietzel J, Klysubun W, Hurtarte L C C, 2021. The fate of calcium in temperate forest soils: a Ca K-edge XANES study [J]. Biogeochemistry, 152 (2): 195-222.

Prokof'eva T, Shishkov V, Kiriushin A, 2021. Calcium carbonate accumulations in technosols of Moscow city [J]. Journal of Soils and Sediments, 21 (5): 2049-2058.

Rao Q Y, Su H J, Deng X W, et al, 2020. Carbon, nitrogen, and phosphorus allocation strategy among organs in submerged macrophytes is altered by eutrophication [J]. Frontiers in Plant Science, 11: 524450.

Rosenberger D A, Schupp J R, Hoying S A, et al, 2004. Controlling bitter pit in 'Honey crisp' apples [J]. HortTechnology, 14 (3): 342-349.

Rowley M C, Grand S, Verrecchia E P, 2018. Calcium-mediated stabilisation of soil organic carbon [J]. Biogeochemistry, 137 (1-2): 27-49.

Siders A C, Compson Z G, Hungate B A, et al, 2018. Litter identity affects assimilation of carbon and nitrogen by a shredding caddisfly [J]. Ecosphere, 9 (7): e02340.

Sokoloff V J J O R, 1938. Effect of neutral salts of sodium and calcium on carbon and nitrogen in soils [J]. Journal of Agricultural Research, 57 (3): 201-216.

Song Y P, Yu Y H, Li Y T, et al, 2023. Leaf litter chemistry and its effects on soil microorganisms in different ages of *Zanthoxylum planispinum* var. *dintanensis* [J]. BMC Plant Biology, 23: 262.

Sun Y Z, Guo W X, Weindorf C D, et al, 2021. Field-scale spatial variability of soil calcium in a semi-arid region: implications for soil erosion and site-specific management [J]. Pedosphere, 31 (5): 705-714.

Tang J, Tang X X, Qin Y M, et al, 2018. Karst rocky desertification progress: soil calcium as a possible driving force [J]. Science of The Total Environment, 649: 1250-1259.

Tian H Q, Chen G S, Zhang C C, et al, 2010. Pattern and variation of C : N : P ratios in China's soils: a synthesis of observational data [J]. Biogeochemistry, 98: 139-151.

van Driessche A E S, Stawski T M, Kellermeier M, 2019. Calcium sulfate precipitation pathways in natural and engineered environments [J]. Chemical Geology, 530: 119274.

Wang J, Wen X F, Lyu S D, et al, 2021. Vegetation recovery alters soil N status in subtropical karst plateau area: evidence from natural abundance δ^{15}N and δ^{18}O [J]. Plant and soil, 460 (1): 609-623.

Wang W H, Yi X Q, Han A D, et al, 2012. Calcium-sensing receptor regulates stomatal closure through hydrogen peroxide and nitric oxide in response to extracellular calcium in *Arabidopsis* [J]. Journal of Experimental Botany, 63 (1): 177-190.

Xiao Q, Xiao Y, Liu Y, et al, 2020. Driving forest succession in karst areas of Chongqing municipality over the past decade [J]. Forest Ecosystems, 7 (1): 3.

Xing K N, Zhao M F, Niinemets Ü, et al, 2021. Relationships between leaf carbon and macronutrients across woody species and forest ecosystems highlight how carbon is allocated to leaf structural function [J]. Frontiers in Plant Science, 12: 674932.

Yang H, Liang J H, Chen J R, et al, 2015. soil calcium speciation at different geomorphological positions in the Yaji karst experimental site in Guilin, China [J]. Journal of Resources, 6 (4): 224-229.

Yang H, Mo B Q, Zhou M X, et al, 2019a. Effects of plum plantation ages on soil organic carbon mineralization in the karst rocky desertification ecosystem of southwest China [J]. Forests, 10 (12): 1107.

Yang H, Zhang P, Zhu T B, et al, 2019b. The Characteristics of soil C, N, and P stoichiometric ratios as affected by geological background in a karst graben area, southwest China [J]. Forests, 10 (7): 601.

Yu Y H, Song Y P, Zhong X P, et al, 2021. Growth decline mechanism of *Zanthoxylum planispinum* var. *dintanensis* in the canyon area of Guizhou Karst Plateau [J]. Agronomy Journal, 113 (2): 852-862.

Yuan T, Gammon Jr N, Leighty R, 1967. Relative contribution of organic and clay fractions to cation-exchange capacity of sandy soils from several soil groups [J]. Soil Science, 104 (2): 123-128.

Zetterberg T, Olsson B A, Löfgren S, et al, 2013. The effect of harvest intensity on long-term calcium dynamics in soil and soil solution at three coniferous sites in Sweden [J]. Forest Ecology, 302: 280-294.

3 不同林龄顶坛花椒人工林土壤性状

在人工林生态系统中，林龄通过改变林分结构来影响林内光照强度、空气流通等，使林下微环境发生变化，调控土壤养分分配格局（Lucas-Borja et al.，2016；朱媛君等，2018），进而影响土壤性状。由于不同林分对土壤系统调控作用各异，土壤性状随林分生长发育呈现出一定的差异性（Nath et al.，2022）。如随林龄的增加，黄土丘陵沟壑区的人工刺槐（*Robinia pseudoacacia*）林土壤有机碳、全氮、碳磷比、氮磷比均显著增加（Yin et al.，2021），而赵丹阳等（2021）研究显示随刺槐（*Robinia pseudoacacia*）林龄增大，土壤有机质、全氮、全磷均先增大后减小，而速效磷逐渐降低；20 年生马尾松（*Pinus massoniana*）人工林的土壤 pH 值显著高于 10 年、40 年和 60 年生，土壤碳氮比随林龄的增加而显著降低（Ji et al.，2017；Justine et al.，2017）；沙地人工林土壤微生物生物量、酶活性均随林龄增加而提高（Li et al.，2018；王超群等，2019）；广西油杉（*Keteleeria fortunei* var. *cyclolepis*）人工林生物量碳、氮均随林龄先增加后降低（Wang et al.，2020）；pH、有机碳、速效氮、速效磷随着柠条（*Caragana korshinskii*）人工林种植年限的增加而增加，而土壤含水率、速效磷逐年下降；土壤细菌多样性与丰度随杉木（*Cunninghamia lanceolata*）林龄增加而逐年上升（曹升等，2021）；不同龄期李子林的土壤有机碳含量没有表现出明显的差异，但土壤中钙含量随林龄明显下降（Yang et al.，2019a）；茶树（*Camellia sinensis*）种植后土壤有机碳、脂肪酸、腐殖质显著提高，均在 25 年达到最大值（He et al.，2021a）；林龄显著影响柑橘（*Citrus sinensis*）园土壤不同粒径团聚体的比例，其中对大团聚体的影响最为显著（Cao et al.，2021）；前人研究表明，人工林土壤性状变化规律尚无统一定论，这是因为人工林生长发育是土壤养分迁移、富集和再分配的重要驱动力（Li et al.，2021），且不同类型生态系统中土壤异质性较强（He et al.，2021b），从而导致林龄与土壤性状的关系不具有一致性，因而特定人工林生态系统的土壤性状动态仍值得研究。

土壤作为植物的重要养分来源，是其生长发育的物质基础（董佳琦等，2021）。土壤肥力是土壤物理、化学、生物学性状的综合作用，也是林地生产力的基础（简尊吉等，2021）；其高低显著影响植物生长和分布，反之植物生长及分布亦会改变土壤养分循环过程（Roe et al.，2022；Iskandar et al.，2022）。林龄是表征时间序列的常见梯度之一，研究土壤肥力随林龄的变化规律，能够为动态调控林分经营措施提供科学支撑。基于此，本章以5～7年、10～12年、20～22年、28～32年的顶坛花椒人工林为研究对象，探讨土壤理化生性状对林龄的响应，明晰土壤生物学性状与理化性状的内在关联，阐明不同林龄土壤综合肥力水平和限制因子，以期为优化顶坛花椒人工林土壤管理措施提供理论参考。

3.1 研究方法

3.1.1 研究区概况

研究区位于贵州省黔西南布依族苗族自治州、安顺市交界的珠江上游北盘江流域花江段。属亚热带湿润季风气候，降水量达1100mm，总量充沛但年内分配不均，主要集中于夏季，冬春季易出现干旱及伏旱现象，年均气温为18.4℃，年总积温可达6542.9℃，热量资源丰富。属河谷地形，海拔530～1473m，垂直高差大，地下水深埋。石漠化发育，基岩裸露率高，多处于中度、重度石漠化等级。区内主要以石灰岩形成的石灰土为主，土壤富含钙、镁等元素，土层浅薄，土被不连续，因地上、地下二元结构系统发育，导致持水性能低，加之降水时空分布不均，且与植物生长的需水规律不匹配，这种地质性干旱和季节性干旱的叠加，限制了水分和养分的可利用性。受早期人为干扰和后期石漠化生态治理措施的综合影响，区内植被以天然次生林和顶坛花椒人工林为主；发育有完整的石缝、石坑、石沟、土面和石槽等小生境。

3.1.2 样地设置

于2020年上半年，通过野外详细调查和询问当地林业部门工作人员，采用时空互代法，选取立地条件接近相同，林龄分别为5～7年、10～12年、20～22年和28～32年（因28～32年的林分出现生长衰退现象，为满足取样时的最小样地需求，从而将林龄扩大1年）的顶坛花椒人工林作为研究样地，分别代表幼龄林、中龄林、成熟林和过熟林阶段。28～32年林分衰退表现为病虫害叶比例大于80%，黄叶和黄花比例均大于60%，较正常植株挂果率小于30%，1/2以上枝条枯死。因喀斯特生境破碎，不同林龄林分分别设置3个10m×10m样方，共12个样方，样方间的缓冲距离＞5m。由于顶坛花椒存在补植情形，林龄为区间值，而不是具体数值，对各样地的树高、密度、冠幅、植被覆盖率、产量进行测定（表3-1）。不同林龄顶坛花椒人工林的土壤本底值具有一致性，一是土地利用转变方式均为次生乔灌林→玉米地→顶坛花椒林；二是坡向、坡位相同，坡度、海拔近似；三是小生境类型均以土面为主，差异较小；四是受劳动力缺乏、耕作成本高的限制，人为干扰强度低，以施用有机肥、化肥为主，管理措施近似。

表 3-1　样地概况

林龄/a	树高/m	密度/(株·hm^{-2})	冠幅/m	植被覆盖率/%	产量/(kg·株$^{-1}$)
5～7	3.0	1150	3×3	100	6～7
10～12	3.0	1150	3×3	100	7～8
20～22	3.5	1000	3.5×3.5	90	4～5
28～32	4.2	650	4×5	70	1～1.5

3.1.3　土壤采集与处理

在顶坛花椒旺盛生长期间，各样方按照 S 形布点取样，距离树干基部 30～50cm 范围处，避开 10～30cm 的施肥区域，采集深度为 0～20cm（不足 20cm 的以实际深度为准）的新鲜土壤，将样方内各土壤样品均匀混合，用"四分法"保留鲜重约 500g，共采集样品 12 份，装入无菌袋密封，立即带回实验室。将所有样品去除根系、石块等杂质，过 2mm 筛。土样一部分置于冰箱内 4℃冷藏保存，以测定生物学性状；另一部分自然风干、研磨过 0.25mm 筛，以测定化学性状。

本研究测定的土壤指标共有 25 个，其中氧化还原电位能够说明土壤的透气状况；阳离子交换量表示土壤的保肥能力；有机碳、全氮、速效氮、全磷、速效磷、全钾、速效钾、全钙、速效钙、全镁、速效镁、全铁、速效铁反映了大中微量元素水平，均是植物生长必需元素；细菌、真菌、放线菌、生物量碳、生物量氮、生物量磷表示土壤生物性状，是土壤环境变化的敏感指标，主要功能是将矿质元素转化成植物易吸收利用的养分；pH、土壤含水量影响土壤肥力过程。各个指标共同构成土壤肥力质量评价体系，综合表征土壤质量状况。土壤生物学性状中细菌、真菌、放线菌将喀斯特区岩石风化过程产生的大量次生矿物分解为植物可吸收养分，表征植物营养过程，是土壤肥力的重要组成部分，对林业实践响应灵敏。这些指标互为支撑，共同构成评价体系。

3.1.4　测试指标与方法

（1）土壤理化性状测定　土壤含水量采用电极法测定。以下指标参照《土壤农化分析》（鲍士旦，2010）中的分析方法测定：pH 采用电位法测定，有机碳采用重铬酸钾氧化-外加热法测定，全氮和速效氮分别采用凯氏定氮法和碱解扩散法测定，全磷和速效磷均采用酸熔法和盐酸-硫酸浸提法测定，全钾和速效钾均采用酸熔法和中性乙酸铵浸提-火焰光度计法测定，全钙和全镁、速效钙、速效镁、全铁、全锌均采用分光光度计法测定，速效铁和速效锌采用二乙三胺五乙酸浸提法测定，阳离子交换量采用三氯化六氨合钴浸提-分光光度法测定。氧化还原电位采用电位法测定（环境保护部，2015）。因研究区内土壤沙化、土层浅薄且石砾含量高，再加上石缝、石面、石沟等小生境异质性较高，影响容重和团聚体等物理性状的准确性，所以未采用土壤容重、团聚体等物理性状数据。

（2）土壤生物学性状测定　土壤细菌、真菌和放线菌浓度分别采用牛肉膏蛋白胨琼脂培养基、马丁-孟加拉红培养基和高氏1号琼脂培养基进行培养；其中细菌于30℃培养24h后计数，真菌于25℃培养72h后计数，放线菌于28℃培养96h后计数；细菌、放线菌采用平板计数法计数，真菌采用倒皿法计数（林先贵，2017；李雪萍，2017）。

土样先经氯仿熏蒸，土壤生物量碳、生物量氮用 $0.5mol \cdot L^{-1}$ K_2SO_4 溶液提取，依次采用重铬酸钾硫酸外加热法、凯氏定氮法测定；生物量磷用 $0.5mol \cdot L^{-1}$ $NaHCO_3$ 溶液提取，采用钼蓝比色法测定，计算公式参照文献（王理德，2016）。

（3）土壤肥力综合评价方法　不同林龄顶坛花椒人工林土壤指标首先采用 SPSS 20.0 进行正态检验，然后开展主成分分析，以特征值＞1、累计贡献率＞85%为原则选取主成分。同一主成分下最高载荷值和最高载荷值90%以内的指标均入选最小数据集；再对进入最小数据集指标进行相关性分析，若指标高度相关（$r > 0.5$），则保留 Norm 值最高的指标，若不相关，则指标均保留；若某指标同时在两个主成分上属于高载荷，则该指标应归入载荷值较低的主成分组内，考虑到本研究尺度相对较小，选择 $r > 0.8$ 为高度相关。Norm 值表示其解释综合信息的能力，计算公式如式（3-1）所示：

$$N_{i\kappa} = \sqrt{\sum_i^k (\mu_{i\kappa}^2 \lambda_\kappa)} \qquad (3-1)$$

式中，$N_{i\kappa}$ 为第 i 个变量在特征值 ≥ 1 的前 k 个主成分上的综合载荷；$\mu_{i\kappa}$ 为第 i 个变量在第 k 个主成分上的载荷；λ_κ 为第 k 个主成分的特征值。

土壤肥力综合指数（integrated fertility index，IFI）是土壤指标的集成，土壤肥力评价采用土壤肥力评价分值来计算，计算公式如式（3-2）所示：

$$IFI = \sum a_i z_i \qquad (3-2)$$

式中，IFI 为土壤肥力综合指数；a_i 为各因子的方差贡献率；z_i 为因子得分，$z_i = \sum w_{ij} x_{ij}$，w_{ij} 为第 i 个变量在第 j 个因子处的因子得分系数；x_{ij} 为第 i 个变量在第 j 个因子处的标准化值。

3.1.5　统计分析

采用 Microsoft Excel 2013 初步整理数据，利用 SPSS 20.0 进行统计分析。数

据正态分布检验采用 Kolmogorov-Smirnov 法，呈正态分布时，采用单因素方差分析（one-way AVOVE）和最小显著差异法（least significant difference，LSD）；不呈正态分布时，采用 Dunett's T_3 法。土壤性状间的相互关系采用 Pearson 相关分析，指标的筛选采用主成分分析法。利用 Origin 8.6 软件制图。数据表现形式为平均值±标准差。

3.2 不同林龄顶坛花椒人工林土壤肥力

3.2.1 土壤理化性状

如表 3-2，pH 值为 6.76～7.97；土壤有机碳以 5～7 年的 23.65g·kg^{-1} 最高，其余 3 个林龄间差异不显著；全磷在 5～7 年为 0.43g·kg^{-1}，显著低于 20～22 年，与其余 2 个林龄无显著差异；全钙为 2.50～12.75g·kg^{-1}，在 10～12 年、20～22 年间差异显著；速效镁、速效锌在 20～22 年分别为 79.40mg·kg^{-1}、10.00mg·kg^{-1}，显著高于 10～12 年、28～32 年，与 5～7 年差异不显著；全铁在 5～7 年为 62.25g·kg^{-1}，显著高于 20～22 年，与其余 2 个林龄无显著差异；其余土壤性状未随林龄发生显著变化。

表 3-2　土壤理化指标

指标	林龄			
	5～7 年	10～12 年	20～22 年	28～32 年
pH	7.97±0.25a	7.57±0.25a	6.76±0.33b	7.32±0.25ab
土壤含水量/%	22.47±0.85a	26.23±1.09a	24.97±4.01a	23.23±4.81a
有机碳/(g·kg^{-1})	23.65±4.31a	15.30±0.85b	15.05±2.47b	16.50±2.26ab
全氮/(g·kg^{-1})	2.62±0.34a	2.50±0.30a	2.00±0.52a	2.12±0.43a
速效氮/(mg·kg^{-1})	175.00±14.14a	162.00±5.66a	222.50±110.71a	145.00±29.70a
全磷/(g·kg^{-1})	0.43±0.11b	0.80±0.20ab	1.11±0.24a	0.77±0.18ab
速效磷/(mg·kg^{-1})	32.70±5.80a	20.20±5.37a	36.65±9.55a	33.65±7.28a
全钾/(g·kg^{-1})	14.65±0.49a	14.35±0.21a	10.55±0.07a	14.80±0.14a
速效钾/(mg·kg^{-1})	253.00±72.13a	245.00±4.24a	222.00±24.04a	149.50±64.35a
全钙/(g·kg^{-1})	8.30±2.69ab	12.75±6.33a	2.50±1.20b	3.90±1.27ab
速效钙/(mg·kg^{-1})	1109.00±185.26a	989.50±156.27a	1018.50±412.24a	1145.00±35.36a

指标	林龄			
	5~7 年	10~12 年	20~22 年	28~32 年
全镁/(mg·kg^{-1})	7.10±2.26a	6.45±1.06a	3.45±0.78a	4.15±1.06a
速效镁/(mg·kg^{-1})	31.70±12.59ab	18.45±1.20b	79.40±33.38a	29.45±1.20b
全铁/(g·kg^{-1})	62.25±7.14a	56.25±0.07ab	47.95±4.17b	60.80±1.84a
速效铁/(mg·kg^{-1})	5.50±2.12a	7.00±1.41a	41.55±20.01a	5.45±0.50a
全锌/(mg·kg^{-1})	113.50±7.78a	120.00±2.83a	103.50±40.31a	93.00±5.66a
速效锌/(mg·kg^{-1})	2.15±0.50ab	1.25±0.35b	10.00±4.00a	1.10±0.28b
阳离子交换量/(cmol·kg^{-1})	35.85±3.04a	28.80±1.84a	25.70±7.21a	32.40±0.00a
氧化还原电位/mV	361.00±22.63a	340.50±23.33a	329.50±13.44a	336.50±24.75a

注：不同小写字母表示在 $P<0.05$ 水平差异显著，具有相同字母表示 $P>0.05$ 水平差异不显著。下同。

全钙在 5~7 年、10~12 年中含量较为丰富，结合表 3-2，原因可能是初期植株密度大且植被覆盖率高，从而钙元素不易被淋溶流失，使得土壤中钙富集（倪大伟等，2018）；也有可能是老龄林根系数量少或性能较弱，导致钙富集作用弱于幼龄及成熟林。本研究发现，有机碳以 5~7 年最高，这是因为花椒种植年限延长，再加上配施化肥的原因，有机碳矿化量增加，其稳定性随之降低，导致其余 3 个林龄级的有机碳含量较低（张文娟等，2015）。可能也是因植株自身的营养需求，随林龄增加需从土壤中获取更多碳源，从而加速有机质分解导致有机碳的含量降低（He et al.，2021c）。全磷在 5~7 年含量最低，分析原因主要是植株在生长初期为满足所需的蛋白质和核酸导致对磷的吸收率较高（李红等，2021），从而土壤中的磷含量降低。研究显示顶坛花椒人工林大部分土壤理化性状在林龄间无明显差异性，这与林龄通过改变林分结构格局对土壤理化性质产生显著影响的研究不一致（邱新彩等，2018），究其原因是人为调节措施阻止了人工林由简单向复杂演替，导致物种组成较为单一，林下植被多样性未见显著增加，也与长期连栽导致根系分泌有机酸的能力下降有关（Yu et al.，2020），导致地上植物对其影响较弱。

3.2.2 土壤微生物性状

如图 3-1，细菌、真菌、放线菌浓度分别为（×10^{5}CFU·g^{-1}）3.30~7.90、2.10~4.15、2.20~4.45，随林龄变化均呈减少—增加—减少的趋势，总体表现为细菌＞放线菌＞真菌，其中真菌在 28～32 年与 5～7 年、10～12 年呈显著差异，与 20～22 年差异不显著，细菌、放线菌随林龄增加无显著差异；生物量碳为 322.50～386.00mg·kg^{-1}，在 4 个林龄之间均无显著差异；生物量氮以 20～22 年最高为 26.15mg·kg^{-1}，与其他 3 个林龄呈显著差异；生物量磷在 28～32 年最低，为 52.60mg·kg^{-1}，显著低于其他 3 个林龄。在数值上土壤微生物生物量氮和生物量磷随林龄变化先增加后减少，生物量碳则持续下降。

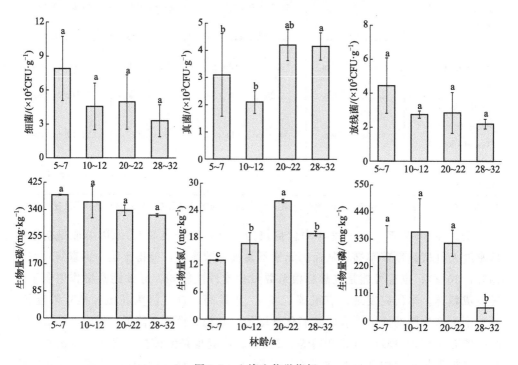

图 3-1 土壤生物学指标

研究显示，顶坛花椒人工林土壤三大类微生物浓度表现为细菌＞放线菌＞真菌，这是因为细菌、放线菌更适宜中性至微碱性土壤，真菌则适宜弱酸性土壤，而喀斯特地区土壤多呈中、碱性；同时，植物生长产生的分泌物更适合细菌繁衍（朱敏等，2012；王理德等，2016），再加上喀斯特区部分养分随水土流失，导致土壤趋于贫瘠，而细菌较放线菌、真菌的营养竞争优势更强（Ma et al.，2021），导致研究区细菌占主导地位。土壤微生物生物量在数值上总体以成熟林更高，这与 Wang 等（2020）对广西油杉人工林的研究结果一致。这是因为处于幼龄时期的顶坛花椒人工林，光照、温度、湿度均有利于土壤微生物的新陈代谢，随林龄增加，凋落物数量增加，丰富土壤养分的同时为微生物的代谢和合成提供能量来源。然而，林分更进一步成熟时，土壤退化且凋落物减少导致土壤养分减少，从而微生物生长缓慢（Kaiser et al.，2011；Song et al.，2015）。

3.2.3　土壤性状的内在联系

土壤微生物是土壤生态系统中的重要组成部分，与土壤的生物化学过程密切相关。Person 相关性分析如表 3-3 所示，其中细菌、生物量碳与土壤理化性状无显著相关性；真菌与全氮、全钙、全镁呈反向作用效应；放线菌、生物量磷与速效钾呈显著增强效应；生物量氮与 pH、全钾呈极显著负相关，与全磷、速效镁、速效锌呈显著正相关。结果表明，不同林龄顶坛花椒人工林土壤理化性状与土壤生物学性状之间存在一定相关性。

表 3-3　土壤理化性状和土壤生物学性状的相关性

指标	细菌	真菌	放线菌	生物量碳	生物量氮	生物量磷
pH	0.470	−0.610	0.285	0.422	−0.931**	0.025
土壤含水量	0.117	−0.305	−0.185	−0.200	0.199	0.491
有机碳	0.500	−0.364	0.341	0.429	−0.641	−0.150
全氮	0.467	−0.712*	0.124	0.251	−0.647	0.246
速效氮	0.391	−0.109	−0.191	−0.124	0.315	0.306
全磷	−0.304	0.225	−0.435	−0.377	0.868**	0.166
速效磷	0.268	0.545	0.020	−0.145	0.394	−0.197
全钾	−0.011	−0.418	−0.021	0.268	−0.861**	−0.400
速效钾	0.688	−0.231	0.720*	0.510	−0.214	0.808*
全钙	0.268	−0.742*	0.122	0.159	−0.659	0.462
速效钙	0.279	−0.179	−0.437	−0.375	−0.198	−0.194
全镁	0.335	−0.821*	0.237	0.463	−0.788*	0.168
速效镁	−0.251	0.449	0.085	−0.149	0.748*	0.014
全铁	0.440	0.013	0.228	0.200	−0.773*	−0.195
速效铁	−0.318	0.435	0.222	−0.053	0.659	0.132
全锌	0.598	−0.461	0.064	0.257	−0.278	0.545
速效锌	0.220	0.293	−0.106	−0.253	0.726*	0.339
阳离子交换量	0.464	−0.290	−0.006	0.121	−0.713*	−0.279
氧化还原电位	0.531	−0.016	0.419	0.596	−0.474	0.060

注：* 和 ** 分别表示在 $P<0.05$ 和 $P<0.01$ 水平显著相关。

本章研究中，全氮对真菌呈反向作用效应，这与 Yang 等（2019b）的研究结果一致，表明较高的土壤氮会降低真菌的浓度。分析原因为，土壤氮的增加在一定范围内可以缓解真菌对氮的限制作用，但当氮过量时真菌对其获取成本较高，再加上真菌对高氮环境的耐受性较差，导致真菌随着全氮的增加而下降（Berthrong et al.，2014；Wang et al.，2018）。生物量碳、生物量氮通常与土壤有机碳、全氮呈显著相关关系（李艳琼等，2018），与该研究中生物量碳、生物量氮与土壤有机碳、全氮无显著相关性的结果不一致。究其原因，是由于采取有机肥与化肥配施的方案，外源有机质能够为微生物生长与代谢提供充足的营养盐（徐华勤等，2007），因而碳、氮元素不是土壤生物量碳、生物量氮的限制因素。土壤微生物活性会受到pH 的调控，本章研究发现生物量氮与 pH 呈显著负相关，这与杨文航等（2019）研究三峡消落带人工乔木土壤的结果一致，暗示弱酸性环境可能利于微生物繁殖，推断其原因，可能是弱酸环境提高了土壤养分的可利用性，增加了生物量氮（肖烨等，2021）。土壤养分可为微生物繁殖提供充足的营养源（张旭博等，2020），研究显示，土壤速效钾与放线菌、生物量磷呈显著增强效应，生物量氮与全磷、速效镁、速效锌呈正相关，反映了土壤矿质元素的积累可为微生物生长与代谢提供能量来源，反过来微生物生长又促进了矿质元素的积累和循环（于楠楠等，2019），但对其影响机理尚不明晰，有待进一步考究。

3.3 土壤综合肥力质量评价

3.3.1 主成分分析

对 25 个指标进行主成分分析，结果如表 3-4。前 6 个主成分的特征值均＞1，累计贡献率达 96.927%，可较好地反映花椒林的土壤肥力状况。主成分 1 的高载荷指标是速效镁、全铁、速效铁，代表中、微量元素；主成分 2 主要受有机碳支配，代表基础肥力；主成分 3 与速效氮关系最密切，表示氮的有效性；主成分 4 在全钙、真菌上的载荷较大，反映了喀斯特地区特征性元素和生物学特性；主成分 5 与速效钾、细菌、放线菌、生物量磷密切相关，表征钾的有效性和生物属性；生物量碳在主成分 6 中发挥重要作用，代表微生物生物量。每个主成分中的高载荷指标入选最小数据集。

表 3-4　主成分载荷矩阵及 Norm 值

指标	主成分						Norm 值
	主成分 1	主成分 2	主成分 3	主成分 4	主成分 5	主成分 6	
pH 值	0.507	0.687	−0.147	0.442	0.187	0.106	2.363
土壤含水量	0.023	−0.125	0.709	0.399	0.233	−0.326	1.602
有机碳	0.116	**0.956**	−0.046	0.057	0.104	0.233	2.167
全氮	0.281	0.675	0.264	0.573	0.226	−0.055	2.081
速效氮	−0.039	0.248	**0.952**	−0.101	0.120	−0.019	1.898
全磷	−0.314	−0.540	0.717	−0.155	−0.135	−0.130	2.087
速效磷	−0.047	0.238	0.483	−0.761	0.015	0.016	1.693
全钾	0.711	0.298	−0.459	0.332	−0.229	0.101	2.572
速效钾	0.021	0.032	0.269	0.217	**0.865**	0.227	1.336
全钙	0.268	0.227	−0.065	**0.849**	0.308	−0.190	1.829
速效钙	0.342	0.638	0.518	−0.016	−0.238	−0.361	2.086

指标	主成分						Norm 值
	主成分 1	主成分 2	主成分 3	主成分 4	主成分 5	主成分 6	
全镁	0.196	0.653	−0.071	0.694	0.170	0.141	2.000
速效镁	**−0.916**	−0.114	−0.014	−0.373	−0.011	0.004	2.962
全铁	**0.892**	0.263	−0.277	−0.146	0.130	0.067	2.928
速效铁	**−0.848**	−0.381	−0.252	−0.240	0.113	0.032	2.870
全锌	0.487	0.090	0.660	0.274	0.366	0.215	2.109
速效锌	−0.429	−0.053	0.778	−0.38	0.163	−0.047	2.114
阳离子交换量	0.593	0.797	0.067	0.004	−0.080	0.007	2.570
氧化还原电位	0.619	0.054	−0.039	−0.269	0.266	0.649	2.152
细菌	0.300	0.414	0.182	−0.184	**0.802**	0.049	1.755
真菌	−0.099	−0.258	−0.162	**−0.888**	0.094	−0.317	1.735
放线菌	−0.086	0.176	−0.349	−0.106	**0.832**	0.349	1.432
生物量碳	0.035	0.169	−0.155	0.235	0.294	**0.886**	1.206
生物量氮	−0.609	−0.496	0.422	−0.370	−0.218	−0.144	2.453
生物量磷	−0.110	−0.220	0.284	0.306	**0.854**	−0.053	1.487
特征值	9.880	4.885	3.563	2.998	1.760	1.146	
方差贡献率/%	20.751	18.834	17.84	17.149	14.557	7.796	
累计贡献率/%	20.751	39.585	57.425	74.574	89.131	96.927	

注：加粗的数字为高载荷值。

为避免信息重叠，对入选最小数据集的高载荷指标进行相关性分析（表 3-5）。主成分 2、主成分 3、主成分 6 中均只有一个高载荷指标，保留有机碳、速效氮、生物量碳这 3 个指标；主成分 1 中速效镁、全铁、速效铁两两间的相关性上，全铁与速效铁相关系数的绝对值＜0.80，因此保留这 3 个指标；主成分 4 中全钙与真菌相关系数的绝对值＜0.80，两者均保留；主成分 5 中速效钾、细菌、放线菌、生物量磷两两间的相关性上只有速效钾与生物量磷相关系数＞0.80，故全部保留。最终进入最小数据集的指标有速效氮、有机碳、速效钾、全钙、速效镁、全铁、速效铁、细菌、真菌、放线菌、生物量磷、生物量碳这 12 个指标。

表 3-5 高因子载荷指标相关性

指标	有机碳	速效氮	速效钾	全钙	速效镁	全铁	速效铁	真菌	细菌	放线菌	生物量磷
速效氮	0.188										
速效钾	0.188	0.318									
全钙	0.281	−0.050	0.362								
速效镁	−0.240	0.037	−0.141	−0.578							
全铁	0.393	−0.214	0.084	0.202	−0.801*						
速效铁	−0.446	−0.262	−0.051	−0.469	0.915**	−0.738*					
真菌	−0.364	−0.109	−0.231	−0.742*	0.449	0.013	0.435				
细菌	0.500	0.391	0.688	0.268	−0.251	0.440	−0.318	0.054			

指标	有机碳	速效氮	速效钾	全钙	速效镁	全铁	速效铁	真菌	细菌	放线菌	生物量磷
放线菌	0.341	−0.191	0.720*	0.122	0.085	0.228	0.222	0.084	0.668		
生物量磷	−0.150	0.306	0.808*	0.462	0.014	−0.195	0.132	−0.157	0.583	0.510	
生物量碳	0.429	−0.124	0.510	0.159	−0.149	0.200	−0.053	−0.480	0.265	0.627	0.165

据表 3-4 和表 3-6，可筛选出对不同林龄林分具有重要影响的土壤因子。5～7 年、10～12 年生因子 5 得分均最低，表明其土壤肥力更倾向于受到土壤微生物性状的影响；20～22 的因子 2 得分最低，暗示其主要受有机碳的限制；28～32 年的因子 4 得分最低，说明其重要影响因子为速效磷、全钙、真菌。

表 3-6　主成分因子得分

林龄/a	因子得分					
	因子 1	因子 2	因子 3	因子 4	因子 5	因子 6
5～7	4.835	1.317	−0.109	−4.876	−12.508	−4.239
10～12	0.058	4.653	3.585	−2.829	−5.526	−4.742
20～22	−3.005	−3.831	−1.993	9.928	17.853	−2.268
28～32	−1.888	−2.138	−1.483	−2.223	0.181	11.249

3.3.2　土壤综合肥力质量指数

本研究对最小数据集进行主成分分析，结合因子得分和方差贡献率，得到不同林龄顶坛花椒人工林土壤肥力综合指数（图 3-2），依次为 20～22 年（1.06）＞5～7 年（−0.05）＞10～12 年（−0.42）＞28～32 年（−0.58），土壤肥力随林龄变化呈先减小后增大再减小的趋势。

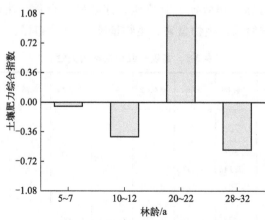

图 3-2　不同林龄顶坛花椒人工林土壤肥力综合指数

3.3.3 土壤变化趋势原因分析

本章构建的最小数据集涵盖了土壤大、中、微量元素以及生物学性状，其中有机碳、速效氮、速效钾反映了土壤大量元素水平与有效性，全钙、速效镁表征土壤中量元素水平，同时也是喀斯特地区特征性元素；全铁、速效铁表示微量元素水平，铁在植物体内许多重要的代谢反应中发挥关键作用（Vigani et al.，2013）。真菌、细菌、放线菌、生物量碳、生物量磷代表生物指标，其推动着土壤养分循环和转化。构建的最小数据集能较全面地反映顶坛花椒人工林土壤肥力状况。土壤肥力综合指数依次为 20～22 年＞5～7 年＞10～12 年＞28～32 年。据表 3-1，20～22 年的顶坛花椒人工林产量开始下降，原因主要是该林龄人工林出现衰退趋势，生长速率变缓，导致林分对养分需求量降低，从而对土壤养分的吸收与利用开始减弱，土壤养分得以积累（黄章翰等，2021）。5～7 年、10～12 年的顶坛花椒人工林土壤肥力较低。究其原因，因其种植密度大、产量高，且处于生长旺盛期（杜超群等，2021），再加上花椒连枝采摘时带走大量养分，对各养分的需求量增加而引起土壤养分出现盈亏，导致养分生长消耗高于补给，因此土壤肥力较低。28～32 年的顶坛花椒人工林土壤肥力最低，究其原因是该林分属于衰老死亡期，密度大幅下降，林内环境改变导致地上凋落物分解较慢；且地表径流增加，土壤养分流失加快（刘慧敏等，2021）；也可能是因为其生长缓慢，挂果量大幅减少，使管理较为粗放，再加上养分循环周期长、归还速率慢，更多地通过消耗林地养分来维持自身的生长。

参考文献

曹升，潘菲，林根根，等，2021. 不同林龄杉木林土壤细菌群落结构与土壤酶活性变化研究［J］. 生态学报，41（5）：1846-1856.

董佳琦，张勇，傅伟军，等，2021. 香榧主产区林地土壤养分空间异质性及其肥力评价［J］. 生态学报，41（6）：2292-2304.

杜超群，周国清，袁慧，等，2021. 短周期杉木人工林不同林龄土壤肥力综合评价［J］. 森林与环境学报，41（3）：255-262.

环境保护部，2015. 土壤氧化还原电位的测定（电位法）［S］. 北京：中国环境科学出版社.

黄章翰，李维扬，纪小芳，等，2021. 不同林龄杉木人工林根际效应及养分特征［J］. 东北林业大学学报，49（11）：61-67＋75.

简尊吉，倪妍妍，徐瑾，等，2021. 中国马尾松林土壤肥力特征［J］. 生态学报，41（13）：5279-5288.

李红，喻阳华，龙健，等，2021. 顶坛花椒叶片功能性状对早衰的响应［J］. 生态学杂志，40（6）：1695-1704.

李雪萍，李建宏，漆永红，等，2017. 青稞根腐病对根际土壤微生物及酶活性的影响［J］. 生态学报，37（17）：5640-5649.

李艳琼，黄玉清，徐广平，等，2018. 桂林会仙喀斯特湿地芦苇群落土壤养分及微生物活性［J］. 生态学杂志，37（1）：64-74.

刘慧敏，韩海荣，程小琴，等，2021. 不同密度调控强度对华北落叶松人工林土壤质量的影响［J］. 北京林业大学学报，43（6）：50-59.

倪大伟，王妍，刘云根，等，2018. 典型岩溶小流域不同土地利用类型土壤钙分布及形态特征［J］. 西南林业大学学报（自然科学），38（2）：83-88.

邱新彩，彭道黎，李伟丽，等，2018. 北京延庆区不同林龄油松人工林土壤理化性质［J］. 应用与环境生物学报，24（2）：221-229.

王超群，焦如珍，董玉红，等，2019. 不同林龄杉木人工林土壤微生物群落代谢功能差异［J］. 林业科学，55（5）：36-45.

王理德，姚拓，王方琳，等，2016. 石羊河下游退耕地土壤微生物变化及土壤酶活性［J］. 生态学报，36（15）：4769-4779.

肖烨，黄志刚，肖菡曦，等，2021. 不同水位时期东洞庭湖湿地土壤生物量碳氮和酶活性变化［J］. 应用生态学报，32（8）：2958-2966.

徐华勤，肖润林，邹冬生，等，2007. 长期施肥对茶园土壤微生物群落功能多样性的影响［J］. 生态学报，27（8）：3355-3361.

杨文航，任庆水，李昌晓，等，2019. 三峡库区消落带落羽杉与立柳林土壤生物量碳氮磷动态变化［J］. 生态学报，39（5）：1496-1506.

于楠楠，马世明，刘瑞龙，等，2019. 内蒙古苏木山华北落叶松人工林土壤养分变化规律［J］. 干旱区资源与环境，33（11）：190-194.

张文娟，廖洪凯，龙健，2015. 种植花椒对喀斯特石漠化地区土壤有机碳矿化及活性有机碳的影响［J］. 环境科学，36（3）：1053-1059.

张旭博，徐梦，史飞，2020. 藏东南林芝地区典型农业土地利用方式对土壤微生物群落特征的影响［J］. 农业环境科学学报，39（2）：331-342.

赵丹阳，毕华兴，侯贵荣，等，2021. 不同林龄刺槐林植被与土壤养分变化特征［J］. 中国水土保持科学，19（3）：56-63.

朱敏，郭志彬，曹承富，等，2014. 不同施肥模式对砂姜黑土微生物群落丰度和土壤酶活性的影响［J］. 核农学报，28（9）：1693-1700.

朱媛君，杨晓晖，时忠杰，等，2018. 林分因子对张北杨树人工林林下草本层物种多样性的影响［J］. 生态学杂志，37（10）：2869-2879.

Berthrong S T, Yeager C M, Gallegos-Graves L, et al, 2014. Nitrogen fertilization has a stronger effect on soil nitrogen-fixing bacterial communities than elevated atmospheric CO_2 ［J］. Applied and Environmental Microbiology, 80：3103-3112.

Cao J X, Pan H, Chen Z, et al, 2020. Dynamics in stoichiometric traits and carbon, nitrogen, and phosphorus pools across three different-aged *Picea asperata* Mast. plantations on the eastern Tibet Plateau ［J］. Forests, 11（12）：1346.

He S Q, Zheng Z C, Zhu R H, 2021a. Long-term tea plantation effects on composition and stabilization of soil organic matter in Southwest China ［J］. Catena, 199：105132.

He Y J, Han X R, Wang X P, et al, 2021b. Long-term ecological effects of two artificial forests on soil properties and quality in the eastern Qinghai-Tibet Plateau ［J］. Science of the Total Environment, 796：148986.

He J, Dai Q, Xu F, et al, 2021c. Variability in carbon stocks across a chronosequence of masson pine plantations and the trade-off between plant and soil systems ［J］. Forests, 12：1342.

Iskandar I, Suryaningtyas D T, Baskoro D P T, et al, 2022. The regulatory role of mine soil properties in the growth of revegetation plants in the post-mine landscape of East Kalimantan [J]. EcologicalIndicators, 139: 108877.

Ji Y H, Guo K, Fang S B, et al, 2017. Long-term growth of temperate broadleaved forests no longer benefits soil C accumulation [J]. ScientificReports, 7: 42328.

Justine M F, Yang W, Wu F, et al, 2017. Dissolved organic matter in soils varies across a chronosequence of *Pinus massoniana* plantations [J]. Ecosphere, 8: e01764.

Kaiser C, Fuchslueger L, Koranda M, et al, 2011. Plants control the seasonal dynamics of microbial N cycling in a beech forest soil by belowground allocation [J]. Ecology, 92 (5): 1036-1051.

Li J, Tong X G, Awasthi M K, et al, 2018. Dynamics of soil microbial biomass and enzyme activities along a chronosequence of desertified land revegetation [J]. Ecological Engineering, 111: 22-30.

Li Y G, Han C, Zhao C M, et al, 2021. Effects of tree dpecies and soil enzyme activities on soil nutrients in dryland plantations [J]. Forests, 12 (9): 1153.

Lucas-Borja M E, Hedo J, Cerdá A, et al, 2016. Unravelling the importance of forest age stand and forest structure driving microbiological soil properties, enzymatic activities and soil nutrients content in Mediterranean Spanish black pine (*Pinus nigra* Ar. ssp. *salzmannii*) Forest [J]. Science of the Total Environment, 562, 145-154.

Ma X L, Liu J, Chen X F, et al, 2021. Bacterial diversity and community composition changes in paddy soils that have different parent materials and fertility levels [J]. Journal of Integrative Agriculture, 20 (10): 2797-2806.

Nath P C, Sileshi G W, Ray P, et al, 2022. Variations in soil properties and stoichiometric ratios with stand age under agarwood monoculture and polyculture on smallholder farms [J]. Catena, 213: 106174.

Roe N A, Ducey M J, Lee T D, et al, 2022. Soil chemical variables improve models of understorey plant species distributions [J]. Journal of Biogeography, 49 (4): 753-766.

Song P, Ren H, Jia Q, et al, 2015. Effects of historical logging on soil microbial communities in a subtropical forest in southern China [J]. Plant and Soil, 397 (2): 115-126.

Vigani G, Zocchi G, Bashir K, et al, 2013. Cellular iron homeostasis and metabolism in plant [J]. Frontiers in Plant Science, 4: 490.

Wang C, Liu D, Bai E, 2018. Decreasing soil microbial diversity is associated with decreasing microbial biomass under nitrogen addition [J]. Soil Biology & Biochemistry, 120: 126-133.

Wang Y, Liu X S, Chen F F, et al, 2020. Seasonal dynamics of soil microbial biomass C and N of *Keteleeria fortunei* var. *cyclolepis* forests with different ages [J]. Journal of Forest Research, 31: 2377-2384.

Yang H, Mo B Q, Zhou M X, et al, 2019a. Effects of plum plantation ages on soil organic carbon mineralization in the karst rocky desertification ecosystem of Southwest China [J]. Forests, 10 (12): 1107.

Yang X D, Ma L F, Shi Y Z, et al, 2019b. Long-term nitrogen fertilization indirectly affects soil fungi community structure by changing soil and pruned litter in a subtropical tea (*Camellia sinensis* L.) plantation in China [J]. Plant and Soil, 444 (1-2): 409-426.

Yin X A, Yin X A, Zhao L S, et al, 2021. Differences in soil physicochemical properties in different-aged *Pinus massoniana* plantations in Southwest China [J]. Forests, 12 (8): 987.

Yu Y H, Zheng W, Zhong X P, et al, 2020. Stoichiometric characteristics in *Zanthoxylum planispinum* var. *dintanensis* plantation of different ages [J]. Agronomy Journal, 113 (2): 685-695.

4 不同林龄顶坛花椒地上部分功能性状

叶片不仅是植物光合产物积累的主要场所，也是整株植物的水力瓶颈和应对灾难性水力失调的安全阀门，同时也是碳水耦合权衡的重要器官（金鹰和王传宽，2015）。如随着林龄增加，刺槐人工林能改变自身叶片形态结构以适应环境变化（段媛媛等，2017）；随着生长进程，马尾松针叶具有较强的可塑性，并通过性状的耦合协调或组合来适应环境（何斌等，2020）；在热带干燥森林中，较老林分叶片稳定碳同位素较低，表明这些林分为适应水分亏缺环境，有效地提高了水分利用效率（Subedi et al.，2019）；云杉（*Picea asperata*）人工林的叶片碳、氮、磷含量随着林龄增加呈上升趋势，说明其增强了对养分的保有能力（Cao et al.，2020）。而 Chang 等（2017）研究显示，秦岭山区落叶松（*Larix gmelinii*）人工林叶片氮、磷、钾等养分含量未随林龄发生规律性变化。在沙冬青（*Ammopiptanthus mongolicus*）叶片碳、氮、磷化学计量特征中，叶片磷与碳/磷对林龄变化最为敏感（董雪等，2019）。Steppe 等（2011）研究发现，随着林龄的增加，针叶树种叶片净光合速率减少，但在阔叶树种中并未得到相同结论。枝条是植物体最活跃的部分（Westoby and Wright，2003），主要承担营养物质和碳水化合物的转移（郭庆学等，2013）。叶功富等（2013）得出短枝木麻黄（*Casuarina equisetifolia*）幼龄林和过熟林枝条多酚含量较高，而氮、磷养分再吸收率较低，Tang 等（2019）研究显示，林龄、海拔的交互作用对枝条的碳、氮、磷、钾、钙、可溶性糖、蔗糖等有显著影响。李秉钧等（2022）研究得出，枝条氮、钾含量随林龄增加而减少。何家莉等（2020）研究了同一生长期的陇蜀杜鹃（*Rhododendron przewalskii*）低海拔枝条长度显著大于高海拔。然而，顶坛花椒人工林叶片与枝条功能性状随林龄的变化规律尚不明晰，不利于动态调整林分管理措施。

森林凋落物包括凋落的叶、枝、种子，以及其他木质碎屑等，是联系森林与土壤两个系统的纽带，其中凋落叶占总量的 70% 以上（Berg and McClaugherty，2020），为主要组成部分；因凋落叶分解速率快，能使植物中的养分元素快速回归于土壤。凋落叶能提供至少 90% 的氮、磷和 60% 的中、微量矿质元素，为植物根系吸收养分提供来源，是林地土壤肥力的源和库，也是森林生态系统养分循环和能量流动的重要载体（Chapin et al.，2011；Pang et al.，2022），在提高养分的可利用性、增强土壤肥力、维持植物生长发育、加快土壤有机质形成和提高林地净碳储量等方面具有十分重要的作用（Schlesinger and Andrews，2000；Berg and Mcclaugherty，2003）。

在凋落叶-土壤生态系统中，凋落叶的养分释放是土壤微生物介导的分解过程，土壤微生物群落通过分泌各种酶，将复杂的有机物矿化为易被植物吸收的小分子物质（Pei et al.，2017；Farooq et al.，2022）。同时，凋落叶可为微生物生长和繁殖提供丰富的能量和营养输入，并参与其代谢过程，从而影响土壤微生物的丰富度和多样性（Sanchez-Galindo et al.，2021；Jin et al.，2022）。不同树种凋落叶由于其组成成分及次生代谢产物存在差异性，对土壤微生物的影响也不一致（Leonhardt et al.，2019）。如 Purahong 等（2016）在研究欧洲山毛榉（*Fagus sylvatica*）林地时发现，随着凋落叶的增加，土壤变形菌门、放线菌门、拟杆菌门逐渐占据主导地位；Sun 等（2017）研究得出，添加 5 个树种的凋落叶到人参（*Panax ginseng*）种植的土壤后，生物量碳氮含量显著增加；Pei 等（2017）在中国东南部亚热带气候区的落叶分解实验中发现，凋落叶多样性与土壤真菌和放线菌丰度之间存在正相关关系；Kowallik 等（2016）研究显示，酵母菌在橡树凋落叶中较橡树皮上更为丰富，凋落叶为其提供了稳定的栖息地。以上研究均表明，凋落叶的分解会对土壤微生物产生一定影响。然而，林地土壤养分供应能力以及林分自身养分吸收特性会随人工林生长发育而发生改变，导致凋落叶特征亦发生显著变化（许森平等，2020），从而对土壤微生物产生影响。因此，不同林龄的凋落叶性状对土壤微生物活性的影响机理值得研究，但相关研究报道鲜见。

林下草本植物在维持整个人工林生态系统结构和功能中占据着重要地位，其通过自身生长过程不断改变林下微环境，在维持物种多样性（Su et al.，2021）、促进土壤养分循环（Wilson et al.，2005）等方面发挥着不可替代的作用。在各环境要素下形成的养分土壤格局，对植物的长势、株高、覆盖度产生直接影响，进而影响草本层的组成结构和演替过程（Oelmann et al.，2007；Sitzia et al.，2012）。崔宁洁（2014）等研究发现，草本层 Simpson 指数、Shannon 指数随林龄增加表现趋势为：早期有波动、中期在下降、后期在增加，且土壤 pH、土壤含水量、全磷是主要的影响因子；刺槐林的地上草本层生物量随退耕年限的增加而持续增加，土壤容重、土壤水分是其主要因子（南国卫等，2022）；草本层的物种组成在不同林龄红椎（*Castanopsis hystrix*）林下存在明显的差异，在 6 年与 16 年之间差异最明显，土壤因素对物种组成的影响不如微生境（尤业明等，2016）。李伟等（2014）得出，不同龄级桉树（*Eucalyptus robusta*）人工林之间草本多样性差异不显著，土壤有机质、全磷、全钾和容重对草本多样性影响较为明显。陈小红等（2017）研究得出，马尾松林下的草本层在幼龄林和中龄林阶段物种丰富，在成熟期仅有少量物种，其主导土壤因子为土壤全氮、全钾、有机质。可见，人工林的不同生长发育阶段与林下草本多样性密切关联，且影响草本多样性的主导土壤因子有所不同，但是在不同林龄尺度上对顶坛花椒人工林草本多样性与土壤性质的相关关系未见报道，导致二者的相互作用机制尚不明晰，难以满足花椒林经营管理的需求。研究特定顶坛花椒林下草本植物的组成，以及草本多样性，有助于揭示不同生长阶段林下草本多样性变化规律，可为提高花椒纯林生态系统功能的稳定性提供参考依据。

果实性状与产量、品质密切相关，是进行育种、品种推广的重要参考依据。林龄是制约功能性状、种子更新等的关键因素（Piotto et al.，2021），这些过程均会影响品质尤其是生物化学性状。林龄是影响品质性状的机理之一，由于植物种类和生长阶段会对土壤理化性质和微生物群落结构等产生不同程度的影响（Ail et al.，2019；Panico et al.，2020），土壤养分状况进而又作用于品质形成（程丹等，2020）。如王国华等（2021）研究显示，柠条（*Caragana korshinskii*）种子的数量和质量随种植年限不断上升。林龄通过影响芒果（*Mangifera indica*）的总糖、总酚、类胡萝卜素等有机成分进而影响其品质。金诺橘（*Citrus nobilis* Lour. × *Citrus deliciosa* Tenora）总酚浓度、总抗氧化活性随林龄增加而降低（Khalid et al.，2016）。果皮是顶坛花椒果实的主要食用部分，研究其品质随林龄的变化规律，能够为制定经营调控措施提供科学支撑，也给采种与制种等提供理论依据。目前对花椒果皮品质性状的研究较少，尤其对品质中的生物化学性状研究更少，且尚不清楚顶坛花椒果皮品质随林龄的变化规律，这不利于人工林的定向培育和产品开发，如何依据品质变化特征调控顶坛花椒人工林可持续经营对策，是森林培育中需要解决的关键科学问题。

以上这些研究揭示了了不同人工林各功能性状随林龄的变化特征，但系统研究同一种人工林的叶片、枝条、果皮品质等功能性状随林龄的变化鲜见报道，仍然值得研究。

4.1 研究方法

4.1.1 样品采集与处理

（1）成熟期叶片采样 在设置的每个样方内选取长势良好、大小一致的 3～5 株植株，每株植株沿东西南北 4 个方向各采集 4～6 片光照条件良好、大小一致、完全展开、叶形完整，并且未受病虫侵害的成熟叶片，迅速装入自封袋，低温保存带回实验室，测定叶片功能性状；另采集约 200g 叶片混合样，测定养分含量。在样品采集过程中，若叶片有虫蚀、卷曲等现象，要予以舍弃。

（2）成熟期枝条采样 在设置的每个样方内选取长势良好、发育成熟、没有病虫害的 3～5 株代表性植株，用枝剪在每个代表性植株东西南北 4 个方位的冠层中上部，各获取 1 个完全木质化的枝条（无分枝），放入预先编好号的自封袋中置于遮阴处，带回实验室进一步处理。

（3）成熟期凋落叶采集 每个样方内随机选取 3～5 株长势良好、树高和冠幅一致的植株，开展样品采集。凋落叶包括自然凋落的叶片和黄叶，首先在顶坛花椒冠层下收集新近自然掉落未分解的凋落叶，然后采集冠层中部的黄叶（以轻触即掉落为准），混合制得凋落叶样品约 200g，共获得 12 份样品。凋落叶经 105℃杀青10min 后，置于 60℃的烘箱中烘至恒重，粉碎过 0.25mm 筛后保存备用。成熟叶片的采集与氮、磷测定用于计算叶片氮、磷的重吸收率。

养分重吸收率计算公式如式（4-1）所示：

$$NuRE(\%) = (W_1 - W_2)/W_1 \times 100\% \tag{4-1}$$

式中，$NuRE$ 为元素的养分重吸收率，%；W_1 为成熟叶养分浓度，$g \cdot kg^{-1}$；W_2 为凋落叶养分浓度，$g \cdot kg^{-1}$（Seidel et al.，2022）。

（4）成熟期草本层调查 由于草本植物具有减弱土壤层水分蒸发、掩蔽土壤动物，为病虫与害虫提供新的宿主植物等诸多功能，花椒人工林下通常要留有一定高度的草本层，且禁止使用除草剂，这些措施最大限度降低了人为对草本层的影响。每种林分各设置 3 个 5m×5m 的标准样地，通过实地调查发现，相对于天然林，顶坛花椒是人工培育的经济作物，其林下具有较少草本物种，设置 1m×1m 的草本样方物种信息易丢失，因此设置 5m×5m 的样地。记录草本层物种名、个体数、盖度和高度，在室内进一步开展数据分析。

（5）成熟期果皮采集 于 2021 年 7 月上旬分别选取 3～5 株生长良好、大小一致、生境相同且具有代表性的植株，在每株树冠的中部和外围分别摘取大小均匀且无病虫害的果实数粒，组成混合样品约 500g，置于尼龙网袋中，在研究区室外高温晒干，待果皮炸口后，分离果皮和果粒；然后磨碎果皮，制得待测样品。花椒是调味香料植物，由于通常将其果皮作为食用材料，因而以果皮为测试对象。

该研究中成熟期的花椒根系未采集，这是因为花椒根系是沿着研究区的地下裂隙发育的，采样容易造成机械损伤，导致规律性不强；再加上花椒根系水平分布范围广，采样对土壤扰动性较大，会对生态产生一定破坏，所以本研究未采集成熟期的花椒根系。

4.1.2 测试指标与方法

（1）叶片功能性状测定 采用精度为 0.01mm 的游标卡尺测量叶片同侧沿主叶脉方向的上、中、下 3 个厚度（避开主叶脉），取平均值即为叶片厚度；保证整个叶片平放且完全在扫描区域内，采用 Delta-T 叶面积仪（Cambridge，UK）扫描测定叶面积；采用精度为 0.01mm 的游标卡尺测量叶片厚度；叶片鲜重用精度为0.0001g 的分析天平称量，将叶片放入水中避光浸泡 12h，取出后迅速用吸水纸吸干叶片表面的水分，称叶饱和鲜重；先将叶片放置在烘箱中 105℃ 杀青 30min，之后 70℃ 烘干至恒重，称叶片干重；叶氮采用凯氏定氮法测定；叶磷采用钼锑抗比色法；叶碳采用重铬酸钾外加热法；叶片碳/氮、碳/磷、氮/磷采用元素质量比；$\delta^{13}C$、$\delta^{15}N$ 用稳定同位素质谱仪测定。计算叶片含水率、叶组织密度、叶片水分利用效率（Cernusak，2020），计算公式如式（4-2）～式（4-7）所示：

$$\text{比叶面积} = \text{叶面积/叶片干重} \tag{4-2}$$

$$\text{叶干物质含量} = (\text{叶片干重/叶饱和鲜重}) \times 100\% \tag{4-3}$$

$$\text{叶片含水率} = (\text{叶片鲜重} - \text{叶片干重})/\text{叶片鲜重} \times 100\% \tag{4-4}$$

$$\text{叶组织密度} = \text{叶片干重}/(\text{叶面积} \times \text{叶片厚度}) \tag{4-5}$$

$$\text{叶片水分利用效率} = C_a/1.6(\delta^{13}C_p - \delta^{13}C + b)/(b-a) \tag{4-6}$$

$$\delta^{13}C_a = -6.429 - 0.006\exp[0.0217(t-1740)] \tag{4-7}$$

式（4-6）和式（4-7）中，C_a 为大气 CO_2 浓度，约为 0.038%；$\delta^{13}C_p$ 为样品叶片稳定碳同位素丰度，‰；$\delta^{13}C_a$ 为大气中稳定碳同位素丰度，‰；$\delta^{13}C$ 为植物稳定碳同位素丰度；a 为扩散作用所产生的稳定碳同位素分馏值，约为 4.4‰；b 为羧化反应所产生的稳定碳同位素分馏值，约为 27‰；t 为样品取样时的公元年份，a。

（2）枝条功能性状测定　剔除枝条上的刺、叶片和果实，采用精度为 0.001m 卷尺测量枝条长度；利用小刀除去表层树皮，树皮主要在防火、机械支撑和储水方面起关键作用（魏圆慧等，2020；袁泉等，2021），去皮后的木质化部分主要用于养分储存和运输，服务于顶坛花椒植株的生殖生长；采用精度为 0.01mm 的游标卡尺分别测量枝条直径和树皮厚度；将枝条置于水中浸泡 12h 达到饱和状态，取出枝条擦干表面水分后，利用精度为 0.01g 的电子天平称其饱和鲜重；将过长的枝条截成 3～5 段，用量筒排水法测量其体积；测完体积的枝条装入编号的信封，置于烘箱 55℃ 烘 72h 至恒重，称枝条干重；之后将相同植株的枝条混合后磨粉过 0.25mm 筛后用于枝条养分含量的测定，其中枝条碳含量采用高温外热重铬酸钾氧化-容量法测定，枝条氮含量采用硫酸-双氧水消煮-蒸馏滴定法测定，枝条磷含量采用消煮-钒钼黄比色法测定；枝条碳/氮、碳/磷、氮/磷均采用元素质量比。枝条组织密度和枝条干物质含量计算公式如式（4-8）和式（4-9）所示。

$$\text{枝条组织密度} = \text{枝条干重/枝条体积} \tag{4-8}$$

$$\text{枝条干物质含量} = \text{枝条干重/枝条饱和鲜重} \tag{4-9}$$

（3）凋落叶功能性状的测定　由于研究区为干热环境，且花椒叶片为厚革质，富含纤维素，分解速率慢，过程较长，因而本次未能使用凋落叶分解速率数据。凋落叶有机碳采用重铬酸钾外加热法测定，全氮采用高氯酸-硫酸消煮后用半微量凯氏定氮法测定，全磷采用高氯酸-硫酸消煮-钼锑抗比色-紫外分光光度法测定，全钾采用火焰光度法测定，可溶性糖、淀粉、半纤维素、纤维素、木质素采用 van

Soest（1963）的提取方法，使用 ANKOM 纤维分析仪（A2000I，ANKOM，New York，USA）进行测定，总酚含量采用福林酚比色法测定，单宁含量采用香草醛盐酸法。

（4）草本层数量性状计算 如式（4-10）～式（4-14）所示：

$$重要值：（相对高度＋相对盖度）/2 \tag{4-10}$$

$$物种丰富度：P = S \tag{4-11}$$

$$Shannon 指数：H = \sum_{i=1}^{S} P_i \ln P_i \tag{4-12}$$

$$Simpson 指数：D = 1 - \sum_{i=1}^{S} P_i^2 \tag{4-13}$$

$$Pielou 均匀度指数：J = H/\ln S \tag{4-14}$$

式中，S 为物种总数；P_i 是第 i 种的个体数（n_i）占总个体数（N）的比例，即 $P_i = n_i/N$；$i = 1，2，3，\cdots，S$。

（5）果皮品质性状的测定 果皮灰分采用高温灼烧称重法测定，水解氨基酸采用氨基酸自动分析仪测定，维生素 E 和 β-胡萝卜素均采用高效液相色谱测定，铁、锌、硒均采用电感耦合等离子体光谱仪测定，碘采用氧化还原滴定法测定。氨基酸积累量通过计算获得，其中，必需氨基酸包括苏氨酸、缬氨酸、赖氨酸、苯丙氨酸、亮氨酸、异亮氨酸、蛋氨酸，共 7 种；非必需氨基酸包括天冬氨酸、谷氨酸、组氨酸、丙氨酸、甘氨酸、脯氨酸、酪氨酸、丝氨酸、精氨酸，共 9 种。鲜味氨基酸包括谷氨酸、天冬氨酸、精氨酸、丙氨酸、甘氨酸，共 5 种；甜味氨基酸包括甘氨酸、丙氨酸、丝氨酸、苏氨酸、脯氨酸、组氨酸，共 6 种；苦味氨基酸包括缬氨酸、亮氨酸、异亮氨酸、蛋氨酸、精氨酸、苯丙氨酸、组氨酸、赖氨酸、酪氨酸，共 9 种；芳香族氨基酸包括苯丙氨酸、酪氨酸、半胱氨酸，共 3 种；药效氨基酸包括亮氨酸、赖氨酸、蛋氨酸、苯丙氨酸、半胱氨酸、酪氨酸、精氨酸、天冬氨酸、谷氨酸、甘氨酸，共 10 种。敏感性指标为最大值与最小值之差再除以最小值，根据其值的大小判断响应敏感或滞后程度。首先对品质指标标准化处理后，进行主成分分析，获得主成分的载荷矩阵、贡献率、特征值；载荷矩阵值除以该成分特征值的平方根即为主成分特征向量；该向量值与标准化数据的乘积则为主成分因子得分。品质综合指数（comprehensive quality index，CQI）采用加权法计算，公式如式（4-15）所示：

$$CQI = \sum W_i \times F_i \tag{4-15}$$

式中，W_i 为各主成分贡献率，%；F_i 为各主成分因子得分。通过加权平均法，得到品质综合指数。

花椒除富含芳樟醇、石竹烯等香麻味物质外，还具有氨基酸、维生素、生命元素等营养成分，香麻味性状为顶坛花椒的典型生物化学性状，使其获得消费者青睐并占领市场。然而，香麻味物质的研究已较多，这里主要测定研究鲜见的营养指标，以丰富对品质性状及形成的理解。

4.1.3 统计分析

运用 Microsoft Excel 2013 进行数据初步整理；采用 SPSS 20.0 的 Kolmogorov-Smirnov 法对顶坛花椒功能性状进行正态分布检验，呈正态分布时，采用单因素方差分析（one-way AVOVE）和最小显著差异法（least significant difference，LSD）；不呈正态分布时，采用 Dunett's T_3 法；植物功能性状间的相互关系利用 R 语言的 corrplot 包、SPSS 20.0 的 Pearson 相关性分析；土壤性状对植物功能性状影响大小是在判断排序轴长度的基础上，因此利用 Canoco 4.5 进行冗余分析，解释变量为空心箭头，响应变量为实心箭头，箭头连线的长短代表解释变量对响应变量的影响大小。两者连线夹角大小表示相关性大小。锐角则呈正相关，钝角则呈负相关，夹角接近 90°，表明二者缺乏显著的相关关系。使用 Origin 2018 制图。数据为平均值±标准差。

4.2 叶片功能性状

4.2.1 叶片功能性状特征

如表 4-1，不同林龄顶坛花椒叶片功能性状变异范围为 1.07%～39.82%，多为中、低变异系数，表明随植株的生长发育其叶片性状具有稳定的变化特征。其中叶干物质含量为 2.18%～4.56%、叶片含水率为 0.51%～0.85%、叶碳为 2.65%～7.61%、$\delta^{13}C$ 为 0.41%～4.03%，变异程度均较低。比叶面积、叶片含水率、$\delta^{15}N$ 在不同林龄有显著差异，其中比叶面积以 28～32 年的 132.22cm^2·g^{-1} 为最大，显著高于其他 3 个林龄级。叶片含水率为 63.46%～66.00%，在 5～7 年、10～12 年显著低于其余两个林龄。$\delta^{15}N$ 以 10～12 年的 3.20‰最高，暗示其土壤氮循环更加开放；叶片厚度、叶干物质含量、叶组织密度、叶氮、叶磷、叶碳、碳/氮、碳/磷、氮/磷、$\delta^{13}C$、水分利用效率在不同林龄均无显著差异。

表 4-1 不同林龄顶坛花椒叶片功能性状的平均值、标准差以及变异系数

指标	林龄			
	5～7 年	10～12 年	20～22 年	28～32 年
叶片厚度/mm	0.38±0.01a (3.17%)	0.37±0.03a (7.65%)	0.36±0.05a (13.94%)	0.34±0.09a (27.43%)

指标	林龄			
	5～7 年	10～12 年	20～22 年	28～32 年
比叶面积/(cm²·g⁻¹)	87.37±1.31b (1.50%)	89.70±6.29b (7.02%)	91.88±20.65b (22.47%)	132.22±2.81a (2.12%)
叶干物质含量/%	32.50±0.71a (2.18%)	33.00±1.41a (4.29%)	32.00±1.41a (4.42%)	31.00±1.41a (4.56%)
叶片含水率/%	64.59±0.35b (0.55%)	63.46±0.54b (0.85%)	66.00±0.45a (0.69%)	65.95±0.33a (0.51%)
叶组织密度/(g·cm⁻³)	0.33±0.01a (2.18%)	0.33±0.03a (8.58%)	0.32±0.02a (6.73%)	0.31±0.03a (9.13%)
叶氮/(g·kg⁻¹)	23.70±0.57a (2.39)	22.25±0.50a (2.22%)	21.00±1.98a (9.43%)	22.10±2.97a (13.44%)
叶磷/(g·kg⁻¹)	1.64±0.35a (21.19%)	1.02±0.23a (22.19%)	1.67±0.40a (24.21%)	1.63±0.25a (15.62%)
叶碳/(g·kg⁻¹)	419.00±18.38a (4.39%)	373.00±9.90a (2.65%)	399.50±30.41a (7.61%)	415.00±12.73a (3.07%)
碳/氮	17.70±1.20a (6.75%)	16.76±0.07a (0.42%)	19.04±0.35a (1.86%)	18.99±3.13a (16.46%)
碳/磷	263.38±67.05a (25.46%)	373.81±73.22a (19.59%)	244.91±41.02a (16.75%)	257.13±32.35a (12.58%)
氮/磷	14.79±2.79a (18.84%)	22.31±4.47a (20.03%)	12.85±1.92a (14.92%)	13.87±3.99a (28.75%)
$\delta^{15}N$/‰	0.86±0.02b (2.17%)	3.20±0.15a (4.80%)	2.17±0.86ab (39.51%)	1.80±0.72ab (39.82%)
$\delta^{13}C$/‰	−28.31±0.30a (1.07%)	−28.10±0.12a (0.41%)	−27.84±1.12a (4.03%)	−27.90±0.88a (3.14%)
水分利用效率 /(μmol·mol⁻¹)	81.21±3.18a (3.92%)	83.48±1.22a (1.46%)	86.15±11.81a (13.71%)	85.54±9.20a (10.76%)

注：不同小写字母表示在 $P<0.05$ 水平差异显著，具有相同字母表示 $P>0.05$ 水平差异不显著。括号内数值表示变异系数。

在众多功能性状中比叶面积、叶片厚度、叶干物质含量、叶组织密度等特征是植物资源利用分类轴划分上的最佳变量之一（Puglielli and Varone，2018；Hacking et al.，2022）。本章在这些成果的基础上，考虑到人工林的生境特征在发生快速变化，且本章的林龄差异较大，因此尝试用叶经济谱来阐明顶坛花椒获取光、温、水、气、热、土等生态资源策略随林龄的变化。5～7 年、10～12 年、20～22 年这 3 个林龄级的顶坛花椒总体上具有较低的比叶面积以及较高的叶片厚度、叶组织密度和叶干物质含量，在叶经济谱中的位置靠近"缓慢投资-收益型"

的一端，而28～32年的顶坛花椒具有较低的叶组织密度、叶片厚度和叶干物质含量以及较高的比叶面积，靠近"快速投资-收益型"的一端（图4-1）。

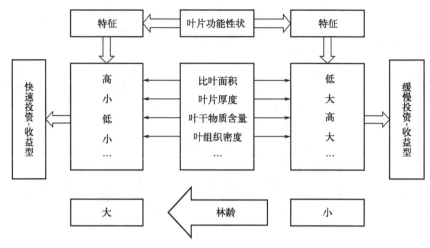

图4-1 顶坛花椒叶经济谱示意图（Wright et al.，2004；Westoby and Wright，2006）

研究区内土壤氮、磷等生源要素呈亏缺状态（Yu et al.，2021），再加之地质性和季节性干旱双重叠加（Xu et al.2021），逐渐演变为干旱贫瘠的生境。本研究发现，多数叶片性状未随林龄发生显著差异，且变异系数较低，表明其在生长过程中逐渐形成稳定的功能性状来适应生境，性状变异性降低可能是植物对不利生境长期适应过程中，将资源投入特定性状的形成中（Grassein et al.，2010；Li et al.，2021），研究区内干旱贫瘠的生境，导致其更倾向于选择性状变异性较低的物种，因而顶坛花椒人工林在该区域具有较强的适应性，这与何雁等（2021）在桂林岩溶山区的研究结果基本一致。虽然顶坛花椒为人工种植，但其林龄较长，与环境形成了长期互作的耦合关系，为研究其适应性提供了有力支撑。有研究表明，叶干物质含量是资源获取轴上较稳定的变量（Windt et al.，2021），与本研究结果相似（变异系数为 $2.18\%～4.56\%$）。但本研究发现，叶片含水率的变异系数低于叶干物质含量（变异系数为 $0.51\%～0.85\%$），这是因为在干旱环境中生长的植物易受水分限制，体内含水量相对较低（魏圆慧等，2021），因此叶片含水率波动较小。比叶面积与光合能力密切相关，28～32年林分的比叶面积显著高于其他3个林龄级。究其原因，是林分的郁闭度降低（表3-1），使叶片能够接受更多光照，进而增强光合能力（Poorter et al.，2009；Zhang et al.，2021）。

本节主要选择典型表型性状来表征叶片利用生态资源的经济性，是筛选关键农艺性状的科学基础。研究表明，5～7年、10～12年、20～22年的林分在叶经济谱中的位置靠近"缓慢投资-收益型"的一端，趋向于选择光合能力弱、比叶面积小、长寿命的保守性策略。比叶面积较低时，其叶片光合作用产物多用于构建保卫细胞或增加叶肉细胞密度，即增加叶片内部水分向叶片表面扩散的距离或阻力（Zhu et al.，2021），同时其叶干物质含量、叶片厚度、叶组织密度相应增加，以减少蒸腾造成的水分散失，提高水分利用效率，从而适应干旱贫瘠生境，提高其对环境的适应性（Zhu et al，2021；Chang et al，2021）。在慢速一端的林分为保守策略，通常采取低呼吸速率以及低叶片周转速率的方式来防止碳损失，且逆境的抵御能力增强（Reich et al，2014）；28～32 年的林分呈生长衰退现象，通过增加比叶面积来提高叶片碳的同化效率，同时降低叶组织密度、叶片厚度、叶干物质含量，采取"快速投资-收益型"的生态策略，优先满足营养生长。该林龄林分生产力与水分运输效率较高，获得并利用养分和固定碳的能力较大，但该组织容忍干旱胁迫的能力较弱，导致对低资源环境的适应性较差（魏圆慧等，2021）。原因可能是 28～32 年的花椒林出现生长衰退现象，植株生理功能下降，导致对有限环境资源的利用能力开始减弱。

4.2.2　叶片功能性状之间的相关性

如图 4-2，各叶片性状间存在一定相关性。叶磷与叶碳、叶片含水率均为显著正相关；叶干物质含量随着叶片碳/氮的增大而降低，暗示植物氮利用效率和养分保有能力之间存在权衡关系；碳/磷与氮/磷呈极显著正相关，它们均随叶片含水率增加而减小；$\delta^{15}N$ 分别与叶磷、叶碳呈反向作用效应，表明植物体内氮循环过程受到叶片碳、磷含量的影响；其他叶片功能性状间则无显著相关性。相关性分析表明，顶坛花椒在生长过程中会通过叶片功能性状的权衡或协同变化来适应生境。

植物在适应环境过程中，受生理、系统发育、环境等因素综合作用，各性状间呈现一定的相关性（Wright et al.，2004）。部分叶性状之间随林龄表现出显著的协同或权衡变化。本研究中，叶碳与叶磷为显著正相关，原因是叶磷表征植物同化 CO_2 的能力，其通过影响植物体内的叶绿素和蛋白质含量而参与叶片的光合作用过程（Tian et al.，2018），叶碳作为光合作用的主要产物，随叶磷的增加而增加。研究还发现，氮磷比与叶磷呈极显著负相关关系，与叶氮关系不明显，这表明磷可能比氮更限制植物的生长（Güsewell et al.，2004）。此外，植物快速生长需要磷含量丰富的核糖核酸来支持蛋白质的合成，因此磷增长较氮快（Wang et al.，2015），导致氮磷比与叶磷呈极显著负相关，且植物氮磷比体现了自身快速生长与养分保存之间的权衡（Wilson et al.，1999），表明植物以降低对养分的保有能力为代价，采取更加积极的方式来提高养分利用效率。叶干物质含量随着碳氮比值的增大而降低，也反映了生长与养分保有的权衡关系，因为叶干物质含量表征了植物对养分元素的保有能力（Chapin et al.，1980），即植物通过生长、生理等过程固定养分在体内，并加以应用的能力，而碳/氮代表了植物的养分利用效率。该区 $\delta^{15}N$ 分别与叶磷、叶碳呈反向作用效应，目前叶片营养对其 $\delta^{15}N$ 的影响机理尚不完全清楚，可能是这些元素对氮的生理代谢产生了直接或间接影响。

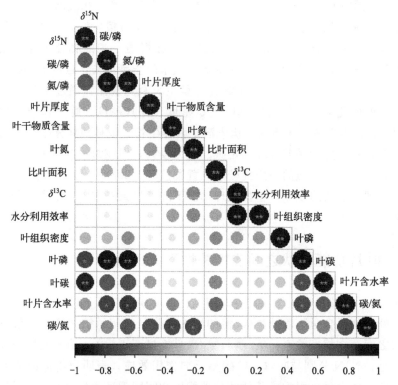

图 4-2　不同林龄顶坛花椒叶片功能性状间的相关关系

* 和 ** 分别表示在 $P<0.05$ 和 $P<0.01$ 水平显著相关

4.2.3　叶片功能性状对土壤因子的响应

叶片厚度、比叶面积、叶干物质含量反映了植株的资源获取能力，叶片含水率、叶片水分利用效率表征了植物对水分的适应策略，叶氮、叶磷、叶碳表征了植株对碳、氮、磷元素的获取能力，$\delta^{15}N$ 反映了土壤氮循环的开放状况。本章选取叶片厚度、比叶面积、叶干物质含量、叶片含水率、叶氮、叶磷、叶碳、$\delta^{15}N$、叶片水分利用效率等 9 个叶片功能性状，与土壤因子进行冗余分析。

由图 4-3 和表 4-2 可知，前 2 个排序轴解释全部功能性状变异 67.40%，提取的生态信息量较大，能较好地解释叶功能性状与土壤因子之间的关系。全钙与叶片厚度、叶干物质含量呈正相关，速效氮、速效钾、全钙、生物量磷、细菌与叶片 $\delta^{15}N$ 呈正相关关系；全钙、速效钾、生物量磷、生物量碳、细菌与叶片厚度、叶干物质含量呈显著正相关，土壤放线菌、全铁、有机碳对叶氮、水分利用效率有显著增强作用；土壤速效镁、速效铁、真菌与叶碳、叶磷、叶片含水率、比叶面积呈正相关。综合分析表明，土壤矿质元素以及微生物性状对顶坛花椒形态、营养性状具有促进作用。

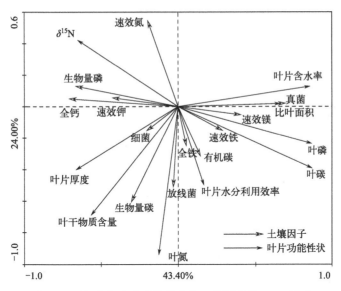

图 4-3　顶坛花椒叶片功能性状与土壤因子的 RDA 排序

表 4-2　土壤因子解释度及显著性

指标	解释率/%	显著性
全钙	13.45	0.010
真菌	12.77	0.024
生物量磷	11.37	0.038

　　本研究中，叶片厚度、叶干物质含量与细菌、放线菌、生物量碳、生物量磷呈正相关关系，研究区施用有机肥的同时配施化肥，而有机肥料所含的营养元素多呈有机状态，植物难以直接吸收利用，需经微生物作用，缓慢释放出多种营养元素，源源不断将养分供给作物。在营养匮乏的喀斯特生境中，叶片将吸收到的大部分物质用于构建保卫组织来抵御不利环境的胁迫（de Smedt et al.，2018），导致叶片厚度、叶干物质含量随细菌、放线菌、生物量碳、生物量磷的增加而增加。该研究中，叶片厚度、叶干物质含量也与全钙呈正相关，这是因为土壤钙可提高喜钙植物对贫瘠生境的适应性，但超过一定浓度后，会对植物正常生长发育产生不利影响（罗绪强等，2012）。有研究表明，土壤氮素的有效性和 $\delta^{15}N$ 密切相关（肖洋等，2020），与本章的研究结果一致，速效氮与 $\delta^{15}N$ 呈正相关，这是因为植株通过根系吸收土壤中的氮素，土壤中可利用氮素含量增多时，植物体内氮素含量也随之增加，进而影响叶片的 $\delta^{15}N$ 含量（肖洋，2020）。比叶面积、叶碳、叶磷是影响植物光合作用强度的主要因素之一，在该研究中，速效铁、速效镁与比叶面积、叶碳、叶磷呈正相关，这是因为铁和镁元素均参与构成和维持叶绿体结构，铁元素参与叶片的光合磷酸化，与叶片中三磷酸腺苷合成密切相关（Schmidt et al.，2015；

王兴义，2016），镁元素参与光合作用中对酶的活化（韩艳婷等，2011）。因此铁、镁的有效性对植物的光合作用有显著增强作用，而光合作用通过比叶面积、叶碳、叶磷来表征。

4.3 枝条功能性状

4.3.1 形态性状

枝条长度为 62.12～73.60cm，10～12 年显著高于其余 3 个林龄级；枝条直径为 4.66～5.20mm，枝条直径在 20～22 年为 4.66mm，显著低于 5～7 年，与 10～12 年、28～32 年无显著差异。树皮厚度为 0.50～0.57mm，随林龄增加无显著变化，枝条干物质含量在 20～22 年为 52.95％，显著低于 5～7 年，与 10～12 年、28～32 年差异不显著；枝条组织密度在 10～12 年为 $0.38g \cdot cm^{-3}$，显著低于 5～7 年，与其余 2 个林龄无显著差异（图 4-4）。

4.3.2 养分性状与化学计量特征

枝条碳含量为 $457.93～485.28g \cdot kg^{-1}$，随林龄增加未有显著变化；枝条氮在 20～22 年为 $4.95g \cdot kg^{-1}$，与 5～7 年、10～12 年差异不显著；枝条磷在 20～22 年为 $1.43g \cdot kg^{-1}$，显著高于 10～12 年和 28～32 年，与 5～7 年无显著差异。枝条碳/氮随林龄变化无显著差异；枝条碳/磷、氮/磷在 10～12 年分别为 1206.70、9.87，显著高于 20～22 年，与 5～7 年、28～32 年无显著差异（图 4-5）。

枝条作为植物运输水分和营养物质的重要通道，其性状直接影响植株的机械稳定性、空间拓展、光合固碳及竞争能力（李俊慧等，2017）。枝条组织密度在 10～12 年最低，可能是因为该阶段林分处于旺盛挂果期阶段，较低的枝条密度暗示更低的细胞构造成本，以此促进枝条的快速生长（Chave et al.，2009）。枝条长度随林龄增加先增加后减少，这是因为随林龄的增加，枝条的伸展能力变强，在 10～12 年达到最大值，此时林分有较大的资源空间来获取更多能量，以此来维持自身的生存。但随着林龄的增大，枝条向外拓展能力逐渐变弱，长度在 10～12 年达到阈值后逐渐下降，可能是生长后期通过减少地上部分投入和水分营养消耗的方式来适应不利的生存环境（许强等，2013；李尝君等，2015）。与叶片相比，枝条中的氮、磷含量要低得多（枝条、叶片氮含量分别为 $3.50～4.95g \cdot kg^{-1}$ 和 $21.00～23.70g \cdot kg^{-1}$；枝条、叶片磷含量为 $0.42～1.43g \cdot kg^{-1}$ 和 $1.02～1.67g \cdot kg^{-1}$），这与 Yao 等（2015）研究结果一致。这是因为枝条主要起到支撑和运输的

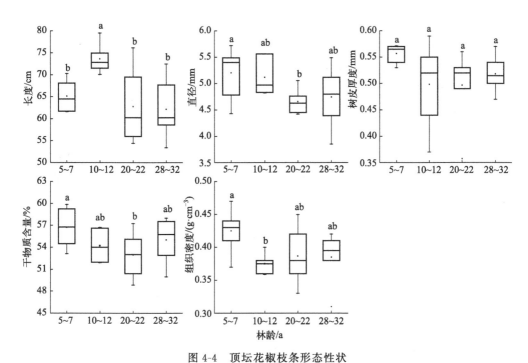

图 4-4　顶坛花椒枝条形态性状

不同小写字母表示在 $P < 0.05$ 水平差异显著，具有相同字母表示 $P > 0.05$ 水平差异不显著。下同

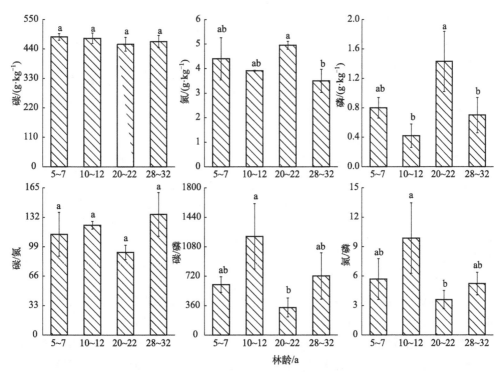

图 4-5　枝条养分及化学计量性状

作用，涉及的代谢活动（如有机合成、光合作用、蒸腾作用）比叶片少得多，可能导致枝条中的氮和磷含量较低（马绍宾等，2002；Kerkhoff et al.，2006）。也有研究表明，枝条的氮、磷含量低，暗示分配给非光合作用组织的氮、磷较少，而分配给叶片的氮、磷较多，以使碳同化最大化（Ryan et al.，1991；Martin et al.，1998）。有研究发现，成都华西坝园区常绿灌木枝条平均直径为 0.13cm（石钰琛等，2022），重庆金佛山和缙云山的灌木平均直径为 1.08cm（郭庆学等，2013），本研究中顶坛花椒不同林龄枝条直径为 4.66～5.20mm。究其原因，可能是在水分较为亏缺的喀斯特地区，顶坛花椒需要优先保证枝条的径向生长以满足叶片的水分和养分需求（Wang et al.，2006）。

4.3.3 性状的权衡与协同关系

枝条直径与枝条干物质含量呈显著增强效应；树皮厚度与枝条直径呈显著正相关，与碳/磷呈显著负相关；枝条组织密度与枝条干物质含量的正相关性达到了极显著水平（$P < 0.01$）。枝条磷含量与碳/磷、氮/磷呈反向作用效应，表明碳/磷、氮/磷主要由磷含量决定；枝条氮含量与碳/氮呈极显著负相关，表明碳/氮主要由氮含量决定；碳/磷与氮/磷呈极显著正相关。研究结果表明枝条功能性状间存在一定关联性（表4-3）。

表4-3　枝条功能性状间的相关性

指标	枝条长度	枝条直径	树皮厚度	枝条组织密度	枝条干物质含量	枝条磷含量	枝条碳含量	枝条氮含量	碳/氮	碳/磷
枝条直径	0.290									
树皮厚度	−0.048	0.415*								
枝条组织密度	−0.094	0.146	−0.005							
枝条干物质含量	0.040	0.513*	0.079	0.631**						
枝条磷含量	0.087	0.071	0.564	0.143	0.558					
枝条碳含量	−0.379	0.326	−0.076	0.031	0.030	−0.586				
枝条氮含量	−0.103	0.219	0.509	0.350	0.587	0.644	−0.431			
碳/氮	0.048	−0.167	−0.504	−0.335	−0.555	−0.658	0.582	−0.973**		
碳/磷	−0.295	−0.504	−0.740*	−0.031	−0.701	−0.873**	0.318	−0.524	0.502	
氮/磷	−0.329	−0.439	−0.653	0.104	−0.570	−0.799*	0.209	−0.271	0.242	0.957**

注：* 和 ** 分别表示在 $P < 0.05$ 和 $P < 0.01$ 水平显著相关。下同。

功能性状间的相关性通常被认为是植物生活史策略的权衡或生理或结构结果。本章中，枝条组织密度与干物质含量极显著正相关，这是因为枝条密度大，干物质含量多的植物抵御能力强，而枝条密度小，干物质含量少的植物潜在生长速率大（李峰，2011）。枝条直径较大，其输导和运输能力更强，能为枝条生长发育提供更多的养分，从而使枝条长度变长（Fan et al.，2012），这与本章小枝长与小枝直径呈现正相关的结果相一致，但是在本章中未达显著关系。本研究还发现，树皮厚度与枝条直径呈显著相关关系，可能是因为枝条的直径大小是控制其代谢的重要因素之一（范瑞瑞，2018），木质化部分和树皮均是储存水分和光合产物的场所，并同时加强植物的机械支撑。氮和磷等营养物质限制植物的生长，在植物功能中起着重要作用。其中氮参与植物体的蛋白质合成、新陈代谢以及其他生命活动（Minden and Venterink.，2019）。磷作为 RNA 的主要修饰物，主要参与蛋白质合成（Vrede et al.，2004），以维持植物体的生长。分配给枝条的氮和磷在呼吸和内部营养循环中起重要作用（Aerts and Chapin，2000），表明枝条中的氮、磷元素属于协同元素。本章研究结果显示枝条氮含量和枝条磷含量有正相关关系，但未达到显著关系。

4.3.4 枝条功能性状对土壤因子的响应

由图 4-6 可知，真菌、速效铁、速效镁对枝条氮、磷含量产生正向影响。枝条长度、枝条碳、枝条碳/氮、枝条碳/磷、枝条氮/磷与全铁、全钙呈正相关性，表明枝条长度、养分平衡关系主要受到喀斯特特征性元素的正向影响；土壤有机碳、生物量碳、生物量磷、细菌、放线菌、速效钾、速效氮与枝条干物质含量、枝条组织密度、枝条直径呈正相关关系，与树皮厚度呈负相关关系，说明土壤有机碳、速效氮、速效钾、微生物能够促进枝条主要防御性状的生长，而对树皮厚度具有抑制作用；真菌、速效铁、速效镁与枝条磷、枝条氮呈正相关，铁、镁元素的有效性以及真菌能够促进枝条氮、磷元素的积累。

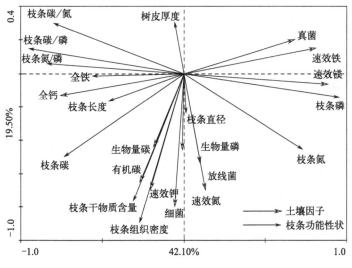

图 4-6　枝条功能性状与土壤因子的冗余分析

具有较大枝条直径、组织密度、干物质含量的物种，存活率高，且有较多的附属物，同时能更好地抵御恶劣的环境。顶坛花椒为了适应当地贫瘠的生境，提高存活率，需要加大对枝条直径、组织密度、干物质含量的投入。在该研究中，土壤有机碳、生物量碳、生物量磷、细菌、放线菌、速效钾、速效氮与枝条干物质含量、枝条组织密度、枝条直径呈正相关关系，这是因为枝条的主要作用是运输和输导吸收到的水分和有机物，主要输送含碳的简单有机物（郭庆学等，2013），所以土壤碳元素显著影响枝条的功能性状；同时，微生物具有固碳作用，连同碳元素对枝条的主要防御性状产生重要影响。枝条长度、枝条碳与土壤全钙呈正相关性，顶坛花椒具有喜光的特点，枝条的伸长有利于植株将更多的叶片伸展到冠层外部，以便最大限度地捕获光能，合成较多的碳水化合物（李俊慧等，2017）。研究区内土壤富含钙元素，对植株的光合作用具有促进作用，枝条为了促进植株光合作用，吸收土壤钙元素，以此增加枝条长度和碳含量，因而枝条长度、碳含量与土壤全钙呈正相关关系。树皮主要成分为纤维素，具有保护、防止火烧、参与光合产物运输的作用，树皮的功能性状与环境的选择压力密切相关，前人研究显示不同地区树皮厚度与该地的火烧频率密切相关（Hoffmann et al.，2009；Ratnam et al.，2011），而顶坛花椒所处区域不频发火灾，导致土壤有机碳、生物量碳、生物量磷、细菌、放线菌、速效钾、速效氮对树皮厚度的投资减少，因而呈负相关关系。真菌、放线菌与全氮、全磷呈正相关关系，与张珂等（2016）研究基本一致，这是因为土壤中施用有机肥后，带来丰富的有机质，促使真菌、放线菌浓度增加，同时为枝条生长提供充足的氮、磷元素。

4.4 草本层功能性状

4.4.1 草本层功能性状特征

在花椒林地中，共有草本植物 27 种，隶属于 9 科 20 属，林下分布的草本种类较少，群落组成也较为简单。对花椒人工林群落内林下草本层的物种重要值进行统计（表 4-4）。结果表明，不同生长发育阶段顶坛花椒人工林草本层物种数量分别为 17、10、14、10，总体上随林分发育而减少。苏门白酒草（*Erigeron sumatrensis*）、中华苦荬菜（*Ixeris chinensis*）、细叶旱稗（*Echinochloa crus-galli* var. *praticola*）、鬼针草（*Bidens pilosa*）在各林龄林分下占据绝对优势。苏门白酒草、稗（*Echinochloa crus-galli*）、筒轴茅（*Rottboellia cochinchinensis*）主要出现在 5～7 年，重要值在 20% 以上。苏门白酒草、中华苦荬菜、矛叶荩草（*Arthraxon lanceolatus*）在 10～12 年出现频率较高。苏门白酒草、中华苦荬菜、黄鹌菜（*Youngia japonica*）、春蓼（*Persicaria maculosa*）、牛筋草（*Eleusine indica*）在20～22年林下为主要建群种。28～32年林分以苏门白酒草、细叶旱稗、饭包草（*Commelina benghalensis*）为优势种。黄鹌菜、春蓼、筒轴茅、旋花（*Calystegia sepium*）、熊耳草（*Ageratum houstonianum*）、鸭跖草（*Commelina communis*）、鳢肠（*Eclipta prostrata*）只在个别林分出现，表明其出现的频率较低。

表4-4　草本层主要物种组成及其重要值　　　　　　单位：%

种名	林龄			
	5～7年	10～12年	20～22年	28～32年
苏门白酒草	51.77	20.15	17.69	23.67
钻叶紫菀	10.34	—	—	—
马唐	7.36	—	—	—
稗	20.74	—	—	—
中华苦荬菜	11.08	23.43	17.89	1.71
酢浆草	2.51	—	—	—
叶下珠	15.42	—	—	—
地锦草	11.41	10.54	8.37	—
矛叶荩草	16.74	16.82	—	4.28
细叶旱稗	17.52	13.01	5.76	17.40
野茼蒿	2.40	6.79	—	—
苦苣菜	4.04	—	1.73	—
黄鹌菜	—	—	16.84	—
春蓼	—	—	16.73	—
筒轴茅	25.02	—	—	—
狸尾豆	11.77	—	—	3.51
藿香蓟	2.37	—	0.30	—
龙葵	1.71	—	—	—
鬼针草	3.00	13.57	5.84	3.37
少花龙葵	—	3.38	—	9.68
苣荬菜	—	3.38	13.41	—
旋花	—	3.37	—	—
熊耳草	—	—	9.31	—
饭包草	—	—	14.45	18.30
牛筋草	—	—	18.40	5.36
鳢肠	—	—	10.40	—
鸭跖草	—	—	—	3.37

注："—"表示没有数据。

由表4-5可以看出，物种丰富度、Shannon指数、Simpson指数总体随林龄的增大而降低，均在28～32年表现为最小，分别为5.5、0.33、0.35，显著低于5～7年，与其余2个林龄级无显著差异。说明林分生长初期物种较为丰富，随着林分衰退，林下草本多样性减少。Pielou's指数为0.43～0.62，在各林龄之间差异不显著且数值较低，暗示林下的草本植物多样性水平较低。

表4-5 不同林龄顶坛花椒林下草本层多样性指数

林龄/a	物种丰富度	Shannon指数	Simpson指数	Pielou's指数
5～7	12.00±0.00a	0.88±0.02a	0.84±0.01a	0.45±0.05a
10～12	7.50±0.71ab	0.71±0.11ab	0.76±0.08ab	0.43±0.75a
20～22	10.50±3.54ab	0.64±0.23ab	0.69±0.16ab	0.62±0.14a
28～32	5.50±0.71b	0.33±0.20b	0.35±0.24b	0.44±0.24a

林龄反映了群落结构的演替过程，草本植物作为森林生态系统的重要组成部分，具有较短的更新周期，适应能力强（Horvat et al，2017；Rawlik et al.，2018），其中苏门白酒草、中华苦荬菜、细叶旱稗、鬼针草在各林龄林分下占较大优势，且伴随人工林的各个年龄阶段出现，说明这些物种对花椒林下环境的适应能力较强（Wu et al.，2004）。在本研究中，不同林龄林下物种数较少，一是因为顶坛花椒作为人工林，与天然林相比，其树种组成与林分结构比较单一，导致林下草本多样性水平较低，生态系统稳定性较差（陈秋海等，2022）；二是可能与林下草本较难获得有效授粉有关，难以形成开花植物的有效迁移与交流（胡文浩等，2021）；三是因为花椒的化感物质与效应，导致对林下草本植物有一定的抑制作用，限制了植物的生长；四是受到翻耕等抚育措施的影响。本研究结果表明，Simpson指数和Shannon指数的变化趋势一致，均随林龄增加而降低，在5～7年达到最高，说明此时植物种类较为丰富，主要是由于幼龄阶段植株矮小，郁闭度低从而光照资源充足，一些喜光的先锋植物和随机种侵入并迅速发育，草本群落丰富度急剧增加；随林龄的增加，林分生长发育消耗了大量的土壤养分，导致林下物种对生存空间和养分的争夺加剧，植物生长发育受限，一些生存力不高的物种在竞争中逐渐被淘汰，导致草本多样性水平逐年下降（王树梅等，2018；刘佳哲等，2021）。这一结论与李淑君等（2014）对荒漠草原区不同林龄柠条人工林研究结果一致。有研究发现，Shannon指数高，更有可能出现稀有种，其对指数计算的贡献较大（王晶等，2015；杨振奇等，2018）。5～7年的Shannon指数达到最高，且生长着其他林龄所不具有的钻叶紫菀、马唐、稗等草本植物，分析原因可能是林分处于幼龄林阶段，郁闭度较低，充足的光照促使草本植物较为丰富。各林龄林分下草本层Pielou's指数均较低，说明各林龄均匀度较低，分析原因可能是苏门白酒草、中华苦荬菜、细叶旱稗、鬼针草占据了绝对优势，其盖度大于其他植物种类，导致草本层物种分布格局不是很均匀，降低了群落的多样性（董卉卉等，2019）。

4.4.2 草本层数量性状对土壤因子的响应

由图4-7和表4-6可以得知，前2个排序轴能够解释全部功能性状变异的

24.70%，累计解释度为 94.60%，能较好地解释草本层数量性状与土壤因子之间的关系。土壤因子对草本层数量性状的影响表现为速效钾＞细菌＞生物量磷＞放线菌＞速效氮＞生物量碳，其影响具有显著性，而其他土壤因子影响较小。土壤速效钾、细菌、生物量磷、放线菌与 Shannon 指数、Simpson 指数、物种丰富度的正相关性较大，与 Pielou's 指数呈负相关；速效氮对 Shannon 指数、Simpson 指数、物种丰富度、Pielou's 指数产生了显著的正向影响。结果表明，土壤速效钾是限制草本植物生长发育的主要因子。

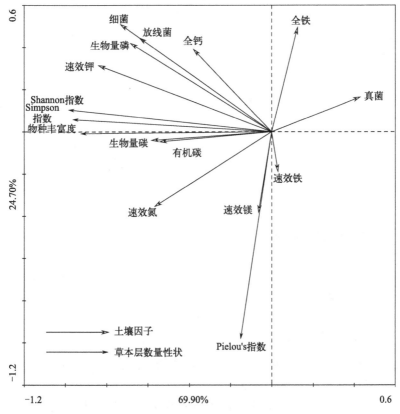

图 4-7　林下草本多样性与土壤因子的冗余分析

表 4-6　解释度和显著性

指标	解释度/%	显著性
速效钾	18.24	0.002
细菌	15.60	0.002
生物量磷	13.18	0.006
放线菌	11.91	0.024
速效氮	8.96	0.068
生物量碳	8.40	0.050

本研究表明,速效钾是林下草本多样性的主导因子,可能是因为在水分亏缺的生境下,顶坛花椒林下草本植物对土壤钾的利用效率较低,造成对钾的依赖性强。植物的供水主要依赖于降水和土壤水分储存,喀斯特地区降水丰富,但容易通过裂隙漏失,导致土壤持水性能差,从而制约着植株生长。有研究发现植物体内钾元素有助于促进水分吸收并提高水分利用效率,以此来抵抗干旱胁迫(Kanai et al.,2011)。在干旱环境中,低钾利用效率草本植物可能通过提高叶片钾含量来改善水分利用效率,对外界钾供应的依赖程度较强(胡承孝等,2000)。本章中,土壤有机碳对草本层多样性的影响不显著,可能是因为研究区施用有机肥,导致不同林龄林分的土壤有机碳较为充足,对林下草本多样性造成的影响不大,所以有机碳不是草本植物的限制因子,这与李小英等(2022)研究结果一致。土壤速效氮作为植物可以直接吸收的养分,其主要来源于人为活动、凋落物分解等。本章结果显示土壤速效氮是影响草本层多样性的重要因子,这是因为草本植物能够直接利用土壤氮促进其生长,氮含量较高的生境有利于对水肥条件要求高的草本植物生存(胡文浩等,2021)。也有可能因为氮是草本植物生长发育所必需的大量营养元素,在促进草本植物生长、群落演替、生态系统结构稳定方面具有重要作用(曹小玉等,2022)。

4.5 凋落叶功能性状

4.5.1 易分解物质

凋落叶碳含量为 $387.48 \sim 408.72 \mathrm{g \cdot kg^{-1}}$,$20 \sim 22$ 年显著低于 $5 \sim 7$ 年,与其余林龄无显著差异;凋落叶氮含量在 $5 \sim 7$ 年显著低于 $20 \sim 22$ 年和 $28 \sim 32$ 年,与 $10 \sim 12$ 年无显著差异;凋落叶磷含量在 $10 \sim 12$ 年为 $0.92 \mathrm{g \cdot kg^{-1}}$,显著低于其他 3 个林龄级;凋落叶钾、可溶性糖、淀粉随林龄变化均无显著差异。结果表明,凋落叶易分解物质变异系数为 $0.12\% \sim 27.05\%$,多处于较低水平。顶坛花椒生长发育过程对凋落叶碳、氮、磷含量的影响较为显著,对凋落叶钾、可溶性糖、淀粉影响不明显(图 4-8)。

4.5.2 难分解物质

木质素、单宁在 $28 \sim 32$ 年分别为 $299.92 \mathrm{g \cdot kg^{-1}}$、$13.85 \mathrm{g \cdot kg^{-1}}$,高于其他 3 个林龄级;纤维素在 $10 \sim 12$ 年为 $54.83 \mathrm{g \cdot kg^{-1}}$,显著高于其他 3 个林龄级;半纤维素为 $129.66 \sim 148.48 \mathrm{g \cdot kg^{-1}}$,未随林龄发生显著变化;总酚在 $28 \sim 32$ 年最

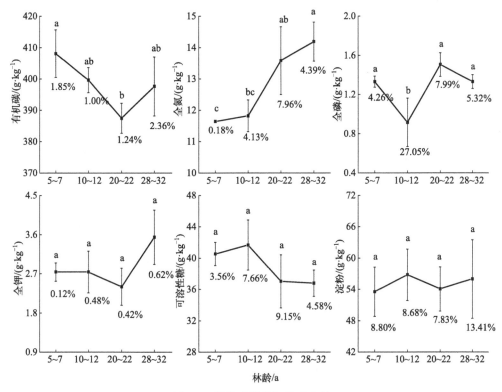

图 4-8　凋落叶易分解物质含量

不同小写字母表示在 $P<0.05$ 水平差异显著，具有相同字母表示 $P>0.05$ 水平差异不显著，
误差棒下方数值为变异系数，下同

高为 7.83g·kg^{-1}，与 5～7 年、20～22 年存在显著差异，与 10～12 年差异不显著。结果表明，凋落叶功能性状变异系数为 0.07%～13.98%，多为低变异系数。林龄对凋落叶难分解物质的影响较为显著（图 4-9）。

4.5.3　化学计量特征

木质素/氮在 5～7 年林龄为 15.77，随林龄的增加而增大，在 28～32 年显著高于其他 3 个林龄级；木质素/磷在 10～12 年为 229.76，与 5～7 年存在显著差异，与其余 2 个林龄无显著差异；氮/磷为 8.78～13.05，随林龄无显著变化；凋落叶碳/氮随林龄的增加而降低，在 5～7 年最高为 35.04，与 10～12 年无显著差异，与 20～22 年、28～32 年呈显著差异；凋落叶碳/磷在 10～12 年为 454.23，显著高于 20～22 年，与其余林龄无显著差异。结果表明，凋落叶化学计量特征变异系数为 0.06%～31.49%，总体为低变异系数，但中龄林多表现出较大变异。凋落叶化学计量特征随林龄增加发生较为显著的变化（图 4-10）。

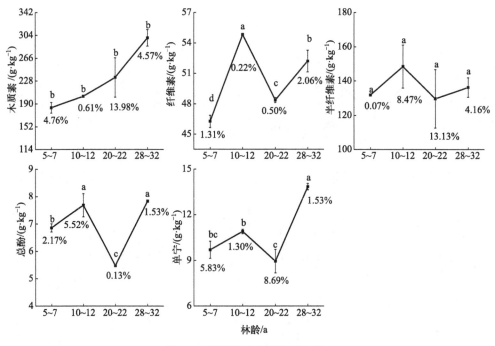

图 4-9　凋落叶难分解物质含量

4.5.4　叶片养分转移特征

本节的养分转移是凋落叶向新鲜叶片的养分输送过程，因此用叶片养分重吸收表示。氮重吸收率为 35.02%～50.85%，在数值上随林龄增加而减小，但未见显著变化；磷重吸收率为 12.24%～32.20%，在 10～12 年显著大于其他 3 个林龄级（图 4-11）。

凋落叶分解速率与其初始化学特征有关。随林龄增加，顶坛花椒凋落叶特性总体上呈现有利于分解的变化趋势。本研究中，凋落叶中氮、磷养分生长前期低，生长后期高。根据生长速率理论（Elser et al.，2003），分析可能是顶坛花椒生长前、中期，生长速率较快，因而需要消耗大量氮和磷，同时单位体积土壤不能提供相对充足的养分，其养分需求增加引起成熟叶片氮、磷含量降低，从而导致凋落叶的氮、磷养分降低；在生长后期，林分生长速率变缓导致其对养分需求量降低，凋落叶氮、磷养分得以积累，凋落叶通过降低碳/氮、碳/磷而加快分解，提高养分归还速率；同时生长后期的林分处于衰退时期，对病虫害的抵御能力相对较弱，顶坛花椒自身构建的防御体系对保护性酚类物质等合成的投入增加（Hinman et al.，2019），导致木质素、纤维素、单宁、总酚含量升高，微生物较难利用，因此凋落叶会从环境中固定氮、磷养分以满足微生物的生长和繁殖需求，导致凋落叶氮、磷

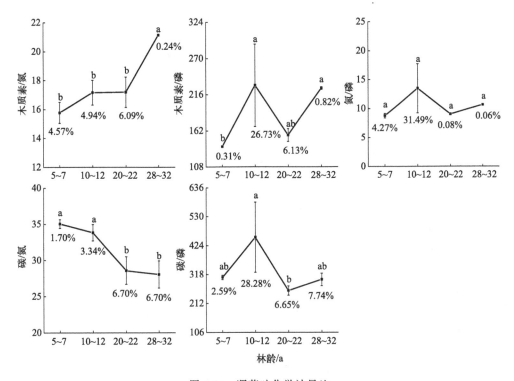

图 4-10 凋落叶化学计量比

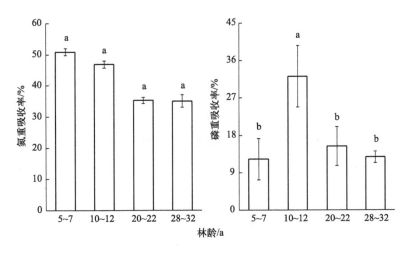

图 4-11 叶片氮、磷重吸收率

含量的升高。此外，有机碳、全氮、全磷的变异系数分别为 1.24%～2.36%、0.18%～4.39%、4.26%～27.05%，表明随着顶坛花椒生长发育进程，富碳结构性物质含量较为稳定，对植株的生长发育限制作用削弱，而富氮、磷功能性物质和贮藏性物质变化较大（Kerkhoff et al，2006）。第一个原因是碳在从成熟叶到凋落叶的过渡过程中，表现出相对稳定的趋势，而氮、磷可以被重新吸收利用（Ge et al.，2017）；第二，花椒叶片通常具有大量含碳的次生代谢物（如单宁、树脂和蜡），化学性质较为稳定，氮、磷多形成不稳定的化合物（Ghimire et al.，2017；Fu et al.，2021）。本章研究结果显示，不同林龄顶坛花椒叶片氮、磷重吸收效率低于全球平均水平（分别为62.10%和64.90%）（Leonardus et al.，2012），可能是由研究区域或树种的差异所致，其次是顶坛花椒人工林以复合肥为主（N：P：K=15：15：15），在一定程度上可能缓解了氮、磷限制，推断化肥施用可能影响养分重吸收效率，这为施肥措施制定提供了参考。另外，氮重吸收效率远大于磷重吸收效率，和他人研究结果不一致（Urbina et al.，2021；Li et al.，2022）。推测原因为喀斯特地区富钙的地质背景和水土流失、漏失严重的特征，导致磷的有效性普遍亏缺，由于磷与钙、铁、铝等发生沉淀反应，大部分磷处于固定态，难以被植物直接吸收利用。此外，Han等（2005）认为植物在生长过程受到某种元素的限制时会对该元素具有较高的重吸收率。在团队前期研究中，发现该研究区内土壤受氮限制的程度更高，且不同林龄凋落叶氮/磷均小于14，表明植物体内受到氮的限制程度更高（Erickson et al.，2014），因此土壤和植物体内均受到氮的限制，从而植株自发地增强对氮的重吸收作用。

4.5.5 性状之间的关联

木质素/磷和氮/磷、纤维素、半纤维素呈显著正相关，表明凋落叶磷相关性状对难分解物质的影响较大；凋落叶磷与碳/磷呈极显著负相关，凋落叶木质素/氮与氮呈正相关，凋落叶氮/磷与磷呈极显著负相关，与木质素/磷、碳/磷呈极显著正相关。表明养分化学计量之间具有较强的关系；凋落叶木质素与氮呈极显著增强效应，与碳/氮呈反向作用效应，半纤维素与可溶性糖呈显著正相关，凋落叶单宁随钾、总酚的积累而增加，凋落叶木质素/氮与木质素、单宁的正相关性达到了极显著水平。结果表明，凋落叶碳、磷、淀粉对其他性状（不含自身化学计量）未见影响，且化学特征间多呈正相关关系，说明性状间存在较强的协调性，具有显著的协同特征（表4-7）。

有研究表明，单一物种的林分容易发生病虫害，这时通过提高单宁、蜡质等富碳次生代谢物的含量以增强防御能力，从而碳含量较高，但不利于凋落叶的分解（李明军等，2018）。本章在研究凋落叶性状间的关系时也发现了类似规律，但碳与单宁的正相关关系未达显著水平。相关性分析表明，木质素和氮呈显著正相关关系，可能是因为合理的氮浓度可以促进关键酶活性，促进了木质素的积累（Huang et al.，2021），也可能是因为氮的增加将抑制白腐真菌的生长，导致氮的代谢受到限制，阻碍了凋落叶中木质素降解酶的合成率，进而导致木质酚氧化酶降解的活性逐渐降低，木质素的分解受到抑制（Aber et al.，1993；杨安娜等，2019）。研究

表 4-7 凋落叶化学组成之间的相关性

指标	碳	氮	磷	钾	可溶性糖	淀粉	木质素	纤维素	半纤维素	总酚	单宁	木质素/氮	木质素/磷	氮/磷	碳/氮
碳	-0.506														
磷	-0.330	0.495													
钾	0.481	0.392	-0.16												
可溶性糖	0.545	-0.433	-0.571	0.007											
淀粉	0.212	-0.267	-0.162	0.204	-0.341										
木质素	-0.332	0.917**	0.34	0.589	-0.456	-0.018									
纤维素	-0.060	0.053	-0.685	0.342	0.116	0.434	0.291								
半纤维素	0.226	0.042	-0.637	0.313	0.773*	-0.308	0.079	0.562							
总酚	0.45	-0.139	-0.544	0.546	0.21	0.314	0.236	0.651	0.412						
单宁	0.104	0.4	-0.211	0.718*	-0.236	0.266	0.701	0.566	0.164	0.778*					
木质素/氮	-0.179	0.754*	0.181	0.667	-0.43	0.207	0.952**	0.466	0.102	0.483	0.839**				
木质素/磷	0.031	0.285	-0.679	0.597	0.246	0.067	0.44	0.838**	0.714*	0.586	0.664	0.515			
氮/磷	0.123	-0.069	-0.883**	0.325	0.525	-0.040	-0.002	0.724*	0.784*	0.407	0.305	0.055	0.884**		
碳/氮	0.661	-0.980**	-0.488	-0.249	0.513	0.255	-0.868**	-0.070	0.025	0.232	-0.327	-0.692	-0.257	0.068	
碳/磷	0.335	-0.423	-0.977**	0.182	0.664	0.055	-0.330	0.63	0.721*	0.43	0.132	-0.218	0.7	0.931**	0.424

也发现钾与单宁呈显著正相关，同时也表明凋落叶中钾元素的增加会抑制单宁的分解，但是其调控机制尚不清楚。结果表明，无机、有机物质之间存在显著的正相关性，暗示凋落物无机养分含量较高会对凋落叶的分解速率产生抑制作用，导致养分不能快速释放。单宁和总酚作为凋落叶中难分解的有机成分，二者呈正相关，这是由于单宁为总酚中高度聚合的化合物，总酚含量随着单宁的增加而累积（覃宇等，2018）。研究还发现，氮与碳/氮呈极显著负相关，推测可能是在植株生长前中期，生长速度较快导致大量氮消耗，而通过光合作用，碳在植物体内逐渐积累，从而引起碳/氮升高（Elser et al.，2003）。本研究结果表明，碳与氮没有显著相关性，这与 Ge 等（2017）研究一致，可能是因为碳、氮均为有机物质的重要组成元素，部分氮被固定在富含碳的结构化合物中，从而限制了碳和氮之间的密切关联（Ghimire et al.，2017）。

4.5.6　凋落叶化学性状对土壤微生物的影响

对 15 个指标进行主成分分析，结果如表 4-8。特征值＞1 的主成分有 4 个，其累计贡献率达 93.731％。提取载荷＞0.8 的因子，进一步分析其对土壤微生物的影响规律。主成分 1 中主要受到磷、纤维素、半纤维素、木质素/磷、氮/磷、碳/磷的支配；主成分 2 受氮、木质素、木质素/氮、碳/氮的影响较大；主成分 3 主要受碳的支配；主成分 4 受淀粉的限制。通过主成分分析，筛选出碳、氮、磷、淀粉、木质素、纤维素、半纤维素、木质素/氮、木质素/磷、氮/磷、碳/氮、碳/磷等 12 个主要凋落叶性状，用于分析其对土壤微生物的影响，进一步探明它们之间的互作关系。

表 4-8　凋落叶性状的主成分分析

凋落叶指标	主成分 1	主成分 2	主成分 3	主成分 4
碳	0.060	−0.388	**0.903**	−0.033
氮	−0.120	**0.945**	−0.177	−0.216
磷	**−0.902**	0.339	−0.169	−0.139
钾	0.225	0.561	0.703	0.077
可溶性糖	0.523	−0.460	0.354	−0.560
淀粉	0.021	−0.093	0.164	**0.897**
木质素	−0.014	**0.994**	0.064	0.058
纤维素	**0.823**	0.263	0.014	0.443
半纤维素	**0.808**	0.084	0.225	−0.450
总酚	0.488	0.174	0.636	0.381
单宁	0.308	0.666	0.436	0.402
木质素/氮	0.080	**0.920**	0.217	0.281

凋落叶指标	主成分 1	主成分 2	主成分 3	主成分 4
木质素/磷	**0.869**	0.448	0.156	0.065
氮/磷	**0.970**	0.024	0.051	−0.088
碳/氮	0.106	**−0.906**	0.363	0.160
碳/磷	**0.920**	−0.318	0.152	−0.026
特征值	6.132	5.276	2.168	1.421
贡献率/%	33.626	32.495	15.003	12.606
累计贡献率/%	33.626	66.121	81.125	93.731

注：加粗的数字为高载荷值。下同。

由图 4-12、表 4-9 可知，凋落叶性状对土壤微生物的解释度达 72%，解释的信息量较大，其中凋落叶碳、氮、碳/氮、木质素、木质素/氮对土壤微生物的影响达到了显著水平。凋落叶碳、碳/氮对土壤生物量碳、生物量磷、放线菌、细菌的正向影响较大；凋落叶氮、磷、木质素、木质素/氮与土壤生物量氮、真菌呈正相关关系，凋落叶木质素、木质素/氮与土壤生物量碳、生物量磷、放线菌、细菌呈负相关。结果表明，凋落叶碳、氮养分元素及其平衡关系对土壤微生物的影响更大，而淀粉对微生物的影响较小。

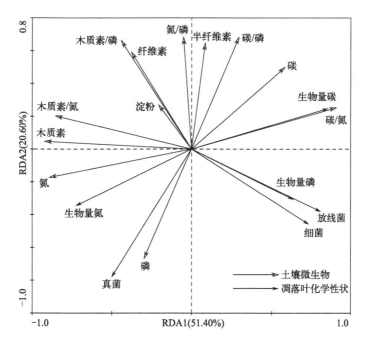

图 4-12 凋落叶功能性状与土壤微生物的冗余分析

表 4-9　凋落叶功能性状解释度和显著性检验

指标	解释度/%	P
木质素	15.01	0.002
碳/氮	14.74	0.002
氮	14.24	0.002
木质素/氮	13.77	0.002

　　土壤表层堆积的凋落叶，是腐殖质层最大的有机物质和营养来源（Tennakoon，2022），也是土壤微生物繁殖必需的营养盐。本章研究表明，凋落叶对土壤微生物浓度和生物量的影响较大。由图 4-12 可知，凋落叶化学属性对土壤微生物解释度可达 72%，表明土壤中养分有效性较低，因为当土壤中有效养分不充足时，难以满足微生物的生长和繁殖需求，更多依赖外来凋落叶中的养分（付作琴，2019），同时也符合喀斯特地区土壤养分贫瘠的总体特征。凋落叶在凋落物中占比最大，进入土壤后，其易分解的碳、氮、磷等无机成分，以及难分解的木质素、多酚类等有机物质降解后，可为土壤微生物生长提供碳源和养分资源，因而凋落叶中养分的可利用性是微生物生长的限制性因素（Bai et al.，2021），这为调蓄凋落物种类和数量来提高土壤微生物活性奠定了基础。研究发现，木质素与真菌呈正相关，与细菌呈负相关。一般来说，真菌能分解质量较小的凋落物，与细菌相比能更快速地分解复杂稳定的有机化合物（You et al，2014）。分析原因为：随凋落叶的分解，木质素等难以被微生物利用的大分子有机物大量积累，导致有机质和有效养分减少，进而细菌减少，而真菌通过产生多种有效的细胞外酶来降解木质素等难分解物质，导致真菌增加（Sun et al，2020；Pradisty et al.，2021），表明对微生物所需底物的调控具有重要实践意义。凋落叶碳、氮养分元素及其平衡关系对土壤微生物的影响也较大，这是因为碳既是提供能量的元素，也是微生物体内含量最多的元素（陈惠等，2022）；氮是微生物生长繁殖过程中必需的营养盐，碳、氮浓度及相对比例的变化对于微生物的增殖影响较大。凋落叶碳/氮被广泛认为是凋落物分解的最佳预测因子之一，因为它反映了凋落物中碳水化合物与蛋白质的比例（Zhang et al，2018）；低碳/氮的凋落叶优先被土壤微生物定殖，因为氮是微生物新陈代谢的必要性和限制性元素，因此低碳/氮的凋落叶分解速度更快（García-Palacios et al.，2016）；当凋落叶缺氮（高碳/氮）时，一般不易分解，微生物群落需从外部获取氮源（Prieto et al.，2019）。单宁是在植物体内分布广泛且含量高的一类酚类物质，但该研究中较其他代谢物质权重低（表 4-8），这是因为单宁分解速率缓慢（Pastorelli et al.，2021），因此难以被土壤微生物利用。

4.6 果皮品质性状

4.6.1 果皮品质性状特征

（1）灰分 由图 4-13 可知，5～7 年、10～12 年、20～22 年和 28～32 年 4 个林龄级顶坛花椒果皮灰分含量依次为 6.65%、6.55%、6.31%、5.90%，随林龄的增加而降低，但均未呈显著差异（$P > 0.05$），表明果皮灰分未受到林龄的显著影响。

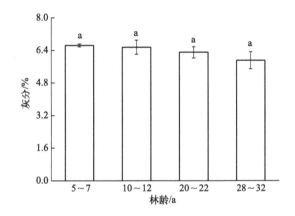

图 4-13　不同林龄顶坛花椒果皮中灰分含量

（2）游离氨基酸 据表 4-10，精氨酸随林龄增加，表现为先降低后增加的趋势；脯氨酸在 28～32 年显著高于其余 3 个林龄级；其余氨基酸未随林龄发生显著变化。

表 4-10　不同林龄顶坛花椒果皮中游离氨基酸含量

单位：mg·kg^{-1}

指标	林龄			
	5～7 年	10～12 年	20～22 年	28～32 年
天冬氨酸	6787.99±2134.18a	7289.25±427.71a	6972.26±6.52a	8225.91±2549.60a
谷氨酸	4622.23±1648.27a	4656.18±140.97a	4295.69±381.31a	5084.66±2276.21a
丝氨酸	2578.46±431.02a	2997.61±13.69a	2701.49±625.50a	3126.91±942.00a
甘氨酸	3224.21±95.46a	3144.74±55.68a	2816.72±432.35a	3688.34±530.17a
组氨酸	1145.33±42.10a	1170.20±21.98a	1192.85±305.29a	1513.89±68.00a
精氨酸	4567.72±771.15ab	4679.72±215.43ab	3894.71±792.70b	6885.45±1600.64a

指标	林龄			
	5～7 年	10～12 年	20～22 年	28～32 年
苏氨酸	2610.52±408.31a	2281.58±16.05a	2021.96±324.44a	2684.36±122.49a
丙氨酸	1912.72±512.35a	2166.85±19.98a	1960.94±236.18a	2173.19±817.59a
脯氨酸	6450.95±276.97b	6737.12±739.56b	7362.30±199.19b	12070.71±3145.34a
酪氨酸	1465.24±15.81a	1462.69±24.22a	1427.08±64.83a	1625.26±324.04a
缬氨酸	2649.42±359.71a	2756.76±97.55a	2327.20±363.14a	2683.71±716.03a
异亮氨酸	2356.48±14.22a	2287.58±4.17a	1989.39±333.38a	2518.03±457.87a
亮氨酸	5395.26±387.17a	5939.10±125.05a	5050.46±471.38a	5852.81±659.75a
苯丙氨酸	2318.03±16.31a	2311.54±8.92a	2037.34±290.25a	2574.94±413.67a
赖氨酸	2198.31±801.96a	2489.50±68.18a	2441.38±466.06a	2183.12±729.72a

（3）**氨基酸积累量** 必需氨基酸、非必需氨基酸含量分别为 13845.75～17902.44mg·kg^{-1}、32624.02～44394.31mg·kg^{-1}，在 4 个林龄级之间未有显著差异；甜味氨基酸在 28～32 年为 25257.38mg·kg^{-1}，显著高于其余 3 个林龄；鲜味、苦味、芳香族、药效氨基酸在 4 个林龄级之间均无显著差异（表 4-11）。

表 4-11 不同林龄顶坛花椒人工林果皮中氨基酸积累量

单位：mg·kg^{-1}

指标	林龄			
	5～7 年	10～12 年	20～22 年	28～32 年
必需氨基酸	17902.44±5739.68a	15784.47±53.76a	13845.75±1924.21a	15812.61±2977.05a
非必需氨基酸	32755.84±5341.74a	34304.35±1116.99a	32624.02±3030.83a	44394.31±5962.91a
鲜味氨基酸	21114.86±5161.40a	21936.73±317.55a	19940.31±1836.02a	26057.55±7774.20a
甜味氨基酸	17922.18±395.65b	18498.09±755.57b	18056.24±2122.95b	25257.38±910.07a
苦味氨基酸	25080.73±6537.12a	23097.08±222.99a	20360.38±3087.03a	25837.21±4969.72a
芳香族氨基酸	3783.27±32.12a	3774.24±15.29a	3464.42±355.07a	4200.21±737.71a
药效氨基酸	33563.94±10027.42a	31972.71±369.74a	28935.62±2892.35a	36120.49±9083.80a

（4）**维生素** 维生素 E 和 β-胡萝卜素均以 28～32 年的花椒最高，随林龄增加，表现为先降低后增加的趋势，表明林龄对维生素含量产生了显著影响（图 4-14）。

（5）**微量元素** 碘和铁随林龄增加呈先升高后降低再升高的变化规律，但均未达显著差异；锌在 4 个林龄级中差异不显著；硒在 5～7 年、10～12 年之间未现显著差异，且显著低于 20～22 年和 28～32 年，总体随林龄增加而上升（图 4-15）。

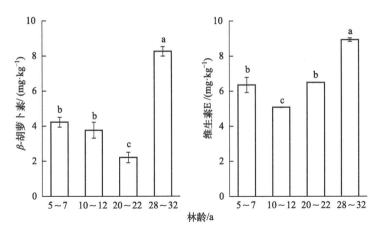

图 4-14　不同林龄顶坛花椒果皮中维生素含量

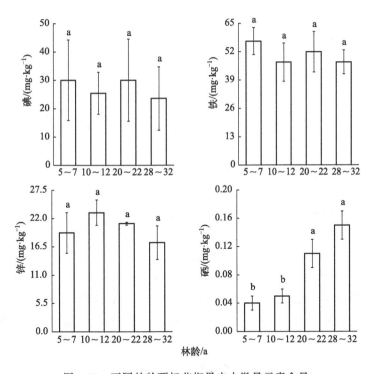

图 4-15　不同林龄顶坛花椒果皮中微量元素含量

4.6.2　顶坛花椒品质随林龄变化的敏感性分析

据表 4-12，灰分在林龄内、林龄间的敏感程度均较弱，与其未随林龄发生显著变化的结论较为一致。氨基酸累积量在林龄内的敏感性均远小于林龄间，表明受到了顶坛花椒生长发育的显著影响。维生素在林龄内的敏感性较小，在林龄间的敏感性较强，说明能够作为表征品质变化的监测因子。微量元素在林龄内、林龄间的敏感性均较高，暗示其受到林龄和其他因素的交互影响。

表 4-12　主要品质指标的敏感性分析

指标	林龄				
	5～7 年	10～12 年	20～22 年	28～32 年	总体
灰分	0.02	0.08	0.07	0.11	0.13
必需氨基酸	0.59	0.00	0.22	0.31	0.76
非必需氨基酸	0.26	0.05	0.13	0.21	0.68
鲜味氨基酸	0.42	0.02	0.15	0.53	0.81
甜味氨基酸	0.03	0.08	0.18	0.05	0.56
苦味氨基酸	0.45	0.01	0.20	0.31	0.58
芳香族氨基酸	0.01	0.01	0.16	0.16	0.33
药效氨基酸	0.54	0.02	0.15	0.43	0.61
β-胡萝卜素	0.10	0.18	0.21	0.05	3.23
维生素 E	0.10	0.00	0.00	0.02	0.78
铁	0.19	0.30	0.29	0.18	0.49
锌	0.34	0.16	0.02	0.31	0.66

4.6.3　不同林龄顶坛花椒品质综合评价

据表 4-13，根据特征值＞1 且累计贡献率＞95％的原则，共筛选出 5 个主成分，它们保留了原始信息的 96.565％，符合进一步分析的条件。其中，主成分 1 的贡献率达 35.551％，异亮氨酸、甘氨酸、苯丙氨酸等性状起着显著促进作用；主成分 2 主要受赖氨酸、碘等支配，贡献率为 26.092％；主成分 3 与脯氨酸、维生素 E、硒等显著相关；主成分 4 主要受铁支配，且表现为负向效应；亮氨酸等在主成分 5 起决定性作用。综合表明，氨基酸、维生素和微量元素均对品质性状产生了显著影响，其中铁对前 4 个成分均为抑制作用。

表 4-13　顶坛花椒品质性状载荷矩阵及主成分的贡献率

指标	主成分 1	主成分 2	主成分 3	主成分 4	主成分 5
天冬氨酸	0.462	0.735	0.234	0.354	0.174
谷氨酸	0.553	0.744	0.034	0.223	0.243
丝氨酸	0.672	0.698	0.101	0.095	−0.099
甘氨酸	**0.915**	0.168	0.335	0.013	0.133
组氨酸	0.573	0.221	0.703	−0.191	−0.069

指标	主成分 1	主成分 2	主成分 3	主成分 4	主成分 5
精氨酸	0.781	0.232	0.522	0.214	0.125
丙氨酸	0.552	0.794	−0.025	0.247	0.052
脯氨酸	0.101	−0.290	**0.904**	0.04	0.014
酪氨酸	0.816	0.373	0.235	0.133	−0.188
苏氨酸	0.668	−0.584	0.238	−0.373	0.121
缬氨酸	0.772	0.543	−0.214	0.120	0.197
异亮氨酸	**0.976**	0.164	0.085	−0.074	0.083
亮氨酸	0.143	0.361	−0.170	−0.058	0.901
苯丙氨酸	**0.967**	0.163	0.192	−0.001	0.027
赖氨酸	0.201	**0.919**	−0.212	0.069	0.117
灰分	−0.44	−0.381	−0.684	0.105	0.381
维生素 E	0.297	−0.178	**0.910**	0.006	−0.005
β-胡萝卜素	0.564	−0.242	0.687	0.200	0.242
碘	0.158	0.827	−0.125	−0.456	0.252
铁	−0.089	−0.207	−0.107	**−0.957**	0.026
锌	−0.125	0.737	−0.551	0.120	−0.011
硒	−0.121	−0.048	**0.909**	0.225	−0.276
特征值	10.498	6.114	2.256	1.309	1.067
贡献率/%	33.551	26.092	22.561	7.971	6.390
累计贡献率/%	33.551	59.643	82.204	90.175	96.565

由表 4-14 可知，5～7 年的顶坛花椒果皮品质在 5 个因子的得分总体均较低，表明挂果初期的品质不具优势，可以作为保存时间较短、无需深度加工的鲜椒培育；所有因子得分均以 28～32 年较高，表明其品质性状较优，可以定位为种椒，使其遗传性状稳定遗传下去。结合产量（表 3-1）与品质两个因素，10～12 年的顶坛花椒是较优选择。

表 4-14　主成分因子得分

林龄/a	得分				
	因子 1	因子 2	因子 3	因子 4	因子 5
5～7	−0.333	−0.622	−1.916	−1.507	−1.468
10～12	−0.338	0.703	−2.661	0.651	0.195
20～22	−2.023	−0.282	−1.462	−0.302	−1.414
28～32	2.694	0.200	6.038	1.158	0.249

品质综合指数依次为 28～32 年（2.39）＞10～12 年（−0.47）＞5～7 年（−0.73）＞20～22 年（−1.20），表明顶坛花椒品质随林龄呈现先升高后降低再升高的趋势，质量变化存在拐点（图 4-16）。

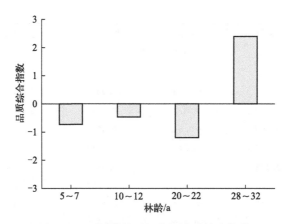

图 4-16　不同林龄顶坛花椒品质综合指数

本研究表明，生长年限能够改善不同林龄顶坛花椒的品质性状，品质性状未随林龄发生退化，以 28～32 年时为最优，可采取降低产量以维持品质性状的权衡策略。原因是该林龄阶段地力衰退，养分吸收能力减弱，生殖生长减缓，将有限的养分元素投资到营养生长，有利于品质形成。同时，顶坛花椒在不降低品质的同时，自身采取了权衡措施，调减了产量，这有利于将营养物质集中到有限的果实上。维生素和氨基酸两种营养物质均参与生物生长发育和代谢（朱圣庚和徐长法，2017），顶坛花椒为了自身稳定地遗传下去，采取牺牲营养生长的策略。因此，有必要拓展品质指标中的核酸和糖类等物质。同时，尚需深入探讨顶坛花椒人工林养分利用效率随林龄的变化规律。

林龄影响果树挂果能力（Costa and Vizzotto，2000），以及果实品质及其贮藏性能等（Meena and Asrey，2018），原因是林龄与植物物理、化学参数密切关联，进而制约生理活性（Giordani et al.，2016），影响果实中物质的积累；林龄也是植株生长衰退的影响因素，决定养分元素的再分配过程（Snijder et al.，2002；Xia et al.，2021）。探究林龄与品质的关系，能够为人工林修枝与更新提供科学依据。他人研究结果显示，通常人工林产品品质随林龄增加呈现先增加后降低趋势（周晋，2015），老龄梨树果实颜色会发生变化（Costa and Vizzotto，2000），这与本章的研究结果不完全一致。原因是顶坛花椒为乡土树种，对喀斯特石漠化限制生境的适应能力较强，林龄 30 余年是其产量退化的拐点，自身通过降低产量、减少营养物质消耗来维持品质优势，减缓水分、养分亏缺带来的负面影响，表明可以通过养分调控来抑制顶坛花椒的生长衰退。但是，产量和品质之间的权衡与协同机制仍需要深入研究。

顶坛花椒品质随林龄而发生增加-降低-增加的趋势，综合表明成熟期顶坛花椒的产量和品质总体较优，原因可能是成熟期根系旺盛，人为投入更高，土壤速效养分大量积累，肥力得到提高，有更多的物质投资到产量形成（周晋，2015）。也可能是成熟期树势趋于稳定,树体养分分配更加均衡,提高了枝叶的新陈代谢能力,有利于风味物质的积累(周先艳等,2018)。品质中包含了遗传物质、代谢物质等,因而其变化机制还需要深入分析。

表征固体物质的灰分未随林龄而变化,氨基酸和维生素却发生变化,说明林龄主要影响有机物质,生物化学性状对生长发育过程的响应更为灵敏。究其原因,是植株通过调节遗传、信号等物质以适应自身和外界环境因素的变化,表明拓展生理、生化功能性状以阐明植株的生态适应策略,综合评估品质变化规律尤为重要。

铁对顶坛花椒品质多发挥负向作用,究其原因,是铁既为必需的生命元素,又是可能造成环境污染的金属元素,在环境中发挥不同作用的阈值存在差异;表明严格控制产地环境尤为重要,应将土壤矿质元素含量控制在一定水平。由于营养元素和污染元素之间的界定受植物种类、利用效率、伴随阴离子等诸多因素的影响,未来需要加强这一界限的研究。

4.6.4 果皮品质性状对土壤因子的响应

果皮品质指标以表 4-13 的主成分分析筛选出 9 个对品质影响较大的指标,展开冗余分析。如图 4-17,土壤因子对果皮品质的累计贡献率达到 76.30%。土壤有机碳对亮氨酸、异亮氨酸、赖氨酸具有促进作用,土壤速效氮、速效钾、全钙均对

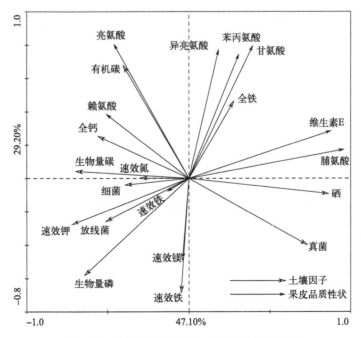

图 4-17 果皮品质性状与土壤因子的冗余分析

赖氨酸的积累具有促进作用，全铁对苯丙氨酸、甘氨酸、维生素 E 具有显著增强效应，表明土壤矿质元素是果实营养形成的直接物质来源。真菌显著促进了维生素 E、脯氨酸、硒的积累，生物量碳、放线菌、生物量磷对果皮品质多为反向作用效应。

本研究表明，土壤碳、氮、钾、钙等元素均对顶坛花椒果皮品质性状产生显著影响，土壤、气候等环境因子均为品质形成的重要影响因素（Hedlund，2002；李倩等，2010）。譬如，基质养分补给情况决定了番茄的产量和品质特征（Lu et al.，2016），土壤氮素是调控苹果产量和品质的因素之一（Wu et al.，2021），钾素水平能够影响台湾番木瓜生长、产量和果实品质（dos Anjos et al.，2015），原因是土壤中的化学元素是果实营养形成的直接物质来源，是养分储存的原料库，且决定了光合、呼吸、蒸腾等主要的化学反应过程和速率（Jafarikouhini et al.，2020），进而影响果实的物质积累。土壤速效氮与果皮赖氨酸呈正相关，这可能是因为降水、光照和温度等条件适宜时，氮代谢加快，促进了枝条营养贮存蛋白合成与积累，进一步影响赖氨酸的积累（唐海龙等，2019；黄振格等，2020）。维生素 E 是一类由光合组织合成的脂溶性强抗氧化剂（Shintani and Dellapenna，1998），该研究中，全铁对花椒果皮维生素 E 的积累产生了促进作用。这是因为土壤铁有利于改善叶片的光合作用，提高光合速率，增强光合组织功能，维生素 E 由光合组织合成，土壤铁元素通过对光合组织的积极作用间接促进了果皮维生素 E 的合成与积累（Schmidt et al.，2015；张守花等，2020）。土壤有机碳与苯丙氨基酸呈正相关，说明碳的积累能够促进芳香氨基酸含量，这与李玲等（2022）研究结果一致。这是因为施用有机肥可显著影响芳香氨基酸含量，而有机肥中含有大量的有机质，可改善土壤质量，从而利于果皮营养物质积累，但其对氨基酸积累量的调控机理尚不清楚，需要进一步研究。

参考文献

曹小玉，赵文菲，李际平，等，2022. 中亚热带几种典型森林土壤养分含量分析及综合评价 [J]. 生态学报，42（9）：3525-3535.

陈惠，孙颖，焦宏哲，等，2022. 两种凋落叶添加对马尾松土壤酶活性及细菌群落结构的影响 [J]. 亚热带资源与环境学报，17（2）：1-9.

陈秋海，周晓果，朱宏光，等，2022. 桉树与红锥混交对土壤养分及林下植物功能群的影响 [J]. 广西植物，42（4）：556-568.

陈小红，赵安玖，张健，等，2017. 不同林龄马尾松林下植物多样性与环境特征 [J]. 四川农业大学学报，35（2）：186-192.

程丹，张红，郭子雨，等，2020. 硒处理对土壤理化性质及杭白菊品质的影响 [J]. 土壤学报，57（6）：1449-1457.

董卉卉，邱林，张建设，等，2019. 黄柏山 4 种典型人工林林下植物多样性研究 [J]. 林业资源管理（4）：86-91.

董雪，郝玉光，辛智鸣，等，2019. 平茬年限和林龄对沙冬青叶片功能性状及土壤化学计量特征的影响

[J]. 草业学报, 28 (10): 122-133.

段媛媛, 宋丽娟, 牛素旗, 等, 2017. 不同林龄刺槐叶功能性状差异及其与土壤养分的关系 [J]. 应用生态学报, 28 (1): 28-36.

范瑞瑞, 2018. 武夷山 59 种木本植物树皮、茎干、叶片功能性状特征及其关联研究 [D]. 福州: 福建师范大学.

付作琴, 2019. 不同质量的凋落叶分解对海拔梯度的响应特征 [D]. 福州: 福建师范大学.

郭庆学, 柴捷, 钱凤, 等, 2013. 不同木本植物功能型当年生小枝功能性状差异 [J]. 生态学杂志, 32 (6): 1465-1470.

韩艳婷, 杨国顺, 石雪晖, 等, 2011. 不同镁营养水平对红地球葡萄叶绿体结构及光合响应的影响 [J]. 果树学报, 28 (4): 603-609.

何斌, 李青, 冯图, 等, 2020. 不同林龄马尾松人工林针叶功能性状及其与土壤养分的关系 [J]. 南京林业大学学报 (自然科学版), 44 (2): 181-190.

何家莉, 王金牛, 周天阳, 等, 2020. 发育阶段和海拔对岷江源区陇蜀杜鹃小枝功能性状及生物量分配的影响 [J]. 应用生态学报, 31 (12): 4027-4034.

何雁, 姚玉萍, 姚义鹏, 等, 2021. 桂林岩溶石山青冈群落植物功能性状的种间和种内变异研究 [J]. 生态学报, 41 (20): 8237-8245.

胡承孝, 王运华, 2000. 不同小麦品种钾吸收、分配特性及其钾营养效率的差异 [J]. 华中农业大学学报, 19 (3): 233-239.

胡文浩, 张晓婧, 陈雅杰, 等, 2021. 坝上地区不同年代退耕还林生境的草本层植物多样性及影响因子 [J]. 生态学报, 41 (3): 1116-1126.

黄振格, 何斌, 谢敏洋, 等, 2020. 连栽桉树人工林土壤氮素季节动态特征 [J]. 东北林业大学学报, 48 (9): 88-94.

金鹰, 王传宽, 2015. 植物叶片水力与经济性状权衡关系的研究进展 [J]. 植物生态学报, 39 (10): 1021-1032.

李秉钧, 陈乾, 王希贤, 等, 2022. 不同林龄福建柏纯林与混交林生长及养分的差异 [J]. 西北植物学报, 42 (4): 694-704.

李尝君, 郭京衡, 曾凡江, 等, 2015. 多枝柽柳 (Tamarix ramosissima) 根、冠构型的年龄差异及其适应意义 [J]. 中国沙漠, 35 (2): 365-372.

李峰, 2011. 昆明西山半湿润常绿阔叶林木本植物功能性状的比较研究 [D]. 昆明: 云南大学.

李俊慧, 彭国全, 杨冬梅, 2017. 常绿和落叶阔叶物种当年生小枝茎长度和茎纤细率对展叶效率的影响 [J]. 植物生态学报, 41 (6): 650-660.

李玲, 胡文杰, 庞宏东, 等, 2022. 立竹密度和施肥对毛竹笋氨基酸含量的影响 [J]. 西南林业大学学报 (自然科学), 42 (4): 31-37.

李明军, 喻理飞, 杜明凤, 等, 2018. 不同林龄杉木人工林植物-凋落叶-土壤 C、N、P 化学计量特征及互作关系 [J]. 生态学报, 38 (21): 7772-7781.

李倩, 梁宗锁, 董娟娥, 等, 2010. 丹参品质与主导气候因子的灰色关联度分析 [J]. 生态学报, 30 (10): 2569-2575.

李淑君, 李国旗, 王磊, 等, 2014. 荒漠草原区不同林龄柠条林物种多样性研究 [J]. 干旱区资源与环境, 28 (6): 82-87.

李小英, 秦文静, 许彦红, 等, 2022. 滇中典型公益林林下物种多样性及其与土壤性质的关系 [J]. 林业资源管理, 4: 148-156.

刘佳哲, 谭长强, 申文辉, 等, 2021. 不同林龄杉木人工林林下灌木和草本物种组成及多样性分析 [J]. 林业与环境科学, 37 (3): 104-110.

罗绪强，王程媛，杨鸿雁，等，2012. 喀斯特优势植物种干旱和高钙适应性机制研究进展 [J]. 中国农学通报，28（16）：1-5.

马绍宾，杨桂英，赵念玺，2002. 桃儿七不同器官中营养成分分布状况及其生态学意义 [J]. 生态学杂志，21（4）：65-67.

南国卫，韩磊，何馨雨，2022. 刺槐林草本层物种多样性的动态变化特征 [J]. 森林与环境学报，42（5）：491-497.

石钰琛，王金牛，吴宁，等，2022. 不同功能型园林植物枝叶性状的差异与关联 [J]. 应用与环境生物学报，28（5）：1109-1119.

覃宇，张丹桔，李勋，等，2018. 马尾松与阔叶树种混合凋落叶分解过程中总酚和缩合单宁的变化 [J]. 应用生态学报，29（7）：2224-2232.

唐海龙，龚伟，王景燕，等，2019. 水肥耦合处理对竹叶花椒生长和土壤酶活性的影响 [J]. 甘肃农业大学学报，54（1）：150-157.

王国华，宋冰，席璐璐，等，2021. 晋西北丘陵风沙区不同林龄人工柠条生长与繁殖动态特征 [J]. 应用生态学报，32（6）：2079-2088.

王晶，焦燕，任一平，等，2015. Shannon-Wiener 多样性指数两种计算方法的比较研究 [J]. 水产学报，39（8）：1257-1263.

王树梅，庞元湘，宋爱云，等，2018. 基于林龄的滨海盐碱地杨树刺槐混交林土壤理化性质及草本植物多样性动态 [J]. 生态学报，38（18）：6539-6548.

王兴义，2016. 锌、铁肥种子处理对玉米生长发育及光合特性的影响 [D]. 杨凌：西北农林科技大学.

魏圆慧，梁文召，韩路，等，2021. 胡杨叶功能性状特征及其对地下水埋深的响应 [J]. 生态学报，41（13）：5368-5376.

肖洋，张翔，王孟，等，2020. 鄱阳湖典型洲滩湿地植被叶片和土壤 $\delta^{15}N$ 特征分析 [J]. 长江科学院院报，37（5）：50-58.

许森平，张欣怡，李文杰，等，2020. 不同林龄刺槐叶片养分重吸收特征及其对土壤养分有效性的响应 [J]. 应用生态学报，31（10）：3357-3364.

许强，杨自辉，郭树江，等，2013. 梭梭不同生长阶段的枝系构型特征 [J]. 西北林学院学报，28（4）：50-54.

杨安娜，陆云峰，张俊红，等，2019. 杉木人工林土壤养分及酸杆菌群落结构变化 [J]. 林业科学，55（1）：119-127.

杨振奇，秦富仓，张晓娜，等，2018. 砒砂岩区不同立地类型人工沙棘林下草本物种多样性环境解释 [J]. 生态学报，38（14）：5132-5140.

叶功富，张尚炬，张立华，等，2013. 不同林龄短枝木麻黄小枝单宁含量及养分再吸收动态 [J]. 生态学报，33（19）：6107-6113.

尤业明，徐佳玉，蔡道雄，等，2016. 广西凭祥不同年龄红椎林林下植物物种多样性及其环境解释 [J]. 生态学报，36（1）：164-172.

张珂，刘国顺，王国峰，等，2016. 高碳基肥对舞阳烟区土壤特性和烟叶品质形成的影响 [J]. 江西农业学报，28（12）：52-56.

张守花，许真，蒋安，等，2020. 硒素对草莓果实抗氧化活性及相关物质含量的影响 [J]. 食品研究与开发，41（14）：62-67.

周晋，2015. 不同林龄茶树林土壤理化性质及茶叶品质变化规律 [J]. 河南农业科学，44（4）：72-76.

周先艳，周东果，朱春华，等，2018. 不同树龄水晶蜜柚果实品质比较分析 [J]. 南方农业学报，49（5）：938-943.

朱圣庚，徐长法，2017. 生物化学 [M]. 4 版. 北京：高等教育出版社.

Aber J D, Magill A, Boone R, et al, 1993. Plant and soil responses to chronic nitrogen additions at the harvard forest, Massachusetts [J]. Ecological Applications A Publication of the Ecological Society of America, 3 (1): 156.

Aerts R, Chapin F S, 2000. The mineral nutrition of wild plants revisited: a re-evaluation of processes and patterns [J]. Advances in Ecological Research, 30: 1-67.

Ail A, Ahmad A, Akhtar K, et al, 2019. Patterns of biomass, carbon, and soil properties in masson pine (*Pinus massoniana* Lamb) plantations with different stand ages and management practices [J]. Forests, 10 (8): 645.

Bai X J, Dippold M A, An S S, et al, 2021. Extracellular enzyme activity and stoichiometry: The effect of soil microbial element limitation during leaf litter decomposition [J]. Ecological Indicators, 121: 107200.

Berg B, Mcclaugherty C, 2003. Plant litter—decomposition, humus formation, carbon sequestratio [M]. New York: Spinger.

Berg B, McClaugherty C, 2020. Plant litter—decomposition, humus formation, carbon sequestration, 4rd ed [M]. Springer-Verlag, Heidelberg, Germany.

Cao J X, Pan H, Chen Z, et al, 2020. Dynamics in stoichiometric traits and carbon, nitrogen, and phosphorus pools across three different-aged *Picea asperata* Mast. plantations on the eastern Tibet Plateau [J]. Forests, 11 (12): 1346.

Cernusak L A, 2020. Gas exchange and water-use efficiency in plant canopies [J]. Plant Biology, 22: 52-67.

Chang Y J, Li N W, Wang W, et al, 2017. Nutrients resorption and stoichiometry characteristics of different-aged plantations of *Larix kaempferi* in the Qingling Mountains, central China [J]. Plos One, 12 (12): 1-15.

Chang Y N, Xu C B, Yang H, et al, 2021. Leaf structural traits vary with plant size in even-aged stands of sapindus mukorossi [J]. Frontiers in Plant Science, 12: 692484.

Chapin F S, Smatson P A, Mooney H A, 2011. Principles of terrestrial ecosystem ecology [M]. New York: Springer: 183-228.

Chapin F S, 1980. The mineral nutrition of wild plants [J]. Annual Review of Ecology and Systematics, 11: 233-260.

Chave J, Coomes D, Jansen S, et al, 2009. Towards a worldwide wood economics, spectrum [J]. Ecology Letter, 12 (4): 351-366.

Costa G, Vizzotto G, 2000. Fruit thinning of peach trees [J]. Plant Growth Regulation, 31 (1-2): 113-119.

de Smedt P, Ottaviani G, Wardell-Johnson G, et al, 2018. Habitat heterogeneity promotes intraspecific trait variability of shrub species in Australian granite inselbergs [J]. Folia Geobotanica, 53: 133-145.

dos Anjos D C, Hernandez F F F, da Costa J M C, et al, 2015. Soil fertility, growth and fruit quality of papaya Tainung, under fertirrigation with potassium [J]. Revista Ciencia Agronomica, 46 (4): 774-785.

Elser J K, Acharya K, Kyle M, et al, 2003. Growth rate-stoichiometry couplings in diverse biota [J]. Ecology Letter, 6 (10): 936-943.

Erickson H E, Helmer E, Brandeis T J, et al, 2014. Controls on fallen leaf chemistry and forest floor element masses in native and novel forests across a tropical island [J]. Ecosphere, 5: 1-28.

Fan Z X, Zhang S B, Hao G Y, et al, 2012. Hydraulic conductivity traits predict growth rates and adult stature of 40 Asian tropical tree species better than wood density [J]. Journal of Ecology, 100 (3): 732-741.

Farooq T H, Li Z W, Yan W D, et al, 2022. Variations in litter fall dynamics, C : N : P stoichiometry and associated nutrient return in pure and mixed stands of camphor tree and masson pine forests [J]. Frontiers in Environmental Science, 10: 903039.

Fu Y M, Zhang X Y, Qi D D, et al, 2021. Changes in leaf litter decomposition of primary Korean pine forests after degradation succession into secondary broad-leaved forests [J]. Ecology and Evolution, 11 (18): 12335-12348.

García-Palacios P, Mckie B G, Handa I T, et al, 2016. The importance of litter traits and decomposers for litter decomposition: a comparison of aquatic and terrestrial ecosystems within and across biomes [J]. Functional Ecology, 30: 819-829.

Ge J, Xie Z, 2017. Leaf litter carbon, nitrogen, and phosphorus stoichiometric patterns as related to climatic factors and leaf habits across Chinese broad-leaved tree species [J]. Plant Ecology, 218: 1063-1076.

Ghimire B, Riley W J, Koven C D, et al, 2017. A global trait-based approach to estimate leaf nitrogen functional allocation from observations [J]. Ecology Applications, 27 (5): 1421-1434.

Giordani E, Ancillotti C, Petrucc W A, et al, 2016. Morphological, nutraceutical and sensorial properties of cultivated *Fragaria vesca* L. berries: influence of genotype, plant age, fertilization treatment on the overall fruit quality [J]. Agricultural and Food Science, 25 (3): 187.

Grassein F, Till-Bottraud I, Lavorel S, 2010. Plant resource-use strategies: the importance of phenotypic plasticity in response to a productivity gradient for two subalpine species [J]. Annals of Botany, 106 (4): 637-645.

Güsewell S, 2004. N : P ratios in terrestrial plants: variation and functional significance [J]. New Phytologist, 164 (2): 243-266.

Hacking M J, Zukswert J M, Drake J E, et al, 2022. Montane temperate-boreal forests retain the leaf Economic spectrum despite intraspecific variability [J]. Frontiers in Forests and Global Change, 4: 754063.

Han W X, Fang J X, Guo D L, et al, 2005. Leaf nitrogen and phosphorus stoichiometry across 753terrestrial plant species in China [J]. New phologist, 168 (2): 377-385.

Hedlund K, 2002. Soil microbial community structure in relation to vegetation management on former agricultural land [J]. Soil Biology & Biochemistry, 34 (9): 1299-1307.

Hinman E D, Fridley J D, Parry D, 2019. Plant defense against generalist herbivores in the forest understory: a phylogenetic comparison of native and invasive species [J]. Biological Invasions, 21: 1269-1281.

Hoffmann W A, Adasme R, Haridasan M, et al, 2009. Tree topkill, not mortality, governs the dynamics of savanna-forest boundaries under frequent fire in central Brazil [J]. Ecology, 90 (50): 1326-1337.

Horvat V, Biurrun I, Garci-Mijangos I, 2017. Herb layer in silver fir-beech forests in the western Pyrenees: does management affect species diversity? [J]. Forest Ecology and Management, 385: 87-96.

Huang X L, Chen J Z, Wang D, et al, 2021. Simulated atmospheric nitrogen deposition inhibited the leaf litter decomposition of *Cinnamomum migao* H. W. Li in Southwest China [J]. Scientific Reports, 11: 1748.

Jafarikouhini N, Kazemeini S A, Sinclair T R, 2020. Sweet corn nitrogen accumulation, leaf photosynthesis rate, and radiation use efficiency under variable nitrogen fertility and irrigation [J]. Field Crops Research, 257: 107913.

Jin Y Y, Wei X K, White J F, et al, 2022. Soil fungal and bacterial communities are altered by the incorporation of leaf litter containing a fungal endophyte [J]. European Journal of Soil Science, 73 (3): e13240.

Kanai S, Moghaieb R E, El-Shemy H A, et al, 2011. Potassium deficiency affects water status and photosynthetic rate of the vegetative sink in green house tomato prior to its effects on source activity [J]. Plant Science, 180: 368-374.

Kerkhoff A J, Fagan W F, Elser J J, et al, 2006. Phylogenetic and growth form variation in the scaling of nitrogen and phosphorus in the seed plants [J]. American Naturalist, 168: 103-122.

Khalid S, Malik A U, Khan A S, et al, 2016. Tree age, fruit size and storage conditions affect levels of ascorbic acid, total phenolic concentrations and total antioxidant activity of 'Kinnow' mandarin juice [J]. Journal of The Science of Food and Agriculture, 96 (4): 1319-1325.

Kowallik V, Greig D, 2016. A systematic forest survey showing an association of *Saccharomyces paradoxus* with oak leaf litter [J]. Environmental Microbiology Reports, 8 (5): 833-841.

Leonardus V, Stefano M, Amilcare P, et al, 2012. Global resorption efficiencies and concentrations of carbon and nutrients in leaves of terrestrial plants [J]. Ecological Monographs, 82 (2): 205-220.

Leonhardt S, Hoppe B, Stengel E, et al, 2019. Molecular fungal community and its decomposition activity in sapwood and heartwood of 13 temperate European tree species [J]. Plos One, 14 (2): e0212120.

Li Q, Hou J H, He N P, et al, 2021. Changes in leaf stomatal traits of different aged temperate forest stands [J]. Journal of Forestry Research, 32: 927-936.

Li T, Zhang Z H, Sun J K, et al, 2022. Seasonal variation characteristics of C, N, and P stoichiometry and water use efficiency of messerschmidia sibirica and its relationship with soil nutrients [J]. Frontiers in Ecology and Evolution, 10: 948682.

Lu S B, Zhang X L, Liang P, 2016. Influence of drip irrigation by reclaimed water on the dynamic change of the nitrogen element in soil and tomato yield and quality [J]. Journal of Cleaner Production, 139: 561-566.

Martin J G, Kloeppel B D, Schaefer T L, et al, 1998. Aboveground biomass and nitrogen allocation of ten deciduous southern Appalachian tree species [J]. Canadian Journal Forest Research, 28: 1648-1659.

Meena N K, Asrey R, 2018. Tree age affects physicochemical, functional quality and storability of Amrapali mango (*Mangifera indica* L.) fruits [J]. Journal of the Science of the Food and Agriculture, 98 (9): 3255-3262.

Minden V, Venterink H O, 2019. Plant traits and species interactions along gradients of N, P and K availabilities [J]. Functional Ecology, 33: 1611-1626.

Oelmann Y, Wilcke W, Temperton V M, et al, 2007. Soil and plant nitrogen pools as related to plant diversity in an experimental grassland [J]. Soil Science Society of America Journal, 71 (3): 720-729.

Pang Y, Tian J, Lv X Y, et al, 2022. Contrasting dynamics and factor controls in leaf compared with different-diameter fine root litter decomposition in secondary forests in the Qinling Mountains after 5 years of whole-tree harvesting [J]. Science of The Total Environment, 838: 156194.

Panico S C, Esposito F, Memoli V, et al, 2020. Variations of agricultural soil quality during the growth stages of sorghum and sunflower [J]. Appiled Soil Ecology, 152: 103569.

Pastorelli R, Costagli V, Forte C, et al, 2021. Litter decomposition: little evidence of the "home-field advantage" in a mountain forest in Italy [J]. Soil Biology and Biochemistry, 159: 108300.

Pei Z Q, Leppert K N, Eichenberg D, et al, 2017. Leaf litter diversity alters microbial activity, microbial abundances, and nutrient cycling in a subtropical forest ecosystem [J]. Biogeochemistry, 134: 163-181.

Piotto D, Magnago L F S, Montagnini F, et al, 2021. Nearby mature forest distance and regenerating forest age influence tree species composition in the Atlantic forest of Southern Bahia, Brazil [J]. Biodiversity and Conservation, 30 (7): 2165-2180.

Poorter H, Niinemets U, Poorter L, et al, 2009. Causes and consequences of variation in leaf mass per area (LMA): A meta-analysis [J]. New Phytologist, 182: 565-588.

Pradisty N A, Amir A A, Zimmer M, 2021. Plant species- and stage-specific differences in microbial decay of mangrove leaf litter: the older the better? [J]. Oecologia, 195 (4): 843-858.

Prieto I, Almagro M, Bastida F, et al, 2019. Altered leaf litter quality exacerbates the negative impact of climate change on decomposition [J]. Journal of Ecology, 107: 2364-2382.

Puglielli G, Varone L, 2018. Inherent variation of functional traits in winter and summer leaves of Mediterranean seasonal dimorphic species: evidence of a 'within leaf cohort' spectrum [J]. AOB Plant, 10 (3): ply027.

Purahong W, Wubet T, Lentendu G, et al, 2016. Life in leaf litter: novel insights into community dynamics of and fungi during litter decomposition [J]. Molecular Ecology, 25 (16): 4059-4074.

Ratnam J, Gleason S, Chang Y, et al, 2011. When is a 'forest' asavanna, and why does it matter? [J]. Global Ecology and Biogeography, 20 (5): 653-660.

Rawlik M, Kasprowicza M, Jagodzinski A M, 2018. Differentiation of herb layer vascular flora in reclaimed areas depends on the species composition of forest stands [J]. Forest and Management, 409: 541-551.

Reich P B, 2014. The world-wide 'fast-slow' plant economics spectrum: a traits manifesto [J]. Journal of Ecology, 102 (2): 275-301.

Ryan M G, 1991. Effects of climate change on plant respiration [J]. Ecological Applications, 1 (2): 157-167.

Sanchez-Galindo L M, Sandmann D, Marian F, et al, 2021. Leaf litter identity rather than diversity shapes microbial functions and microarthropod abundance in tropical montane rainforests [J]. Ecology and Evolution, 11 (5): 2360-2374.

Schlesinger W H, Andrews J A, 2000. Soil respiration and the global carbon cycle [J]. Biogeochem, 48 (1): 7-20.

Schmidt S B, Persson D P, Powikrowska M, et al, 2015. Metal binding in photosystem II super-and subcomplexes from barley thylakoids [J]. Plant Physiol, 168 (4): 1490-1502.

Seidel F, Llc M, Bonifacio E, et al, 2022. Seasonal phosphorus and nitrogen cycling in four Japanese cool-temperate forest species [J]. Plant and Soil, 472 (1-2): 391-406.

Shintani D, Dellapenna D, 1998. Elevating the Vitamin E content of plants through metabolic engineering [J]. Science, 282: 2098-2100.

Sitzia T, Trentanovi G, Dainese M, et al, 2012. Stand structure and plant species diversity in managed and abandoned silver fir mature woodlands [J]. Forest Ecology and Management, 270: 232-238.

Snijder B, Penter M G, Mathumbu J M, et al, 2002. Further refinement of 'Pinkerton' export parameters [J]. South African Avocado Growers Association Yearbook, 25: 50-53.

Steppe K, Niinemets Ü, Teskey R O, 2011. Tree size-and age-related changes in leaf physiology and their influence on carbon gain [J]. Size-and age-related changes in tree structure and function, 4: 235-253.

Su X P, Li S J, Wan X H, et al, 2021. Understory vegetation dynamics of Chinese fir plantations and natural secondary forests in subtropical China [J]. Forest Ecology and Management, 483: 118750.

Subedi S C, Ross M S, Sah J P, et al, 2019. Trait-based community assembly pattern along a forest succession gradient in a seasonally dry tropical forest [J]. Ecosphere, 10 (4): e02719.

Sun H, Wang Q, Liu N, et al, 2017. Effects of different leaf litters on the physicochemical properties and bacterial communities in Panax ginseng-growing soil [J]. Applied Soil Ecology, 111: 17-24.

Sun S Q, Weng Y T, Di X Y, et al, 2020. Screening of cellulose-degrading fungi in forest litter and fungal effects on litter decomposition [J]. Bioresources, 15 (2): 2937-2946.

Tang D T, Peng G Q, Zhang S, 2019. Age-related variations of needles and twigs in nutrient, nonstructural carbon and isotope composition along altitudinal gradients [J]. Journal of Mountain Science, 16

(7)：1546-1558.

Tennakoon D S, Kuo C H, Purahong W, et al, 2022. Fungal community succession on decomposing leaf litter across five phylogenetically related tree species in a subtropical forest [J]. Fungal Diversity, 115: 73-103.

Tian D, Du E, Jiang L, et al, 2018. Responses of forest ecosystems to increasing N deposition in China: a critical review [J]. Environmental Pollution, 243: 75-86.

Urbina I, Grau O, Sardans J, et al, 2021. High foliar K and P resorption efficiencies in old-growth tropical forests growing on nutrient-poor soils [J]. Ecology and Evolution, 11 (13): 8969-8982.

van Soest P J, 1963. The use of detergents in the analysis of fibrous feeds: Ⅱ. A rapid method for the determination of fiber and lignin [J]. Official Agriculture Chemistry, 416: 829.

Vrede T, Dobberfuhl D R, Kooijman S A L M, et al, 2004. Fundamental connections among organism C∶N∶P stoichiometry, macromolecular composition, and growth [J]. Ecology, 85: 1217-1229.

Wang L L, Zhao G X, Li M, et al, 2015. C∶N∶P stoichiometry and leaf traits of halophytes in an arid saline environment, Northwest China [J]. Plos One, 10 (3): e0119935.

Wang X, Fang J, Tang Z, et al, 2006. Climatic control of primary forest structure and DBH-height allometry in Northeast China [J]. ForestEcology and Management, 234 (1-3): 264-274.

Westoby M, Wright I J, 2003. The leaf size-twig size spectrum and its relationship to other important spectra of variation among species [J]. Oecologia, 135 (4): 621-628.

Wilson P J, Thompson K, Hodgson J G, 1999. Specific leaf area and leaf dry matter content as alternative predictors of plant strategies [J]. New Phytologist, 143 (1): 155-162.

Wilson S M, Pyatt D G, Ray D, et al, 2005. Indices of soil nitrogen availability for an ecological site classification of British forests [J]. Forest Ecology and Management, 220 (1/2/3): 51-65.

Windt C W, Nabel M, Kochs J, et al, 2021. A mobile NMR sensor and relaxometric method to non-destructively monitor water and dry matter content in plants [J]. Frontiers in Plant Science, 12: 617768.

Wright I J, Reich P B, Westoby M, et al, 2004. The world-wide leaf economics spectrum [J]. Nature, 428: 821-827.

Wu P L, Tscharntke T, Westphal C, et al, 2021. Bee abundance and soil nitrogen availability inter actively modulate apple quality and quantity in intensive agricultural landscapes of China [J]. Agriculture Ecosystems & Environment, 35: 107168.

Wu Y, Liu Q, He H, et al, 2004. Dynamics of species diversity in artificial restoration process of subalpine coniferous forests [J]. Chinese Journal of Applied Ecology, 15 (8): 1301-1306.

Xia Q, Chen L, Xiang W H, et al, 2021. Increase of soil nitrogen availability and recycling with stand age of Chinese-fir plantations [J]. Forest Ecology and Management, 480: 118643.

Xu T R, Wu X C, Tian Y H, et al, 2021. Soil property plays a vital role in vegetation drought recovery in karst region of Southwest China [J]. Journal of Geophysical Research-Biogeosciences, 126 (12): e2021JG006544.

Yao F, Chen Y, Yan Z, et al, 2015. Biogeographic patterns of structural traits and C∶N∶P stoichiometry of tree twigs in China's forests [J]. Plos One, 10 (2): e0116391.

You Y, Wang J, Huang X, et al, 2014. Relating microbial community structure to functioning in forest soil organic carbon transformation and turnover [J]. Ecology and Evolution, 4 (5): 633-647.

Yu Y H, Song Y P, Zhong X P, et al, 2021. Growth decline mechanism of *Zanthoxylum planispinum* var. *dintanensis* in the canyon area of Guizhou Karst Plateau [J]. Agronomy Journal, 113 (2): 852-862.

Zhang K Y, Yang D, Zhang Y B, et al, 2021. Differentiation in stem and leaf traits among sympatric lianas, scandent shrubs and trees in a subalpine cold temperate forest [J]. Tree Physiology, 41 (11):

1992-2003.

Zhang T A, Luo Y Q, Chen H Y H, et al, 2018. Responses of litter decomposition and nutrient release to N addition: a meta-analysis of terrestrial ecosystems [J]. Applied Soil Ecology, 128: 35-42.

Zhu J Y, Cao Y J, He W J, et al, 2021. Leaf functional traits differentiation in relation to covering materials of urban tree pits [J]. BMC Plant Biology, 21 (1): 556.

5 顶坛花椒与九叶青花椒功能性状对比

　　幼苗是植物生活史中较为脆弱的阶段，对环境变化非常敏感（王雪梅等，2020），其适应环境因子的变化过程具有可塑性（Elberse et al.，2003），因而幼苗期成为判断植物适应策略的关键生育期。阐明幼苗的生存策略，能够为种质资源规划和利用奠定基础。学者们对幼苗功能性状开展了诸多研究，取得了丰富成果。一是幼苗功能性状指标的生态学暗示，研究表明功能性状能够揭示幼苗生长策略（祁鲁玉等，2022），指示抗旱敏感性的潜力较大（Ahmed et al.，2019），这些性状可能与成年植株还存在差异（Harrison and Laforgia，2019）。二是影响功能性状变异的环境因子，徐睿等（2022）研究表明不同地理种源间杉木根系功能性状较叶片更稳定；不同植物幼苗生长、生物量分配和形态对光环境的响应存在差异，并据此开展植物类群划分（Toledo-Aceves et al.，2017）；研究亦表明，同一类群的幼苗性状受到海拔等环境因子影响（Alan and Ezen，2018）；并且性状的这些变异具有各自的生物学尺度效应（Umana et al.，2018），尺度分异规律明显。三是性状的调控及应用，譬如油菜素甾醇和赤霉素对玉米幼苗性状具有控制效应（Hu et al.，2017），这与内源激素的诱导功能紧密关联；通过调控幼苗根系功能性状，能够为种质改良和品质优化奠定基础（Ju et al.，2018）；不同根系性状对磷素利用产生影响（Nahar et al.，2022），这为优异性状筛选奠定了理论依据。

　　顶坛花椒是贵州喀斯特干热河谷地区特有的乡土植物，是当地生态产业发展的优选树种，已有 30 余年栽培历史，成了区域生态建设和经济发展的支柱产业。九叶青花椒是川渝地区主要的青花椒品种，在荣获"中国花椒之乡"的重庆市江津区，栽培面积较大，贵州干热河谷地区亦有引种，目前林龄多为 3～5 年，生长与适应性状仍待继续观测。研究两种花椒的幼苗功能性状，能够探明九叶青花椒幼苗在干热河谷地区的生长策略，为引种、生态恢复、种质资源利用等提供理论依据。但是，未见顶坛花椒和九叶青花椒苗期和初始挂果期适应营养匮乏生境功能性状的公开报道，限制了科学引种、种质资源区划等理论的深化，不利于良种推广应用和苗木标准制定。

5.1 研究方法

5.1.1 样地设置

自 2018 年以来，陆续从重庆江津引进九叶青花椒品种，生态型表现为湿热型，但其在抗性、品质等表型方面均较顶坛花椒差，对干热型气候的适应能力偏弱，本章主要研究生态型为湿热型的九叶青花椒在干热河谷地区的适应性表现。截至 2022 年，九叶青花椒多处于苗期阶段和初始挂果期阶段，以此来开展两者性状比较。顶坛花椒与九叶青花椒苗期功能性状分别设置 3 个 10m×10m 的样方，九叶青花椒初始挂果期（4 年生）同样设置 3 个 10m×10m 的样方，顶坛花椒的初始挂果期林龄为 5~7 年，样方设置见表 5-1。

表 5-1　苗期样地概况

品种	海拔/m	经度	纬度	苗龄/月	苗高/m	昆虫啃食率
顶坛花椒	620	105°41′30.17″E	35°39′49.35″N	8	0.6	较少
九叶青花椒	620	105°41′30.17″E	35°39′49.35″N	8	0.5	较多

5.1.2 样品采集与处理

（1）苗期采样　于 2022 年 6 月中旬的幼苗旺盛生长时期，在顶坛花椒和九叶青花椒育苗环境近似的基地内，随机选取苗高在 30~40cm，肉眼观察叶片表面无明显病害和虫害痕迹的实生苗 20 株。所有幼苗均取自苗圃地，于 2021 年 10 月播种，苗期采取间苗抚育措施，未移栽，使幼苗生长环境一致。顶坛花椒种子为本地采种，九叶青花椒种子来自重庆市江津区，均采自成年母树。选择品种纯正、生长健壮、结果较多、果实饱满、丰产稳产、无病虫害的盛果树作为母树。采摘的种子在阳光下晒干，及时脱壳后播种，防止种子因发热而损坏。将每个样方的 20 株幼苗叶片和根系全部收集（此次采样仅收集一级分支，由于二级分支根系尚未生长完全，仍将其保留在一级分支上），用自来水洗净后，再用纯净水润洗 3 次。

（2）初始挂果期叶片采集　同 4.1.1 部分。

5.1.3 测试指标与方法

（1）幼苗功能性状测定　每个样方内以样方为尺度，从所有植株中各选取较为一致的 10 枚叶片和 10 条根系，编号记录后，立即测量叶片厚度、面积、鲜重、饱和鲜重（充分持水 12h）和根系直径、长度、鲜重，以防失水对测试结果的影响；其中，根系性状需测定主根上的每条一级分支根系，由于喀斯特地区植物根系发育受到地下裂隙的影响较大，此次研究未能测量到总根系。之后，将所有样品放入 65℃ 干燥箱中烘干至恒质量，称量干重。其中，叶片厚度和根系直径采用游标卡尺测量，叶片面积采用 Delta-T 叶面积仪（Cambridge，UK）测定，根系长度采用卷尺测量，使用分析天平称重。将剩余的所有叶片和根系鲜样，按照同样方法制备为干样，与先前烘干的样品充分混匀，粉碎磨细过 0.25mm 筛，用于化学元素和稳定同位素值分析。植物碳、氮及其稳定同位素采用元素分析仪-稳定同位素质谱仪测定，稳定碳同位素记为 $\delta^{13}C$，稳定氮同位素记为 $\delta^{15}N$；磷、钾、钙分别采用高氯酸-硫酸消煮-钼锑抗比色-紫外分光光度法、火焰分光光度计法、ICP-OES 法测定，化学计量比值为元素质量比，再通过计算获取以下参数，叶干物质含量、比叶面积的计算同 4.1.2 部分：

$$比根长 = 根长/根干重 \tag{5-1}$$

（2）初始挂果期功能性状测定 同 "4.1.2 测试指标与方法" 之 "叶片功能性状测定"。

5.1.4 统计分析

检验两个花椒品种功能性状间是否存在显著差异、找出各主要性状之间的关联特征（同 4.1.3 统计分析），使用主成分分析方法（principal component analysis，PCA），从多个功能性状指标中筛选出主要的性状。分别计算种内和种间的敏感性指标，为各自最大值与最小值之差再除以最小值（以某性状所有值的最大、最小值计算种间敏感性），根据其值大小判断响应的敏感或滞后程度。

5.2 幼苗叶片功能性状对比

5.2.1 幼苗叶片结构性状

顶坛花椒叶片厚度、比叶面积均显著高于九叶青花椒（$P < 0.05$），暗示顶坛花椒具有更强的资源利用、保存和抵御病害能力。叶片干物质含量以九叶青花椒为高，但二者未达到显著性差异（图 5-1）。

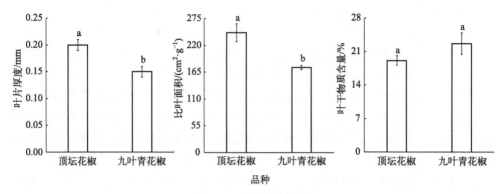

图 5-1　叶片结构性状

不同小写字母表示在 $P<0.05$ 水平差异显著，具有相同字母表示在 $P>0.05$ 水平差异不显著。下同

5.2.2　幼苗叶片养分性状及化学计量

顶坛花椒叶片中碳、氮、磷、钾、钙的含量在数值上，总体以顶坛花椒为高，但均未呈显著差异，说明它们对养分的调蓄能力相近。同时，碳/氮、碳/磷与氮/磷均未出现显著差异，印证了它们调节叶片养分平衡的效应较为一致（图 5-2）。

5.2.3　幼苗叶片生理性状

顶坛花椒和九叶青花椒的叶片 $\delta^{13}C$ 值分别为 $-31.53‰$、$-31.33‰$，未呈显著差异，且变异均较小，表明二者的长期水分利用效率无显著不同；$\delta^{15}N$ 值则以顶坛花椒为高，是九叶青花椒的 2.43 倍，表明顶坛花椒叶片中某些挥发性物质被释放了出来，产生较强的分馏效应（图 5-3）。

5.3　幼苗根系功能性状对比

5.3.1　幼苗根系结构性状

顶坛花椒的根系直径显著低于九叶青花椒，且变幅更小，但长度亦较短（差异不显著），暗示顶坛花椒可能通过细根策略获取小生境空间中的可利用养分。两个品种的比根长未见显著差异，但顶坛花椒表现出更小的变异性，表明乡土树种顶坛花椒可能具有更为稳定的抵御逆境能力（图 5-4）。

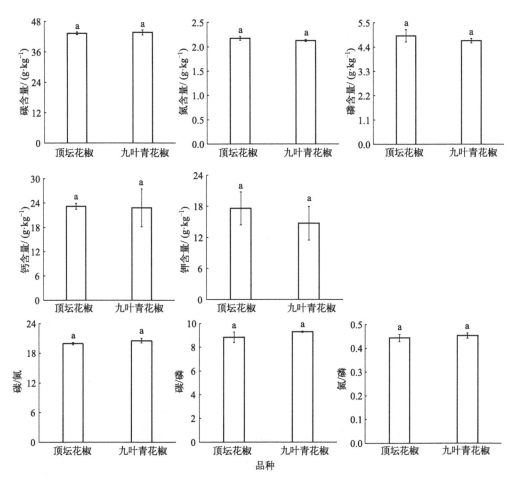

图 5-2 养分性状及化学计量

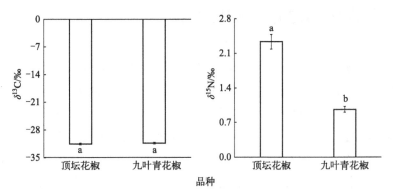

图 5-3 叶片生理性状

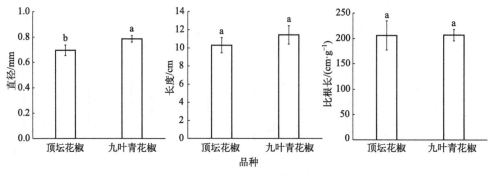

图 5-4　根系结构性状

5.3.2　幼苗根系养分性状及化学性状

两个花椒品种的根系碳、氮、磷含量及其计量比，以及钾含量均未见显著差异，表明顶坛花椒和九叶青花椒对大量元素的保有和养分计量平衡调节能力较为近似。但钙含量以九叶青花椒为高，暗示顶坛花椒可能存在对高钙环境中钙吸收的调节机制（图 5-5）。

5.3.3　幼苗根系生理性状

两个花椒品种的根系 δ^{13}C 未现显著差异（图 5-6），结合直径和根长，表明九叶青花椒可能通过增加根系长度来抵消粗根的劣势，获取较大的比表面积和生理活性，以提高呼吸速率。同样，δ^{15}N 亦无显著差异，暗示两个品种花椒根系次生代谢物质的挥发规律较为一致。

5.4　苗期生态适应策略的差异

叶片厚度与叶干物质含量等性状会影响植物的纤维素含量和适口性（Poorter et al.，2009），并影响植食性动物的消化，是重要的防御性状。结合采样时的现场调查，九叶青花椒叶片虫食率约 60%，高于顶坛花椒的 30% 左右，推测顶坛花椒可能凭借更厚的叶片，并挥发一些对植食性动物有害的代谢物质（Wetzel et al.，2016），达到防御虫害的目的。究其原因，顶坛花椒是乡土树种，属干热生态型，已经形成较为稳定的适应机制，对该区常见病害的防御能力更强；而九叶青花椒为外来种，属湿热生态型，其防御机制尚未完全形成，较小的叶片和偏高的营养成分使动物对其更具偏好性。研究印证了植物功能性状与抵抗病虫害能力具有密切关联

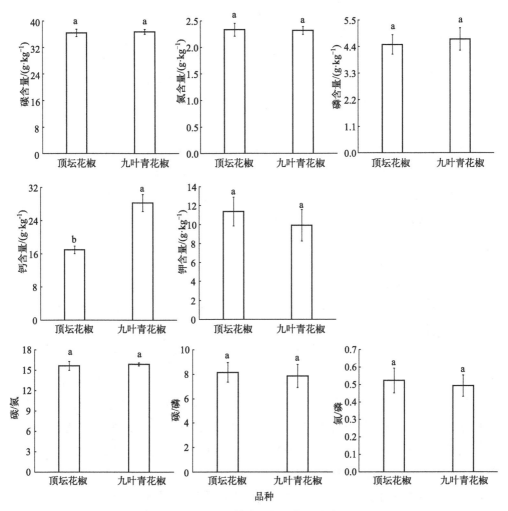

图 5-5　根系养分性状及化学性状

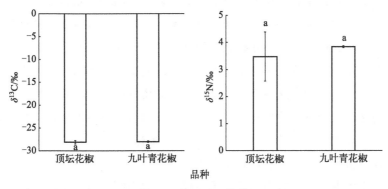

图 5-6　根系生理性状

（骆杨青等，2017），未来可结合叶片质地、营养元素、代谢物质等，探明其抵御虫害的能力，具有较强的实践价值。

叶片 δ^{13}C 与长期水分利用效率呈正相关（Farquhar et al.，1982；Li et al.，2022）。两个品种花椒幼苗叶片未见显著差异，表示它们的长期水分利用效率无显著变化，这与两种花椒的生态型习性不完全相符。分析原因如下：一是研究区 2022 年上半年的降水较为充沛，高于历史同期水平，土壤未发生水分亏缺，苗圃地甚至采取了排水措施，以防水淹，因而水分不是影响幼苗生长的主导因子和限制因素。二是两个品种均为青花椒系列，有共同的地理起源，在后期环境选择过程中，虽然形成了性状差异，但其水分利用能力受遗传控制且稳定性较高，也与生态型受气候控制有关。今后有必要研究遗传和生境（土壤水分、光照等）对不同品种花椒水分利用能力的解释率。此外，两个品种花椒的叶片养分元素性状亦未现差异，表明它们在养分保有能力方面具有相似性。

植物次生代谢物质具有发挥化感效应、作为药物成分、辅助信号传导、进行生态适应等诸多功能（Shi and Shao，2022；Mungan et al.，2022），使其在植物生长和生理中的作用变得较为复杂。本章结果暗示，顶坛花椒幼苗叶片中有更多挥发性物质被释放出来（王厚领等，2020），使其 δ^{15}N 分馏发生效应变化。分析原因可能为：叶绿素降解触发生理过程发生一系列变化，成为提供能量的方式（Keskitalo et al.，2005）；也可能是顶坛花椒在长期适应环境的过程中，形成了一套特殊的防御体系和适应机制（Hu et al.，2022）。在生产实践中，种植主体也将叶片风味作为花椒种源筛选的简易指标。但是，叶片性状和品质性状之间存在何种关联，具体机制尚不完全清楚，需要进一步研究。

植物根系性状能够表征植物个体应对异质环境的策略（Carmona et al.，2021）。根系越细，暗示吸收养分能力可能更强。已有研究表明，从养分富余到亏缺环境，根尖会进化得越来越窄，以高效利用养分（Carmona et al.，2021）。根据研究结果推断，顶坛花椒更倾向于通过细根策略获取小生境空间中的可用养分，且在长期适应生境的过程中，进化成较为稳定的性状。相较顶坛花椒，九叶青花椒可能通过增加根系长度来弥补表面积小的缺陷，以获取养分和水分。未来需要测定根尖微区形态和直径，明晰这些根系性状与养分利用的关系。根系结构性状中，两个花椒品种的比根长未见显著变化，这是由于苗圃地自然环境近似，土壤资源有效性的差异较小，导致环境的选择压力相似。根系保有养分能力也多表现为差异不显著，推测也与苗圃地生境异质性较小有关。

喀斯特土壤由于对母岩中钙的继承性较强，因而钙含量丰富，植物形成了适应高钙环境的特定机制（Ma et al.，2018）。钙作为重要的生源要素，同时兼具营养和信号传导功能，是关键的养分元素和信使物质（Meng et al.，2021）。顶坛花椒作为嗜钙植物，形成了特定的钙依赖机制。该节结果表明，九叶青花椒根系钙含量显著高于顶坛花椒，推测原因有：顶坛花椒对钙含量波动具有更强的缓冲能力，以维持钙离子在一个合适的区间；此外，顶坛花椒根系中钙含量可能还受限于土壤钙组分的类型与数量变化，也可能与碳、氮等元素存在协同吸收关系，推测表明顶坛花椒存在通过调节钙素而影响其他元素分配的机制。但是，相关机理尚不完全清楚。而九叶青花椒作为外来种，其引种适宜性还需要论证。

结合两个花椒品种的根系 $\delta^{13}C$ 值，暗示二者的根系呼吸速率和活性差异较小（Poovaiah and Reddy，1993），这可能是受天气影响，根系长期处于水分饱和土壤中，土壤含水状况影响了根系呼吸强度和速率。同时，根系的 $\delta^{13}C$ 值均较叶片偏高，同刁浩宇等（2019）的研究结果一致，这与高 $\delta^{13}C$ 物质从叶片输送至根系的路径有关（Hobbie and Werner，2004），也受到蔗糖等物质在合成过程中的分馏效应等影响。此外，从根系 $\delta^{15}N$ 值揭示的信息来看，根系与叶片的代谢物质释放差异较大，表明两种花椒地下和地上部分的生理功能存在一定差异，可能是各自的代谢物质发挥着不同的效应，这对于构建其防御外界侵害的体系具有现实价值。今后有必要借助同位素手段研究根系呼吸、活力等功能，并探讨与叶片、枝条、树皮、土壤等的内在关联。

5.5 苗期主要功能性状筛选与分析

5.5.1 主要功能性状筛选

按照特征值＞1 和累计贡献率＞90％的原则，将功能性状抽取为 5 个主成分；再依据载荷值＞0.80 的标准，提取出影响较大的 14 个因子。其中，叶片功能性状包括比叶面积、叶片厚度、叶干物质含量、叶碳、叶氮、叶磷、叶钾、叶 $\delta^{13}C$ 值、叶 $\delta^{15}N$ 值，共计 9 个指标；根系功能性状包括比根长、根磷、根钙、根 $\delta^{13}C$ 值、根 $\delta^{15}N$ 值，共计 5 个指标。结果表明叶片功能性状起着更强的支配作用，尤其是叶片结构性状和生理性状的决定作用较大（表 5-2）。

表 5-2　植物功能性状的主成分分析

因子	主成分 1	主成分 2	主成分 3	主成分 4	主成分 5
比叶面积	**−0.963**	−0.018	−0.214	0.058	0.154
叶 $\delta^{15}N$	**−0.923**	0.320	−0.077	−0.057	0.189
叶干物质含量	**0.911**	0.054	−0.016	0.302	0.274

因子	主成分 1	主成分 2	主成分 3	主成分 4	主成分 5
叶片厚度	**−0.852**	0.483	−0.200	0.007	0.021
根直径	0.766	−0.472	0.034	−0.430	0.057
根长	0.694	0.042	0.414	0.376	0.452
比根长	0.250	**0.965**	0.039	0.025	−0.061
根 $\delta^{15}N$	0.151	**−0.891**	−0.388	−0.176	−0.048
叶钾	−0.288	**0.867**	−0.311	0.086	−0.248
叶氮	−0.463	**0.860**	−0.108	0.159	0.095
叶磷	−0.430	**0.838**	0.221	−0.181	−0.174
根磷	0.243	0.182	**0.941**	−0.148	0.026
叶 $\delta^{13}C$	0.364	−0.191	**0.896**	0.207	−0.118
根钙	0.398	−0.211	**0.874**	0.029	−0.178
根钾	−0.539	0.221	0.797	0.111	0.114
根氮	0.008	−0.304	−0.777	−0.342	0.432
根碳	0.431	0.391	−0.571	−0.507	0.278
根 $\delta^{13}C$	0.200	0.118	0.166	**0.955**	−0.085
叶碳	0.141	0.307	0.188	0.194	**−0.902**
叶钙	0.221	0.340	−0.506	0.477	0.594
特征值	5.909	5.086	4.910	2.149	1.946
累计贡献率/%	29.546	54.974	79.525	90.272	100

注：加粗的数字为高载荷值。

5.5.2 主要功能性状变化的灵敏性

灵敏性可表征不同功能性状对变量响应的灵敏性或迟钝性，灵敏性高则抗干扰能力低，反之抗干扰能力则高。14 个主要功能性状中，种内和种间灵敏性均较高的功能性状有叶钾和根磷，说明它们更倾向于环境选择；叶碳、叶氮、叶磷在种内和种间的灵敏性变化均较低，暗示其遗传性更趋于稳定，对生境变化的响应较为滞后。叶 $\delta^{15}N$、比叶面积、根钙在种内和种间的灵敏性差异较大，表明受品种的影响较大（表 5-3）。

表 5-3 主要植物功能性状变化的敏感性分析

功能性状	顶坛花椒	九叶青花椒	种间
叶片厚度	0.11	0.14	0.50
比叶面积	0.15	0.05	0.56
叶干物质含量	0.11	0.21	0.33
叶碳	0.03	0.04	0.04
叶氮	0.03	0.02	0.04
叶磷	0.12	0.05	0.13

功能性状	顶坛花椒	九叶青花椒	种间
叶钾	0.44	0.53	0.70
叶 δ^{13}C	0.01	0.01	0.01
叶 δ^{15}N	0.13	0.12	1.78
比根长	0.32	0.11	0.32
根磷	0.19	0.21	0.25
根钙	0.08	0.11	0.82
根 δ^{13}C	0.02	0.01	0.02
根 δ^{15}N	0.50	0.02	0.50

5.5.3 主要功能性状之间的相关性

据表5-4，叶 δ^{15}N 与叶片厚度、比叶面积，叶 δ^{13}C 与根钙呈极显著的促进作用；叶氮与叶片厚度、叶磷、叶钾，比叶面积与叶片厚度，根磷与叶 δ^{13}C 值、根钙均呈显著的增强效应，根 δ^{15}N 与叶氮、叶磷、比根长均呈显著的反向关系。

表5-4　主要功能性状之间的相关性分析

指标	叶片厚度	比叶面积	叶氮	叶磷	叶 δ^{13}C	比根长	根磷
比叶面积	0.857*						
叶氮	0.835*	−0.332					
叶磷	0.722	0.459	0.851*				
叶钾	0.721	0.335	0.903*	0.809			
叶 δ^{13}C	−0.534	0.285	−0.322	−0.052			
叶 δ^{15}N	0.961**	0.932**	0.720	0.626	−0.469		
比根长	0.244	−0.278	0.708	0.716	0.051		
根磷	−0.307	−0.426	−0.079	0.278	0.881*	0.268	
根钙	−0.619	−0.596	−0.472	−0.129	0.974**	−0.058	0.872*
根 δ^{15}N	−0.484	−0.044	−0.827*	−0.857*	−0.242	−0.838*	−0.466

注：* 和 ** 分别表示在 $P<0.05$ 和 $P<0.01$ 水平显著相关。

叶片厚度、比叶面积均与其 δ^{15}N 呈极显著正相关关系，原因是这两个结构性状都影响植物捕光和养分利用等能力，能够对元素含量和气候变化等做出响应（Huang et al.，2021），调节热量和水分（Xu et al.，2022），进一步影响叶片光合、呼吸等生理过程，并作用于氮的利用和分馏，因此表现出较强的协同关系。这在一定程度上说明，叶片厚度等易于观测的表型性状，可以成为指导生产实践的简易性状指标。该节结果还表明，根系钙含量与叶片 δ^{13}C 值之间表现为极显著增强效应，究其原因，是喀斯特区环境背景中丰富的钙元素，介导了生态作用和资源利用过程，制约着生态系统的稳定性和异质性；根系钙含量作为植物钙转运的起点，对物质合成、次生代谢等具有营养和信使功能（Poovaiah and Redd.，1993），进而对元素分馏效应产生协同作用。

叶片氮与其磷、钾之间呈显著促进作用，氮和磷是生物体蛋白质和遗传物质的基本组成元素，均属于限制性元素，二者之间相互促进，在生长和生理活动中具有同向效应。钾是光合作用和渗透物质调节的重要元素，与合成机体的氮元素之间存在相互增益的协同作用；但是，磷与钾之间未见显著关系，可能与元素的营养与信使功能权衡、协同特征有关。根系磷与钙表现出协同效应，究其原因，是钙和磷通过沉淀、吸附、固定以及微生物吸收等，转化为闭蓄形态的难溶性磷（林婉奇等，2019），且喀斯特地区钙含量较铁、铝更为丰富，促使钙磷反应成为主要的化学反应。但是，叶片中并没有表现出类似规律，这与叶片存在养分重吸收，元素在植物与环境之间的距离缩短有关（Zhang et al.，2014），也受到不同元素转移速率差异性的影响。根系 $\delta^{15}N$ 与叶氮、叶磷表现为显著反向效应，可能是根系呼吸、代谢等生理活动影响氮、磷循环的微生物和胞外酶活性，但对根系自身氮、磷含量无显著影响，具体原因还需深入分析。

5.6 初始挂果期适应策略差异

由表 5-5 可知，顶坛花椒叶片厚度、叶干物质含量分别为 0.36mm、32.40%，显著低于九叶青花椒，而比叶面积为 87.99cm^2·g^{-1}，显著低于九叶青花椒，表明顶坛花椒具有更强的资源保存和抵御病害的能力。叶组织密度、碳、磷及其化学计量特征在两个品种间均无显著差异。顶坛花椒的叶氮含量为 23.70g·kg^{-1}，显著低于九叶青花椒。顶坛花椒的叶片含水率显著低于九叶青花椒，暗示顶坛花椒水分利用率及其光合速率更高。对两个不同品种的花椒分析表明，两者在叶片厚度、叶干物质含量、比叶面积、叶片含水率、叶氮之间具有显著的差异，说明两个品种的花椒虽然生长在非常近似的生境中，但是以不同的方式适应相似的生境条件，顶坛花椒在营养匮乏的生境中对资源利用效率更高，对逆境的防御能力更强。

表 5-5　顶坛花椒与九叶青花椒叶片功能性状

花椒品种	叶片厚度 /mm	叶干物质含量 /%	比叶面积 /(cm^2·g^{-1})	叶片含水率 /%	叶组织密度 /(g·cm^{-3})
顶坛花椒	0.36±0.03a	32.40±2.33a	87.99±10.02b	64.59±2.28b	0.04±0.01a
九叶青花椒	0.21±0.06b	26.39±1.43b	139.99±8.15a	70.82±1.85a	0.03±0.01a
花椒品种	叶碳/(g·kg^{-1})	叶氮/(g·kg^{-1})	叶磷/(g·kg^{-1})	$\delta^{15}N$/‰	$\delta^{13}C$/‰
顶坛花椒	419.00±18.38a	23.70±0.57b	1.64±0.35a	0.86±0.01b	−28.32±0.30a
九叶青花椒	438.65±6.36a	27.98±0.15a	2.24±0.24a	1.99±0.11a	−29.00±0.30a

花椒品种	碳/氮	碳/磷	氮/磷		
顶坛花椒	17.70±1.20a	263.38±67.05a	14.79±2.79a		
九叶青花椒	15.58±0.13a	294.74±26.62a	13.14±1.61a		

叶片厚度、叶干物质含量是与保护、防御相关的功能性状，本章顶坛花椒的叶片厚度和叶干物质含量均大于九叶青花椒，这可能是因为在初始挂果期，顶坛花椒将更多的生物量用于机械支撑结构和微管结构，使其具有较高的叶片厚度和叶干物质含量，以此增加叶片水分的扩散阻力，减少植株内部水分散失，提高资源利用程度，同时有利于增强对环境胁迫的防御能力（何斌等，2020）。在营养匮乏生境中，比叶面积一般较小，研究表明顶坛花椒的比叶面积显著小于九叶青花椒，比叶面积高的物种生长速率高而养分利用率低，抵御不良环境的能力弱；比叶面积低的物种能更好地适应资源贫瘠、高温干旱的不良环境，蒸腾作用较弱，顶坛花椒在生长前期保持较低的生长速率，以此更好地适应喀斯特地区贫瘠的土壤环境（周欣等，2016；段媛媛等，2017）。叶片 $\delta^{13}C$ 与长期水分利用效率呈正相关（Wetzel et al.，2016；骆杨青等，2017）。两个品种的花椒叶片 $\delta^{13}C$ 未见显著差异，暗示它们的长期水分利用效率无显著变化，这与两种花椒的生态型习性不完全相符。可能是因为两个品种均为青花椒系列，有共同的起源，在后期环境选择过程中，虽然形成了性状差异，但其水分利用能力受遗传控制且稳定性较高，也与生态型受气候控制有关。

与九叶青花椒相比，顶坛花椒具有较小的比叶面积以及较大的叶片厚度、较高的叶干物质含量，采取保守性策略，而九叶青花椒采取开拓性策略。较小的比叶面积物种通常叶片较厚，叶片将大部分物质用于构建保卫组织或增加叶肉细胞密度，从而形成厚而小的叶片（Wright et al.，2004；盘远方等，2018），在植物生长缓慢时，将更多的干物质含量投入抵御不利环境的胁迫中（de Smedt et al.，2018）。也有研究发现，生长前期相对较小的叶片通常具有较高的热交换能力，在高温低湿、低养分的环境下更具优势（McDonald et al.，2003），将更多的养分分配给储存组织（Nielsen et al.，2019）。通过比较初始挂果期不同品种的叶片功能性状，发现顶坛花椒通过降低生长速率、增强防御组织，以及储存养分等措施使其相较于九叶青花椒而言，对干旱和贫瘠的生境适合度更高。本研究结果与低比叶面积和高叶片厚度、叶干物质含量的植物能更好地适应干旱和贫瘠生存环境的研究结论一致（Thomas et al.，2017；王鑫等，2020）。

研究区自 2018 年陆续从重庆江津引进九叶青花椒，但其对干热型气候具有较弱的适应能力，导致存活率不高，存在大量补植的情形。截至目前，九叶青花椒多处于苗期（8 个月）和初始挂果期（4～5 年），因此研究九叶青花椒和顶坛花椒功能性状差异时没有 10～30 年的九叶青花椒作为对照，未来应该从长时间尺度对比两个不同花椒品种的功能性状差异。

参考文献

刁浩宇，王安志，袁凤辉，等，2019.长白山阔叶红松林演替序列植物-凋落物-土壤碳同位素特征［J］.应用生态学报，30（5）：1435-1444.

段媛媛，宋丽娟，牛素旗，等，2017.不同林龄刺槐叶功能性状差异及其与土壤养分的关系［J］.应用生态学报，28（1）：28-36.

何斌，李青，冯图，等，2020.不同林龄马尾松人工林针叶功能性状及其与土壤养分的关系［J］.南京林业大学学报（自然科学版），44（2）：181-190.

林婉奇，蔡金桓，薛立，2019.不同密度樟树（Cinnamomum camphora）幼苗生长和叶片性状对氮磷添加的响应［J］.生态学报，39（18）：6738-6744.

骆杨青，余梅生，余晶晶，等，2017.千岛湖地区常见木本植物性状和相对多度对幼苗植食作用的影响［J］.植物生态学报，41（10）：1033-1040.

盘远方，陈兴彬，姜勇，等，2018.桂林岩溶石山灌丛植物叶功能性状和土壤因子对坡向的响应［J］.生态学报，38（5）：1581-1589.

祁鲁玉，陈浩楠，库丽洪·赛热别力，等，2022.基于植物功能性状的暖温带5种灌木幼苗生长策略分析［J］.植物生态学报，46（11）：1388-1399.

王厚领，张易，夏新莉，等，2020.木本植物叶片衰老研究进展［J］.中国科学：生命科学，50（2）：196-206.

王鑫，杨磊，赵倩，等，2020.黄土高原典型小流域草地群落功能性状对土壤水分的响应［J］.生态学报，40（8）：2691-2697.

王雪梅，闫邦国，史亮涛，等，2020.车桑子幼苗生物量分配与叶性状对氮磷浓度的响应差异［J］.植物生态学报，44（12）：1247-1261.

徐睿，刘静，王利艳，等，2022.不同地理种源杉木根叶功能性状与碳氮磷化学计量分析［J］.生态学报，42（15）：6298-6310.

周欣，左小安，赵学勇，等，2016.科尔沁沙地植物功能性状的尺度变异及关联［J］.中国沙漠，36（1）：20-26.

Ahmed N，Zhang Y S，Li K，et al，2019. Exogenous application of glycine betaine improved water use efficiency in winter wheat（Triticum aestivum L.）via modulating photosynthetic efficiency and antioxidative capacity under conventional and limited irrigation conditions［J］. Crop Journal，7（5）：635-650.

Alan M，Ezen T，2018. Magnitude of genetic variation in seedling traits of Liquidambar orientalis populations［J］. Fresenius Environmental Bulletin，27（3）：1522-1531.

Carmona C P，Bueno C G，Toussaint A，et al，2021. Fine-root traits in the global spectrum of plant form and function［J］. Nature，597：683.

de Smedt P，Ottaviani G，Wardell-Johnson G，et al，2018. Habitat heterogeneity promotes intraspecific trait variability of shrub species in Australian granite inselbergs［J］. Folia Geobotanica，53：133-145.

Elberse I A M，van Damme J M M，van Tienderen P H，2003. Plasticity of growth characteristics in wild barley（Hordeum spontaneum）in response to nutrient limitation［J］. Journal of Ecology，91（3）：371-382.

Farquhar G D，Oleary M H，Berry J A，1982. On the relationship between carbon isotope discrimination and the intercellular carbon dioxide concentration in leaves［J］. Australian Journal of Plant Physiology，9：121-137.

Harrison S，Laforgia M，2019. Seedling traits predict drought-induced mortality linked to diversity loss［J］. Proceedings of the National Academy of Scienced of the United States of America，116（12）：5576-5581.

Hobbie E A，Werner R A，2004. Intramolecular，compound specific，and bulk carbon isotope patterns in

C$_3$ and C$_4$ plants: A review and synthesis [J]. New Phytologist, 161: 371-385.

Hu S L, Sanchez D L, Wang C L, et al, 2017. Brassinosteroid and gibberellina control of seedling traits in maize (*Zea mays* L.) [J]. Plant Science, 263: 132-141.

Hu Y T, Xiang W H, Schafe K V R, et al, 2022. Photosynthetic and hydraulic traits influence forests resistance and resilience to drought stress across different biomes [J]. Science of the Total Environment, 828: 154517.

Huang X L, Chen J Z, Wang D, et al, 2021. Simulated atmospheric nitrogen deposition inhibited the leaf litter decomposition of *Cinnamomum migao* H. W. Li in Southwest China [J]. Scientific Reports, 11: 1748.

Ju C L, Zhang W, Liu Y, et al, 2018. Genetic analysis of seedling root traits reveals the association of root trait with other agronomic traits in maize [J]. BMC Plant Biology, 18: 171.

Keskitalo J, Bergquist G, Gardeström, et al, 2005. A cellular timetable of autumn senescence [J]. Plant Physiology, 139: 1635-1648.

Li Y G, Dong X X, Yao W X, et al, 2022. C, N, P, K stoichiometric characteristics of the "leaf-root-litter-soil" system in dryland plantations [J]. Ecological Indicators, 143: 109371.

Ma Z Q, Guo D L, Xu X L, et al, 2018. Evolutionary history resolves global organization of root functional traits [J]. Nature, 555 (7694): 94-97.

McDonald P G, Fonseca C R, Overton J McC, et al, 2003. Leaf-size divergence along rainfall and soil-nutrient gradients: Is the method of size reduction common among clades? [J]. Functional Ecology, 17: 50-57.

Meng W P, Ren Q Q, Tu N, et al, 2021. Characteristics of the adaptations of Epilithic Mosses to high-calcium habitats in the karst region of southwest China [J]. Botanical Review, 10.1007/s12229-021-09263-1.

Mungan M D, Harbig T A, Perez N H, et al, 2022. Secondary metabolite transcriptomic pipeline (SeMa-Trap), an expression-based exploration tool for increased secondary metabolite production in bacteria [J]. Nucleic Acids Research, 50 (W1): w682-w689.

Nahar K, Bovill W, McDonald G, 2022. Assessing the contribution of seedling root traits to phosphorus responsiveness in wheat [J]. Journal of Plant Nutrition, 45 (14): 2170-2188.

Nielsen R L, James J J, Drenovsky R E, 2019. Functional traits explain variation in chaparral shrub sensitivity to altered water and nutrient availability [J]. Frontiers in Plant Science, 10: 505.

Poorter H, Niinemets U, Poorter L, et al, 2009. Causes and consequences of variation in leaf mass per area (LMA): A meta-analysis [J]. New Phytologist, 182: 565-588.

Poovaiah H W, Reddy A S N, 1993. Calcium and signal transduction in plants [J]. Critical Reviews in Plant Sciences, 12: 185-211.

Shi K, Shao H, 2022. Changes in the soil fungal community mediated by a *Peganum harmala* allelochemical [J]. Frontiers in Microbiology, 13: 911836.

Thomas F M, Yu R D, Schfer P, et al, 2017. How diverse are *Populus* "diversifolia" leaves? Linking leaf morphology to ecophysiological and stand variables along water supply and salinity gradients [J]. Flora, 233: 68-78.

Toledo-Aceves T, Lopez-Barrera F, Vasquez-Reyes V, 2017. Preliminary analysis of functional traits in cloud forest tree seedlings [J]. Trees-structure and Function, 31 (4): 1253-1262.

Umana M N, Zhang C C, Cao M, et al, 2018. Quantifying the role of intra-specific trait variation and organ-level traits in tropical seedling communities [J]. Journal of Vegetation Science, 29 (2): 276-284.

Wetzel W C, Kharouba H M, Robinson M, et al, 2016. Variability in plant nutrients reduces insect herbivore performance [J]. Nature, 539: 425-427.

Wright I J, Reich P B, Westoby M, et al, 2004. The world-wide leaf economics spectrum [J]. Nature,

428：821-827.

Xu X N，Sun Y X，Liu F L，2022. Modulating leaf thickness and calcium content impact on strawberry plant thermotolerance and water consumption [J]. Plant Growth Regulation，98（3）：539-556.

Zhang J H，Tang Y Z，Luo Y K，et al，2014. Resorption efficiency of leaf nutrients in woody plants on Mt. Dongling of Beijing，North China [J]. Journal of Plant Ecology，8：530-538.

6 不同配置模式顶坛花椒的土壤性状

中国南方喀斯特是世界三大喀斯特集中分布区之一，而贵州省作为中国南方喀斯特的分布中心，素有"喀斯特王国"之称。喀斯特区受可溶性碳酸盐岩地质背景和人类活动的影响，土壤侵蚀严重、基岩裸露、石漠化发育，诱发了水土流失、土壤肥力下降、生物多样性降低等生态问题（Bai et al.，2013；杜文鹏等，2019）。位于贵州北盘江流域的花江大峡谷风景名胜区，总面积为 168.6km²，核心景区面积为 24.92km²。该风景名胜区是以花江大峡谷沿岸的喀斯特地貌峡谷风光为主体，辖关岭布依族苗族自治县和贞丰县的区域，主要供开展观光游览、科教文化、休闲度假等活动，具有教育意义和旅游价值。2013 年，国家林业局批准北盘江大峡谷国家湿地公园试点建设，于 2018 年完成并顺利通过国家林业和草原局验收（林湿发［2018］138 号）。由于区内石漠化发育典型且程度较高，开展景观恢复成为现实需求。花江峡谷喀斯特地区实施发展生态农业和打造农业经济品牌两步走战略，于 1992 年在贞丰县干热河谷石漠化区开始大规模种植花椒，着力于开发乡土树种选育、群落配置等技术（龙健等，2012），形成了具有代表性的"花江模式"，为当地人工植被的物种选择与群落构建提供了参考价值。为打造特色景区，贞丰县投资建成了以展示"绝处逢生"精神及石漠化治理"顶坛模式"的银洞湾花椒文化旅游区，取得了良好的生态、社会和经济效益。发展生态产业，修复石漠化景观，积极推进美丽乡村建设，对当地全面实施乡村振兴战略具有重要意义，也能够助推贵州省经济社会高质量发展。然而，由于顶坛花椒以纯林为主，连栽导致林分生产力下降、地力衰退、病虫害发生频率增加等问题（常旭等，2021），威胁到区域生态安全。相关研究表明，复合种植可以提高群落的生物多样性，改善土壤养分循环（Ravindran and Yang，2015），促进树木生长，维持生态系统稳定，对石漠化治理具有巩固作用（刘志等，2019；Bongers et al.，2021）。因此，研究不同顶坛花椒配置模式下土壤养分的变化规律及其内在联系，有利于调节林内环境、提高林地质量、优化人工林生态系统功能，对构建贵州花江大峡谷风景名胜区健康稳定的顶坛花椒人工林山地景观有着重要意义。

本章选择贵州省贞丰县北盘江镇花江大峡谷风景名胜区为研究区，其独特的生境特征表现为：①干热气候，主要为亚热带湿润季风气候，多年平均降雨量约 1100mm，冬春旱及伏旱严重，年总积温达 6542.9℃，热量资源丰富；多年平均温度为 18.4℃，年均极端最高和最低温分别为 32.4℃、6.6℃。②河谷地形，海拔530～1473m，河谷深切，地下水深埋，河谷气候特征典型。③石漠化发育，森林覆盖率低，基岩裸露率为 50％～80％，碳酸盐岩类岩石占 78.45％，土壤以石灰土为主。④人工植被，包括顶坛花椒、核桃（*Juglans regia*）、柚木（*Tectona grandis*），农地作物以火龙果（*Hylocereus polyrhizus*）、玉米（*Zea mays*）等为主，灌丛主要为金银花。通过使用并统计了邻近北盘江气象站的数据，2020 年平均气温为 16.5℃，最高、最低气温分别为 32.4℃、6.6℃，年总积温达 6542.9℃，年均降雨量为 1221.1mm。依据前期研究成果，我们统计得到，区域土壤有机碳、全氮、速效氮、全磷、速效磷含量依次为 26.16g·kg^{-1}、4.58g·kg^{-1}、0.77g·kg^{-1}、1.62g·kg^{-1}、0.01g·kg^{-1}；由于前期实验条件限制，未对土壤微量元素和微生物进行检测。

6.1 研究方法

6.1.1 样地设置

以选取的 5 种组合类型（顶坛花椒＋李、顶坛花椒＋山豆根、顶坛花椒＋花生、顶坛花椒＋金银花、顶坛花椒纯林），同一模式设置 3 个环境条件基本一致的 10m×10m 的样方，共 15 个样方，所选样方均为中-强度石漠化。测定经度、纬度、海拔、坡度等地理因子和顶坛花椒的树龄、密度、株高、冠幅、覆盖率等群落结构指标（表 6-1）。5 个样地于 2012 年种植顶坛花椒，2015 年底～2016 年在周围配置李、山豆根、花生、金银花，配置时间依据植物生长习性决定。配置密度分别为 600～750 株·hm^{-2}、1500～1800 株·hm^{-2}、2500 株·hm^{-2}、450～600 株·hm^{-2}。顶坛花椒栽培是山区生态修复和退耕还林政策双重作用的结果，保证所有样地在种植顶坛花椒前的土壤肥力水平近似。所有样地采用相同的施肥措施。具体为，使用以 N、P、K 为主的复合肥（N：P$_2$O$_5$：K$_2$O＝15：15：15，总养分≥45％）；于 9 月上旬和 3 月上中旬各施肥一次，均为约 0.2kg·株$^{-1}$；环状撒施于距离顶坛花椒主干 20～30cm（因为这一区域顶坛花椒细根分布比较密集）的区域，施肥后覆土 1～2cm，避免肥料流失。顶坛花椒栽植 3 年后，于每年 7～8 月收获 1 次花椒果实，每株收获 3～4kg，无其他特殊处理措施。李于配置第 3 年起，每年收获果实 1 次（距采样时共收获 2 次），每株每次 5～6kg；山豆根于配置第 3 年整株收获 1 次；金银花自配置第 2 年起开始收获花，距采样时共收获 3 次；花生配置后每年整株收获 1 次，距采样时共收获 4 次。由于样地位于干热河谷地区，土壤以砂土和壤土为主，pH 值为 6.23～8.16；土层浅薄，厚度多为 10～18cm，较少达到 20cm 以上；颜色以黄红色为主；土壤可塑性较低，土壤团粒结构较差。土壤中石砾含量较高，质量比约 30%。

6.1.2 土壤样品采集

土壤样品采集于 2020 年 11 月 19 日至 21 日，这期间气象数据均值为：日照时长 6.3h，平均气温 14.3℃，降水量 0mm，蒸发量 0.5mm，风速 1.2m·s^{-1}。此时植物与土壤的物质交换较弱，土壤物质组成相对稳定，便于更好评价配置模式对土壤质量的影响。采样前晴天持续 15d 以上，保证土壤变异程度较低，较少的测试次数可以表征长期干旱状态下的水平。在每一样地内设置 3 个 10m×10m 的样方（样方间留足缓冲带），沿 S 形线路布设多个采样点，每个样点采集 0～10cm 和 10～20cm 土层（不足 20cm 的以实际深度为准）的等量土壤均匀混合。喀斯特地区土层浅薄，土层厚度多在 20cm 以内，也是须根系的集中分布区域，因此，本次研究仅采集 20cm 以内的土壤表层样品。采样时尽量避开树干周围 10～30cm 的施肥区域，以减少人为干扰。共采集 30 份土样（5 个样地×3 个样方×2 个土层＝30份），每份土样约 500g，将新鲜土样剔除石砾、植物根系及动植物残体后分成两份，1 份过 2mm 筛后在 4℃环境下保存，尽快测定微生物浓度、生物量和胞外酶活性；另 1 份风干研磨后过 0.15mm 筛，测定土壤养分含量。为了保证样品的有效性，分别在样品采集后的第 7 天、第 30 天内完成测试。

表 6-1 样地基本概况

样地	经度	纬度	种植面积 /hm²	平均树龄 /a	海拔 /m	坡度 /(°)	密度 /m	平均株高 /m	平均冠幅 /m	植被覆盖率 /%
YD1	105°40′28.33″E	25°37′57.41″N	1.34	8	764	10	3×3	3.25	2×2.3	70
YD2	105°40′19.79″E	25°39′25.75″N	0.67	8	728	10	2×2	2.0	1.2×1.8	60
YD3	105°38′36.32″E	25°39′23.64″N	0.67	8	791	10	2×2	2.5	2.5×2.8	85
YD4	105°38′36.35″E	25°39′22.29″N	6.67	8	814	10	3.5×3	2.5	1.5×2.5	70
YD5	105°38′35.64″E	25°39′23.35″N	33.35	8	788	10	3×4	2.2	2.5×2.3	65

注：YD1 为顶坛花椒＋李；YD2 为顶坛花椒＋山豆根；YD3 为顶坛花椒＋花生；YD4 为顶坛花椒＋金银花；YD5 为顶坛花椒纯林。下同。

6.1.3 指标测定

土壤含水率和土壤温度用 TR-6 土壤温湿度仪测定。土壤 pH 值采用水土比 2.5∶1 提取，电极电位法测定。SOC 采用重铬酸钾氧化-外加热法测定，全 N 采用凯氏定氮法测定，全 P 采用钼锑抗比色法测定，全 K 采用氢氧化钠熔融-火焰光度计法测定，全 Ca 和全 Mg 均采用原子吸收分光光度计法测定（鲁如坤，2000）。速效氮采用碱解扩散法测定，速效磷采用 0.5mol/L 氢氧化钠熔融-钼锑抗比色法测定，速效钾采用 1mol/L 乙酸铵浸提-火焰光度法测定，速效钙和速效镁含量采用乙酸铵浸提-原子吸收分光光度法测定（鲁如坤，2000）。土壤真菌、细菌和放线菌数量分别采用牛肉蛋白胨培养方法、马铃薯葡萄糖琼脂培养基和高氏 1 号培养基法测定，均采用平板计数法计数（沈萍等，1999）。土壤微生物生物量 C、N、P 采用氯仿熏蒸-K_2SO_4 浸提法测定（Vance et al.，1987）。土壤胞外酶活性采用荧光光度法测定（Bell et al.，2013），共测定 4 种水解酶，分别是主要用于获取 C 的 β-1,4-葡萄糖苷酶（β-1,4-glucosidase，BG），获取 N 的 β-1,4-N-乙酰葡糖氨糖苷酶（β-1,4-N-acetylglucosaminidase，NAG）和亮氨酸氨基肽酶（leucine aminopeptidase，LAP）以及获取 P 的酸性磷酸酶（acid phosphatase，AP）。这 4 种酶主要参与末端的催化反应，可以表征土壤 C、N、P 代谢水平。在此基础上衍生出的土壤胞外酶活力的化学计量可用于表征土壤能量及养分限制状况。土壤微生物生物量 C、N、P 的计算参照王理德。土壤胞外酶活性计算参照 Bell 等（2013），化学计量计算参照 Sinsabaugh 等（2009）的方法。

6.1.4 数据分析

采用 Microsoft Excel 2013 对数据进行预处理。通过 SPSS 20.0 进行单因素方差分析和最小显著差异法（least significant difference，LSD）多重比较，对土壤理化生性质进行差异性检验；采用主成分分析法（principal component analysis，PCA）综合评价不同配置模式顶坛花椒人工林生态系统土壤肥力质量状况，在评价前对各指标值进行标准化预处理。用 Canoco 4.5 软件进行冗余分析（redundancy analysis，RDA）探究影响不同配置花椒人工林土壤质量的化学计量的主要因子。由于数据的量纲不同，排序前首先采用归一化和中心化进行数据标准化预处理。利用双因素方差分析（two-way ANOVA）厘清人工林和土壤深度及其交互作用对土壤元素、微生物、胞外酶化学计量的影响；使用 Pearson 相关分析法验证土壤元素、微生物、胞外酶 C：N：P 之间的相关性。运用 SMATR 软件，采用标准化主轴估计（standardized major axis，SMA）分析土壤和土壤微生物生物量 C、N、P 含量之间的关系，探究土壤微生物生物量的内稳性。在数据分析前，进行对数转换以改善方差的分布和均一性。数据呈现形式为平均值±标准差。运用 Origin 8.6 制图。

6.2 不同配置模式的土壤肥力

土壤是植被生长的基质和水肥的源-汇库，在其中不断进行物质和能量交换。土壤中元素、微生物和胞外酶特征及三者的交互作用效应能够直接表征土壤与植物生长的关系（Wang et al.，2018a）。其中，土壤 C、N、P 等元素是土壤肥力的重要组成部分，直接影响着植物生长、土壤微生物动态、凋落物分解、土壤养分的积累与循环（Wang et al.，2018b）。土壤微生物主要通过分泌胞外酶来矿化有机质，帮助自身利用土壤养分，从而调控元素获取与投资之间的相对平衡（Zhang et al.，2016；Yuan et al.，2021）。

植物配置是根据不同植物的生理、生态学特性，开展多种植物有机组合，旨在提高群落的生物多样性，促进土壤养分循环。植物科学配置能有效提高生物多样性，通过改变凋落物、根系分泌物等的数量和质量进而改善向土壤输送养分状况（Thoms et al.，2010）。顶坛花椒套种在很大程度上提高了土壤部分中微量元素含量，改良了土壤肥力（陈俊竹等，2019）。因此，植物科学配置有利于改善土壤肥力质量，提高林分稳定性和生态功能（许彦鉴等，2021）。然而，以往研究侧重土壤理化指标，对微生物关注较少（Raiesi，2017），喀斯特地区特征性元素 Ca、Mg 亦鲜有涉及（敬洪霞等，2020）。

土壤含水率和温度作为物理指标易于测定，且对养分循环具有直接和间接效应。C、N、P、K 为土壤中重要的生源要素。顶坛花椒为喜 Ca 植物，因此 Ca 对植物的生长发育起着调节作用，同时 Ca、Mg 为喀斯特地区含量较高的特征性元素。微生物浓度、生物量和胞外酶活性对化学反应灵敏，在养分循环过程中发挥了重要作用。基于此，本章通过土壤物理、化学性质，以及微生物浓度，生物量 C、N、P 和胞外酶活性测定，全面研究顶坛花椒不同种植模式的土壤质量特征及其内在关联。分析土壤理化生性质对土壤综合质量的影响程度，找出评价土壤肥力的重要指标，剖析土壤质量随种植模式的变化规律。为较优种植模式筛选、提高人工林的稳定性和生态功能提供理论依据。

6.2.1 土壤温度、含水率和 pH 值

如图 6-1，土壤温度在两土层均表现为样地 1（YD1）显著最低，其余样地间无显著差异。土壤含水率数值在两土层均表现为 YD2＞YD1＞YD4＞YD3＞YD5，YD2 显著高于 YD3 和 YD5，且随土层的加深而增加，表明对顶坛花椒进行复合配置能够提高土壤含水率。pH 值在 0～10cm 土层表现为 YD3、YD5 显著高于 YD1、YD2，10～20cm 土层表现为 YD1 显著最低，表明配置李对土壤 pH 值有一定的改良作用。

6.2.2 土壤养分元素

（1）土壤全量养分 0～10cm 土层的 SOC 和全 N 均以 YD4 为最高（依次为 59.55g·kg^{-1}、5.07g·kg^{-1}），且显著高于 YD2、YD3、YD5；全 P 以 YD4 最高（1.73g·kg^{-1}），YD2 最低（0.99g·kg^{-1}），YD2、YD4 之间差异显著，与其他各样地差异均不显著；全 K 为 6.64～11.80g·kg^{-1}，YD1、YD2 显著低于 YD3～

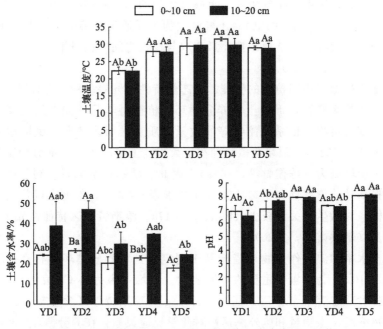

图 6-1 不同配置花椒人工林土壤温度、含水率和 pH 值
不同大写字母表示同一人工林不同深度之间存在显著差异（$P < 0.05$），
不同小写字母表示同一深度不同人工林之间存在显著差异（$P < 0.05$）。下同

5；全 Ca、全 Mg 则以 YD5 为最高，亦显著高于其他 4 个样地。10～20cm 土层变化规律与 0～10cm 土层相似。综合来看，土壤 C、N、P、K 元素在顶坛花椒＋金银花林的表层土壤中更易于积累，而顶坛花椒纯林中则大量富集了 Ca、Mg 等喀斯特区的特征元素（图 6-2）。

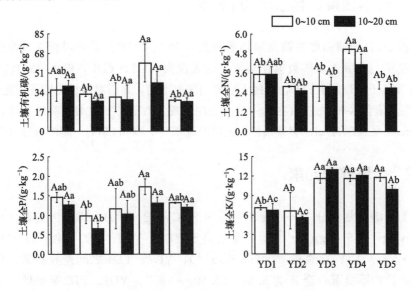

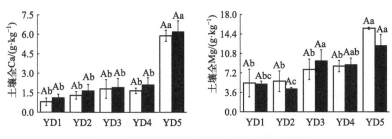

图 6-2　不同配置模式土壤养分元素含量特征

（2）土壤速效养分　0～10cm 土层的速效 N 和速效 P 含量的变化规律与对应全量含量相似，表现为 YD1、YD4 高于其他样地，YD5 最低；速效 K 含量为 YD1＞YD4＞YD2＞YD3＞YD5；速效 Ca 含量为 YD4 最大，YD1 最小，两者之间差异显著；速效 Mg 含量表现为 YD4、YD5 显著最高。10～20cm 土层的变化规律与之相似。总体看来，配置模式对速效养分的影响大于全量养分，尤其对速效 Ca 和速效 Mg 的影响较大；配置李和金银花有利于速效 N、速效 P、速效 K 的积累（图6-3）。

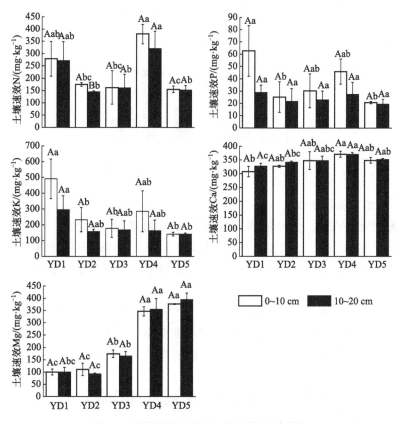

图 6-3　不同配置花椒人工林土壤速效养分

6.2.3 土壤生物性质

（1）土壤微生物浓度 0～10cm、10～20cm 土层的真菌和放线菌浓度在 5 个样地间均无显著差异。0～10cm 土层细菌浓度以 YD2 最多、YD5 最少，其他样地间未见显著差异；10～20cm 土层细菌浓度则以 YD1、YD4 最多，YD5 最少。YD5 的三种土壤微生物浓度均最少，表明其土壤环境更趋于胁迫；人工林类型对真菌和放线菌的影响小于细菌，土层深度对土壤微生物浓度的影响规律不明显（图 6-4）。

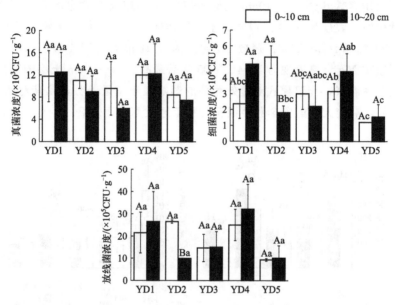

图 6-4　不同配置模式土壤微生物浓度特征

（2）土壤微生物生物量 0～10cm 土层的生物量磷（MBP）表现为 YD4 显著高于样地 YD1、YD5，生物量碳（MBC）和生物量氮（MBN）均无显著差异；10～20cm 土层的 MBC 表现为 YD4 显著高于 YD1，MBN 和 MBP 未见显著差异；表明 MBN 较 MBC、MBP 更加稳定，配置模式对 MBC 和 MBP 的影响较小（图 6-5）。

（3）土壤胞外酶 0～10cm 土层的 4 种酶活性在 5 个样地间均无显著差异；10～20cm 土层的所有酶活性均表现为 YD4 显著高于其他样地。除 YD1 的酶活性随土层加深而显著降低外，其余样地未见显著差异（图 6-6）。

6.2.4 配置模式和土层深度对土壤肥力的影响

人工林类型对土壤元素含量均有不同程度的显著影响；配置模式除对细菌浓度

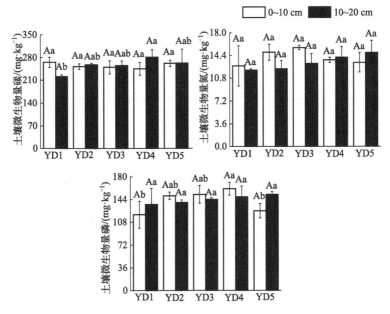

图 6-5　不同配置模式土壤微生物生物量

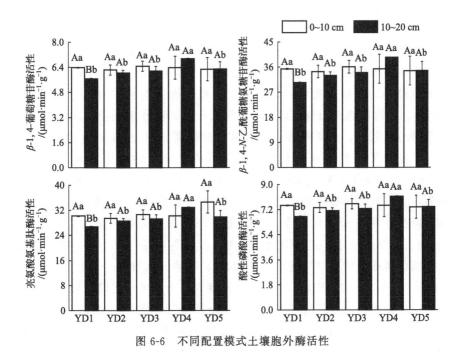

图 6-6　不同配置模式土壤胞外酶活性

有显著影响外，对其他土壤生物性状均无显著影响；土层深度除对全磷有显著影响外，对其他土壤指标均无显著影响；配置模式和土层深度的交互作用除对细菌浓度有显著影响外，对其他土壤指标均无显著影响（表 6-2）。

表 6-2 配置模式、土层深度与土壤肥力的双因素方差分析（表中数值为 *F* 值）

因素	有机碳	全 N	全 P	全 K	全 Ca	全 Mg	真菌	细菌	放线菌
A	4.83 *	12.52 ***	5.39 *	30.48 ***	61.28 ***	20.60 ***	1.57	5.43 *	3.47
B	1.33	1.68	5.20 *	0.41	1.64	0.67	0.55	0.02	0.03
A×B	0.75	0.70	0.32	1.42	0.06	1.31	0.27	7.24 **	1.37

因素	MBC	MBN	MBP	BG	NAG	LAP	AP		
A	0.68	0.93	2.12	1.47	1.47	2.80	1.47		
B	0.00	1.23	0.11	0.47	0.48	3.44	0.49		
A×B	2.09	1.33	1.68	1.39	1.39	2.30	1.41		

注：A 表示配置模式，B 表示土层深度，A×B 表示配置模式和土层深度的交互作用；* 表示 $P<0.05$ 的显著性；** 表示 $P<0.01$ 的显著水平；*** 表示 $P<0.001$ 的显著水平。

6.2.5 不同配置模式土壤性质特征分析

土壤 C、N、P 含量以顶坛花椒＋金银花/李人工林较高，表明这两种模式有利于养分积累。这是由于金银花和李的根系发达，与土壤之间的物质交换频繁，同时根系分泌物和死根的分解也向土壤中释放大量养分；其次，金银花和李的凋落物丰富且易分解，使得养分归还量较多，提高了土壤肥力；此外，李为深根系乔木，可将土壤深层的养分运输至表层（Ding et al.，2021），导致养分在土壤表层积累。顶坛花椒＋山豆根林的土壤全氮和全磷均最低（2.64g·kg⁻¹、0.82g·kg⁻¹），这与种植固氮植物的土壤全氮增幅显著高于种植非固氮植物的结论不同（Stinca et al.，2015），原因可能是山豆根以凋落物形式归还的养分量较少，加之整株收获而带走大量养分；同时，豆科植物对 P 的吸收量较高（Chen et al.，2018），导致 P 相对缺乏，抑制了固氮细菌生长，进而降低固氮酶活性和固氮量（Png et al.，2017），下一步会使用 P 补充剂改良土壤 P 状况。因此 P 的匮乏不利于山豆根固氮作用的发挥，反过来导致该组合类型下土壤全 N 含量最低。土壤全 P 随土层深度的增加而减少，相较于其他元素，P 受土层深度影响显著（表 6-2），与 Yan 等（2019）的研究结果一致，这是因为表层土壤有机质丰富（图 6-2），微生物活动较强使得土壤固磷作用较弱（岑龙沛等，2020）。本研究土壤 Ca、Mg 分别为 0.95～6.05g·kg⁻¹、4.95～13.85g·kg⁻¹，与其他亚热带地区相比偏富集，是由于喀斯特生境受碳酸盐岩影响，发育成富含 Ca、Mg 离子的中性至微碱性的隐域性岩成石灰土；同时，顶坛花椒为喜 Ca 植物，富 Ca 能力较强，使 Ca 浓度升高；4 种配置模式顶坛花椒人工林的土壤 Ca、Mg 含量均较纯林显著降低，表明复合配置模式与纯林相比，前者增加了 Ca、Mg 的消耗，因此需要适当补充相应的矿质元素肥料。

本研究 5 个样地的土壤微生物浓度均表现为细菌＞放线菌＞真菌，这是由于其土壤偏碱性，此环境适宜细菌、放线菌的生长繁殖，而对真菌的生存不利，因此在一定程度上造成了细菌浓度高于真菌浓度。土壤细菌、真菌、放线菌浓度均表现为顶坛花椒与李、山豆根和金银花配置模式较多，顶坛花椒＋花生林次之，顶坛花椒纯林最少（图6-4），表明植被种类影响土壤微生物浓度，这是因为混交林较纯林能够通过增加根系分泌物、丰富凋落物等碳底物的化学组成，来提高生产力，改善土壤养分，增加土壤微生物群落丰富度和酶活性（Wolfe et al.，2005；Rousk et al.，2009）。

本研究4种酶活性均为顶坛花椒＋金银花人工林高于其他模式（图6-6），且该模式下土壤C、N、P含量最高（图6-2），说明养分含量越高的土壤中，胞外酶活性越强，与左宜平等（2018）的研究结论一致，推测可能是金银花通过调节土壤微生物分泌胞外酶以矿化更多有机质来维持自身的持久性（Xu et al.，2017）；此外，SOC和全N是土壤酶生产和分泌的能量来源，全N能增加植被地下细根生物量，促进根际微生物生长，因此顶坛花椒＋金银花人工林高的土壤N含量导致土壤中相关酶活性增强；反之，酶自身也是一种蛋白质，微生物产生酶需要N源，因此该组合类型下高的土壤酶活性促使土壤提供更多的N来维持酶的产生。土壤深度对胞外酶的影响，除顶坛花椒＋金银花林外，其他组合类型土壤胞外酶活性均随土层加深而降低，原因是底层土壤碳输入和根际效应比表层土壤低（Peng et al.，2016）；相反，顶坛花椒＋金银花林的土壤酶活性在底层增加，可能是金银花的细根分布较深，根系为了提取养分，分泌更多的酶活化养分，具体机制有待进一步挖掘。

6.2.6　土壤质量综合评价分析

基于24项土壤质量指标进行主成分分析，依据特征值＞1和累计贡献率＞85％的原则，提取出6个主成分，累计贡献率为86.194％，表明其能够解释原始变量，故对各主成分组载荷因子做进一步分析（表6-3）。其中，第1主成分与SOC、全N、全P和速效N呈显著正相关，代表土壤大量元素C、N、P；第2主成分在全Ca、全Mg和速效Mg上的负载较大，为喀斯特地区特征性元素Ca、Mg；第3主成分在BG、NAG和AP上的载荷较大，主要是土壤胞外酶活性；第4主成分的主要支配指标为MBP，代表土壤微生物量；第5主成分与细菌、放线菌浓度和MBN的负载较大，表征土壤微生物；第6主成分主要受土壤含水率的支配，指示土壤物理属性。

表 6-3　不同配置花椒人工林土壤质量的载荷矩阵

土壤指标	主成分载荷矩阵					
	主成分 1	主成分 2	主成分 3	主成分 4	主成分 5	主成分 6
pH	−0.579	0.673	0.081	0.194	−0.036	−0.016
土壤含水率	−0.178	−0.423	−0.258	0.073	0.031	**0.768**

土壤指标	主成分载荷矩阵					
	主成分 1	主成分 2	主成分 3	主成分 4	主成分 5	主成分 6
土壤温度	−0.020	0.526	0.303	0.648	0.145	0.060
土壤有机碳	**0.916**	−0.003	−0.097	0.279	0.155	0.042
全 N	**0.924**	0.067	0.039	0.267	0.120	0.043
全 P	**0.828**	0.352	0.056	−0.035	0.155	−0.279
全 K	0.075	0.564	0.359	0.415	−0.041	−0.341
全 Ca	−0.248	**0.865**	0.015	−0.112	−0.108	−0.013
全 Mg	−0.108	**0.874**	0.096	0.074	−0.073	−0.303
速效 N	**0.939**	−0.086	0.054	0.164	0.072	0.058
速效 P	0.745	−0.246	0.062	−0.241	−0.194	−0.146
速效 K	0.616	−0.361	0.042	−0.413	−0.482	−0.138
速效 Ca	0.189	0.622	0.031	0.602	0.325	0.206
速效 Mg	0.169	**0.850**	0.224	0.222	0.014	−0.005
真菌浓度	0.636	−0.235	0.177	−0.184	0.189	0.455
细菌浓度	0.314	−0.410	−0.035	0.035	**0.793**	0.120
放线菌浓度	0.527	−0.207	0.071	−0.087	**0.746**	0.216
微生物生物量碳	0.077	0.364	0.505	−0.225	−0.044	0.525
微生物生物量氮	−0.169	0.308	0.236	0.016	**0.729**	−0.253
微生物生物量磷	0.140	−0.068	0.154	**0.844**	−0.111	−0.119
β-1,4-葡萄糖苷酶	0.038	0.093	**0.969**	0.145	0.059	−0.027
β-1,4-N-乙酰葡萄氨糖苷酶	0.037	0.092	**0.969**	0.144	0.061	−0.028
亮氨酸氨基肽酶	−0.028	0.561	0.562	−0.168	0.038	−0.140
酸性磷酸酶	0.035	0.093	**0.969**	0.143	0.059	−0.029
特征值	6.918	5.883	2.629	2.404	1.587	1.266
方差贡献率/%	23.104	20.899	16.176	9.864	9.430	6.721
累计方差贡献率/%	23.104	44.002	60.179	70.043	79.473	86.194

注：加粗字体为各主成分载荷因子相对较大的影响因子。

据表 6-4 所示，对各主成分因子方差贡献率（W_i）和因子得分（F_i）加权，得到不同林型土壤肥力质量指数（soil quality index，SQI）为 YD4＞YD5＞YD3＞YD2＞YD1。YD4、YD5 的 SQI 值为正，说明这两种林型的土壤肥力高于平均水平，顶坛花椒＋金银花人工林的土壤质量最好，高于其他林型。

表 6-4 不同配置花椒人工林土壤质量评价结果

组合类型	因子得分						综合指数	排名
	F_1	F_2	F_3	F_4	F_5	F_6		
YD1	1.589	**−3.042**	−2.419	−2.678	−0.625	0.652	−0.939	5
YD2	−1.198	**−1.746**	−1.471	−0.703	0.001	1.542	−0.845	4

组合类型	因子得分						综合指数	排名
	F_1	F_2	F_3	F_4	F_5	F_6		
YD3	**−1.235**	0.630	0.430	0.801	−0.260	−1.023	−0.098	3
YD4	2.587	1.046	2.578	2.237	2.095	**0.386**	1.678	1
YD5	**−1.742**	3.113	0.882	0.343	−1.210	−1.558	0.206	2

注：加粗字体为得分最低的因子。

主成分分析显示土壤 SOC、全 N、全 P、速效 N 以及全 Ca、全 Mg、速效 Mg 可表征其肥力综合水平（图 6-2 和图 6-3）。同时，土壤胞外酶活性、微生物浓度及生物量影响也较大，表明土壤微生物可以推动养分转化和循环，间接反映土壤综合肥力水平（Schloter et al.，2018）。

5 个模式中，花椒＋金银花的土壤质量最高。究其原因：一是金银花产生大量的软质易分解凋落物，利于养分归还，提高了土壤 C、N、P、K 等养分含量（图 6-2、图 6-3）（Smith et al.，2014）；二是金银花对土壤覆盖较浅的根系，为微生物矿化养分创造了较为适宜的水热条件，增加了土壤可利用养分动态循环量（李静鹏等，2014）；三是该模式的 pH 值接近中性（图 6-1），利于活化土壤有效养分（黄明芝等，2021）。综合表明，花椒＋金银花形成垂直分布格局和半封闭的土壤环境，改善了空间利用效率和地表微环境，可作为喀斯特干热河谷区的优选配置模式。

花椒＋金银花的因子 6 最低（表 6-4），由图 6-1 得知其土壤含水率偏低（28.69%）。原因是金银花较高的郁闭度，冠层截留了大量水分，使其通过林内降雨进入土壤的水分大大降低；还因为金银花生长过程中，为了保持较高的生物量，对土壤水分需求较大。因此为改良该林地土壤质量，需要提高土壤含水率到适宜水平；但是喀斯特地区植物在长期干旱的环境中，形成了适应该生境的生理结构（谭凤森等，2019），因而其适宜的土壤水分阈值还需深入研究。该配置模式的土壤质量因子 2 得分较低（表 6-3、表 6-4），表明土壤钙镁元素含量低，成为其限制因子。推测配置金银花增加了对土壤钙镁元素的吸收，应定向补充这些元素肥料。

花椒＋花生和花椒纯林的因子 1 得分均最低（表 6-4），表明其土壤质量与土壤 C、N、P 养分亏缺密切相关。花椒＋李和花椒＋山豆根的因子 2 得分均最低（表 6-4），表明二者受 Ca、Mg 元素含量的影响较大；Ca、Mg 元素是植物生长发育的必需营养元素，参与植物生长发育与光合、衰老等生理代谢过程（马洪波等，2015）。由于两种人工林的土壤全 Ca、全 Mg、速效 Mg 含量均低于其他人工林（图 6-2、图 6-3），因此需要增加 Ca、Mg 投入。据表 6-4，花椒纯林的 SQI 比花椒＋李、花椒＋山豆根、花椒＋花生高，这与混交林能够有效地提高土壤肥力，改善土壤养分分布格局的结论不一致（Wang & Wang，2008；Udawatta et al.，

2014)。原因有：首先，配置树种的养分归还量少，加之根系分布均较为集中，与顶坛花椒争夺养分，导致土壤养分含量偏低；其次，3种模式中，李和花生均由于人为采摘带走大量养分（金银花仅采摘带走少量的花），而山豆根为多年生低矮灌木，固氮量总体有限；最后，也与配置物种产生特定的根系分泌物，影响了植物与微生物之间的互利关系有关（Berg & Smalla，2009）。可见配置树种的选择对土壤改良至关重要。从生物多样性维持和生态系统功能提升的视角，未来还需加强对顶坛花椒适宜配置物种的筛选。

6.3 不同配置模式土壤化学计量与养分诊断

生态化学计量学是将不同生态学层次统一起来（Anderson et al.，2004），研究生态系统能量和多重化学元素平衡的科学（Elser et al.，2000），能够分析和预测生态系统的结构和动力学。土壤养分化学计量比能够揭示土壤养分耦合关系和有效性。土壤微生物生物量化学计量可作为重要的C、N、P生态系统通量，反映土壤微生物矿化或固定土壤元素（Ren et al.，2016）。土壤胞外酶化学计量是揭示微生物养分状况和相对资源限制的重要指标（Wang et al.，2021）。因此，研究土壤生态化学计量特征，可阐明土壤养分有效性和平衡机制，揭示土壤微生物代谢活动的途径及强弱（Zhong et al.，2020；Gai et al.，2021）。同时，将元素、微生物、胞外酶作为连续体进行研究，有助于整合分析森林生态系统土壤养分的循环规律，探究不同土壤组分之间的平衡关系。

生态化学计量学是将不同生态学层统一起来，研究生态系统能量和多重元素交互作用的科学，是诊断养分限制及平衡的重要方法（Elser et al.，2000）。土壤物理性质、pH及养分元素之间存在紧密联系，其相对组分能够驱动微生物群落分泌胞外酶，从土壤中获取限制性养分，最终改变土壤生态化学计量比（Ren et al.，2019）。由于土壤质量状况能够影响土壤化学计量，研究它们的内在关系有助于从含量和计量两个维度精准量化土壤质量（卢立华等，2021）。因此，结合生态化学计量探讨配置模式对土壤质量的影响，剖析土壤养分平衡机制，可为复合配置的土壤养分诊断提供理论依据，服务喀斯特干热河谷区顶坛花椒人工林选育。

基于此，本节旨在研究土壤生态化学计量特征随配置模式的变化规律、土壤元素-微生物-胞外酶化学计量特征的内在关联、微生物化学计量与土壤元素化学计量对指示养分限制的灵敏度对比，厘清土壤质量对化学计量的驱动效应。

6.3.1 土壤元素化学计量特征

C：N为9.54～11.7，在5个样地均无显著差异，C：P和N：P均为YD2＞

YD4＞YD1＞YD3＞YD5，表明 C、N 之间具有较为稳定的平衡关系且变幅大于 P；C∶K、N∶K 和 P∶K 均为 YD1＞YD2＞YD4＞YD5＞ YD3，表明 C、N、P 含量的变化趋势基本相同；C∶Ca 表现为 YD1、YD4 最高，显著大于 YD5；Ca∶Mg 表现为 YD5（0.38～0.51）显著大于其他样地。综合看来，土壤元素化学计量在 0～10cm 土层的变幅小于在 10～20cm 土层，但在两个土层上的变化趋势基本相同，人工林类型对 K、Ca、Mg 的影响大于对 C、N、P 的影响（图 6-7）。

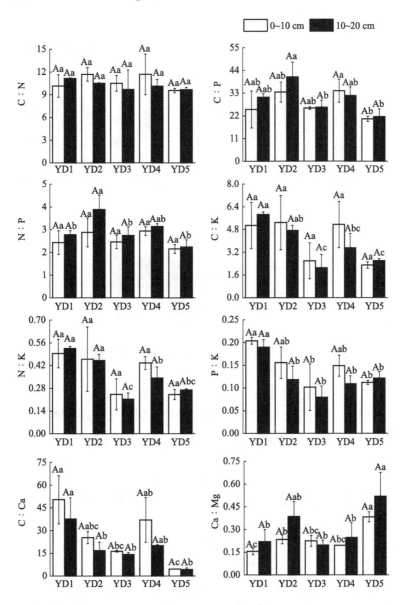

图 6-7　不同配置模式土壤元素化学计量特征

6.3.2　土壤微生物生物量和胞外酶活性的化学计量特征

MBC：MBN 和 MBN：MBP 在两土层上均无显著差异；MBC：MBP 在 0～10cm 土层表现为 YD1（2.23）显著高于 YD2～YD4（1.69、1.64、1.53），在 10～20cm 土层无显著差异（图 6-8）。

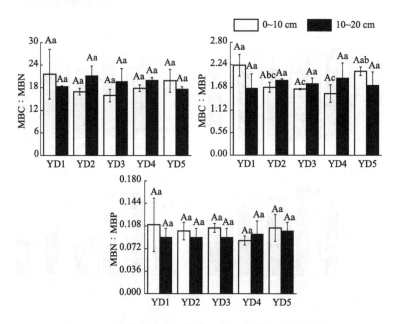

图 6-8　不同配置模式土壤微生物生物量化学计量特征

（NAG＋LAP）：AP 的差异性体现在 10～20cm 土层，为 YD4 显著高于 YD1～YD3；BG：（NAG＋LAP）和 BG：AP 在同一土层不同样地间，以及同一样地不同土层间均无显著差异，表明土壤胞外酶遵循严格的比例关系（图 6-9）。

6.3.3　配置模式和土层深度对土壤化学计量的影响

人工林类型除对 C：N 无显著影响外，对其他元素化学计量均有不同程度的显著影响；土层深度除对 Ca：Mg 有显著影响外，对其他土壤指标均无显著影响；配置模式和土层深度的交互作用对化学计量比均无显著影响。综合表明配置模式对生态化学计量的影响较土层深度和配置模式×土层深度要高；化学计量上，土壤微生物和胞外酶较土壤元素更稳定（表 6-5）。

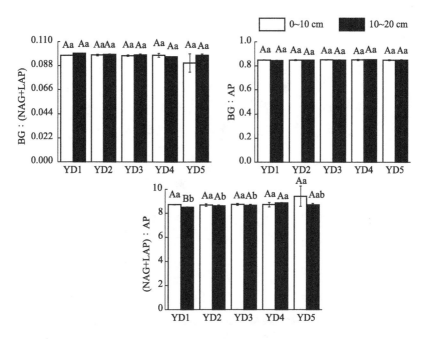

图 6-9　不同配置模式土壤胞外酶化学计量特征

表 6-5　配置模式、土层深度与化学计量的双因素方差分析（表中数值为 F 比率）

因素	C：N	C：P	N：P	C：K	N：K	P：K	C：Ca	Ca：Mg
A	0.80	6.67 **	5.43 *	6.62 **	9.10 **	9.22 **	6.41 **	8.54 **
B	0.64	1.34	4.73	0.41	0.16	3.25	2.42	5.18 *
A×B	0.58	0.70	0.85	0.68	0.38	0.60	0.36	0.95

因素	MBC：MBN	MBC：MBP	MBN：MBP	BG：(NAG+LAP)	BG：AP	(NAG+LAP)：AP
A	0.31	0.89	0.20	1.48	1.33	1.57
B	0.51	0.22	0.80	2.05	0.27	2.15
A×B	1.53	2.95	0.32	1.33	1.16	1.38

注：A 表示配置模式，B 表示土层深度，A×B 表示配置模式和土层深度的交互作用；* 表示 $P < 0.05$ 的显著性；** 表示 $P < 0.01$ 的显著水平。

6.3.4　土壤生态化学计量的相关性及内稳性分析

土壤 C：P 分别与 C：N、N：P 呈极显著正相关关系。MBN：MBP 与 MBC：MBN 的负相关性小于与 MBC：MBP 的正相关性，表明 MBC 对 MBN 变化比对 MBP 变化敏感。BG：(NAG+LAP) 和 (NAG+LAP)：AP 的相关性达到了极显著水平（$P<0.01$），表明 4 种胞外酶活性之间关系密切（图 6-10）。

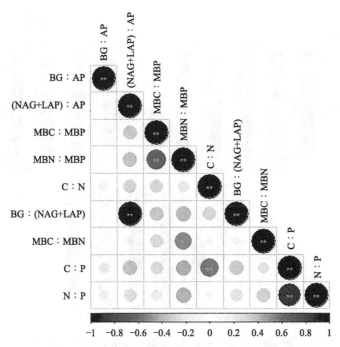

图 6-10　土壤元素-微生物-胞外酶 C：N：P 的相关性

* 和 ** 分别表示在 $P<0.05$ 和 $P<0.01$ 水平显著相关

依据 Sterner 和 Elser 提出的生态化学计量内稳性模型（Sterner & Elser，2002）：$Y=CX^{1/H}$。式中，C 为拟合常数；H 为内稳性指数。土壤微生物生物量与土壤养分元素 C、N、P 的内稳性模型方程拟合均不成功（$P>0.05$），Y 为绝对稳态（Jonas et al.，2010），说明土壤微生物生物量及其计量比具有较强的内稳性（表 6-6）。

表 6-6　土壤元素和微生物生物量 C、N、P 的标准化主轴分析

变量		n	r^2	P	截距	斜率
X	Y					
SOC	MBC	30	0.003	0.828	2.792	−0.2547
TN	MBN	30	0.005	0.768	1.380	−0.4954
TP	MBP	30	0.001	0.924	2.126	0.3874
C：N	MBC：MBN	30	0.009	0.693	2.405	−1.114
C：P	MBC：MBP	30	0.099	0.176	1.129	−0.6038
N：P	MBN：MBP	30	0.189	0.055	−0.6543	−0.8425

注：n 表示样本量。

土壤 BG：（NAG+LAP）：AP 与 C：N：P、MBC：MBN：MBP 均无显著相关关系（图 6-10），原因是胞外酶是受土壤理化性质、植被类型等多种因素共同

作用的复合体，可能某些未测量的土壤生物或非生物因子对其影响更为强烈（解梦怡等，2020）。土壤 C：N：P 与 MBC：MBN：MBP 无相关关系，而土壤 MBN：MBP 分别与 MBC：MBN、MBC：MBP 呈显著和极显著相关关系（图 6-10），说明土壤微生物不受土壤元素的影响，与 Cleveland 等（2007）同 Hartman 等（2013）的结果一致，这源于土壤微生物具有自平衡功能，其在应对代谢底物养分变化时会通过调节自身化学计量、胞外酶分泌、群落结构和代谢过程等诸多途径，维持微生物 MBC：MBN：MBP 的动态稳定（Khan & Joergensen，2019）；也暗示了在养分相对亏缺的喀斯特地区，土壤微生物以更为严格的 C：N：P 计量比来抵御生境胁迫（Hu et al.，2016b）。本研究还发现，相较于土壤 C：N：P，土壤微生物 MBC：MBN：MBP 对植被类型的变化不敏感（表 6-5），表明土壤微生物 MBC：MBN：MBP 的内稳性更优，更适于指示生态系统养分限制。

6.3.5 土壤养分诊断

土壤耕作层 C：N 与有机质分解速率呈反比（Li et al.，2015）。该区土壤 C：N（10.47）低于中国均值（14.4），说明 N 优先满足微生物的生长，多余的 N 被释放到土壤中。其中以顶坛花椒纯林最低（9.59），表明纯林的矿化速率最高，暗示复合经营具有减缓矿化、增加有机质积累、提升土壤碳汇能力的作用。本研究土壤 C：P（28.9）＜200 且低于中国均值（136），表明土壤微生物矿化土壤有机质补充土壤有效磷库，试验土壤主要受 C 限制。本研究土壤 N：P（2.76）低于中国均值（9.3），表明土壤 N 受限制程度大于 P。顶坛花椒与山豆根、金银花配置模式的 C：P 和 N：P 值均显著高于其他 3 种组合类型，说明顶坛花椒＋山豆根/金银花人工林对促进土壤 C、N、P 平衡有积极作用；其中顶坛花椒＋金银花林的土壤 C、N 含量较高（图 6-2），因此配置金银花最能有效缓解 C、N 相对匮乏的现象。本章 P 饱和现象与喀斯特地区普遍受 P 限制的结论不一致（Chen et al.，2019），原因是该区土壤中性偏碱的环境使得 P 素极易被土壤固定，同时，强烈的岩溶作用加剧岩石风化速率，再加上特殊的水热条件，增加了土壤微生物的溶蚀速率，使更多的 P 素被溶解和提取进入土壤；也可能是由于土壤微生物作用较弱，土壤固 P 作用增强（Cen et al.，2020）。

顶坛花椒＋金银花人工林的土壤 MBC：MBN 值（18.8）高于中国土壤（Xu et al.，2013）（7.6）且＞10，表明主导微生物群落为真菌，暗示了当地土壤养分较为贫瘠（Wang，2006）。同时，MBC：MBP 和 MBN：MBP 值（1.81、0.1）均远低于中国土壤（70.2、6），表明土壤 N 的生物有效性较低，而土壤微生物释 P 潜力较大，补充了有效 P 库，证实了该地土壤 P 较丰富（图 6-2）。其原因为土壤 N 素相对贫乏使得土壤微生物受 N 限制，导致固持的 MBN 偏低；而土壤 P 元素相较其他元素更充足，根据生长速率理论，高生长速率增加了微生物投资富含 P

元素的核糖体 RNA（吴秀芝等，2018），印证了前述的土壤 N∶P 较低（图 6-7）。

　　本研究土壤 C∶N 酶活性比（0.1）均低于主要陆地生态系统均值（1.41），土壤 C∶P 和 N∶P 酶活性比（0.85、8.8）分别高于全球陆地生态系统均值（0.62、0.44），表明 NAG 和 LAP 活性较高而 AP 较低，是由于土壤微生物分泌更多氮分解酶来解除 N 限制（Sinsabaugh et al.，2009）。相反，该区 P 较饱和，导致和磷相关的酶分泌减少。土壤 BG∶（NAG＋LAP）为 1∶1 时，表明 C、N 等速矿化。由此得出该地区土壤 N、P 矿化速率大于 C 矿化速率。

6.3.6　土壤质量对化学计量的驱动

　　本章将参与主成分分析的 24 个土壤质量因子和 SQI，共计 25 个指标作为环境变量进行 RDA，得到环境因子对 14 个化学计量比差异性解释量。据图 6-11，第 1、2 排序轴累计解释率分别为 39.5％和 17.2％，累计解释率为 56.7％，表明第 1、2 轴可以解释过半的信息量。图中虚线和实线箭头分别代表土壤质量指标（解释变量）和土壤化学计量特征（响应变量）。箭头的长度越长，表示解释变量的影响程度越大；虚线箭头连线在实线箭头连线上的投影越长，表示对土壤化学计量比的影响越大。

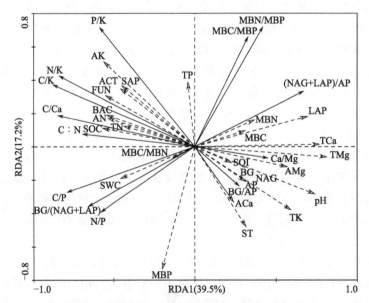

图 6-11　不同配置花椒人工林土壤质量与化学计量的 RDA 排序
SAP 为土壤速效磷；ST 为土壤温度；ACT 为放线菌；BAC 为细菌；FUN 为真菌

　　土壤速效养分含量、微生物类群与元素化学计量多呈正向作用，但养分全量的影响偏负，暗示元素的平衡关系更多受其可利用形态和数量制约。土壤含水率对

C∶N、C∶P、N∶P、BG∶（NAG＋LAP）存在显著增强效应，表明土壤含水率对 C、N 等大量限制元素的影响权重较大。喀斯特地区特征性元素 Ca、Mg 对土壤化学计量影响的贡献率较高，且 Ca∶Mg 对解释变量的响应与其他化学计量多为反向关系。SQI 对土壤化学计量的影响较小，且主要表现出抑制性，说明应关注土壤不同要素尤其是养分元素的作用机理。土壤微生物生物量的计量关系受到土壤生境的影响相对较小，趋于内稳性机制（图 6-11）。

全量养分表征了土壤对植物供给养分的潜力，是计算化学计量比的直接因子；速效养分是微生物能够直接吸收利用的部分，作为微生物生长的重要营养盐，影响微生物对养分的淋溶、提取等过程，指示土壤微生物的化学和生物学过程，调节土壤中元素的比例（Tian et al.，2019）。由图 6-11 可知，速效 K 对化学计量产生协同作用，而全 K 则相反，表明养分可利用形态对生态学过程的影响规律不同，可能是速效养分亏缺会加速微生物的矿质化过程，以迅速提供植物与微生物生长所需要的养分；全量养分亏缺会加快腐殖化过程，以形成养分"集约利用"的格局，但是具体机制需要进一步研究。

土壤含水率影响养分溶解、迁移和微生物活性，进而限制土壤质量和植被生长（张煜坤等，2020）。该节的土壤含水率与 C∶N 呈正比，是影响化学计量的关键指标，说明土壤含水率升高导致土壤矿化速率减慢，SOC 含量增加。与安申群等（2018）得出的土壤含水率对 SOC 含量起到促进作用的结论一致，表明土壤水分为限制因子的旱生环境，高的土壤含水率可通过微生物活性调节土壤微环境，增加 SOC 积累。本研究土壤含水率也与 C∶P、N∶P 呈正比，表明土壤含水率升高土壤微生物固 P 作用增强，导致全 P 含量减少并伴随 P 活性降低。

土壤养分中全 Ca 和全 Mg 对化学计量影响的贡献率相对最高，原因是喀斯特石灰岩区地质背景下 Ca、Mg 含量较高，顶坛花椒经过长期演化，形成了特定的 Ca 依赖机制，因而 Ca、Mg 成为其生长的关键主导因子。pH 值可影响土壤中主要氧化还原、中和、溶解与沉淀等化学反应过程以及微生物的活性，调节土壤元素的平衡状态（王丽娜等，2022）。本研究 pH 与 C∶N 呈反比，表明一定范围内 pH 越低有机质矿化越慢，这是由于适宜的 pH 值会促进微生物活动，加快有机质分解，进而产生更多的 SOC（施明等，2013）。微生物量计量比受元素影响较小，主要受 MBP 影响，根据化学计量内稳态假说，外界环境中养分平衡改变时，微生物会做出群落结构、代谢过程的调整，保持自身化学计量的内稳性（吴赞等，2022）。

本研究中，SQI 对化学计量的影响较小，这是由于土壤作为"黑箱"系统，植物和土壤间的物质交换、养分循环是一个复杂的开放系统（吴林坤等，2014），表明不仅要考虑土壤综合质量对化学计量的影响，也要重视土壤各要素的权衡与协同关系。因此，土壤管理既要注重综合性，也要加强对不同要素的优化管控，这对下一步开展土壤质量调控具有借鉴意义。

参考文献

安申群，贡璐，李杨梅，等，2018. 塔里木盆地北缘绿洲 4 种土地利用方式土壤有机碳组分分布特征及其与土壤环境因子的关系 [J]. 环境科学，39（7）：3382-3390.

岑龙沛，严友进，戴全厚，等，2020. 喀斯特不同土地利用类型裂隙土壤有机碳及磷素赋存特征 [J]. 生态学报，40（21）：7567-7575.

常旭，邱新彩，刘欣，等，2021. 塞罕坝华北落叶松纯林和混交林土壤肥力质量评价 [J]. 北京林业大学学报，43（8）：50-59.

陈俊竹，容丽，熊康宁，2019. 套种模式对顶坛花椒土壤矿质元素含量的影响 [J]. 西南农业学报，32（4）：763-769.

杜文鹏，闫慧敏，甄霖，等，2019. 西南岩溶地区石漠化综合治理研究 [J]. 生态学报，39（16）：5798-5808.

黄明芝，蓝家程，文柳茜，等，2021. 喀斯特石漠化地区土壤质量对生态修复的响应 [J]. 森林与环境学报，41（2）：148-156.

解梦怡，冯秀秀，马寰菲，等，2020. 秦岭锐齿栎林土壤酶活性与化学计量比变化特征及其影响因素 [J]. 植物生态学报，44（8）：885-894.

敬洪霞，孙宁骁，Umair M，等，2020. 滇南喀斯特地区不同季节土壤和灌木叶片化学计量特征及对水分添加的响应 [J]. 植物生态学报，44（1）：56-69.

李静鹏，徐明峰，苏志尧，等，2014. 不同植被恢复类型的土壤肥力质量评价 [J]. 生态学报，34（9）：2297-2307.

刘志，杨瑞，裴仪岱，2019. 喀斯特高原峡谷区顶坛花椒与金银花林地土壤抗侵蚀特征 [J]. 土壤学报，56（2）：466-474.

龙健，廖洪凯，李娟，等，2012. 基于冗余分析的典型喀斯特山区土壤-石漠化关系研究 [J]. 环境科学，33（6）：2131-2138.

卢立华，李华，陈琳，等，2021. 经营模式对马尾松近熟林土壤理化性质和化学计量比的影响 [J]. 生态学杂志，40（3）：654-663.

鲁如坤，2000. 土壤农业化学分析方法 [M]. 北京：中国农业科技出版社.

马洪波，李传哲，宁运旺，等，2015. 钙镁缺乏对不同甘薯品种的生长及矿质元素吸收的影响 [J]. 中国土壤与肥料（4）：101-107.

沈萍，范秀容，李广武，1999. 微生物学实验 [M]. 3 版. 北京：高等教育出版社.

施明，王锐，孙权，等，2013. 腾格里沙漠边缘区植被恢复与土壤养分变化研究 [J]. 水土保持通报，33（6）：107-111.

谭凤森，宋慧清，李忠国，等，2019. 桂西南喀斯特季雨林木本植物的水力安全 [J]. 植物生态学报，43（3）：227-237.

王丽娜，于永强，芦东旭，等，2022. 土壤 pH 调控固氮植物和非固氮植物间的氮转移 [J]. 植物生态学报，46（1）：1-18.

吴林坤，林向民，林文雄，2014. 根系分泌物介导下植物-土壤-微生物互作关系研究进展与展望 [J]. 植物生态学报，38（3）：298-310.

吴秀芝，阎欣，王波，等，2018. 荒漠草地沙漠化对土壤-微生物-胞外酶化学计量特征的影响 [J]. 植物生态学报，42（10）：1022-1032.

吴赟，彭云峰，杨贵彪，等，2022. 青藏高原高寒草地退化对土壤及微生物化学计量特征的影响 [J]. 植物生态学报，46（4）：461-472.

许彦鋈，林杰，李建伟，等，2021. 漆树林5种种植模式下的土壤质量综合评价 [J]. 西北林学院学报，36 (3)：74-79.

张煜坤，王洪斌，张大才，2020. 川西高原高寒草甸两种生境土壤理化性质差异的分析 [J]. 草地学报，28 (1)：207-213.

左宜平，张馨月，曾辉，等，2018. 大兴安岭森林土壤胞外酶活力的时空动态及其对潜在碳矿化的影响 [J]. 北京大学学报（自然科学版），54 (6)：1311-1324.

Anderson T R, Boersma M, Raubenheimer D, 2004. Stoichiometry: Linking elements to biochemicals [J]. Ecology, 85: 1193-1202.

Bai X Y, Wang S J, Xiong K N, 2013. Assessing spatial-temporal evolution processes of karst rocky desertification land: Indications for restoration strategies [J]. Land Degradation and Development, 24 (1): 47-56.

Bell C W, Fricks B E, Rocca J D, et al, 2013. High-throughput fluorometric measurement of potential soil extracellular enzyme activities [J]. Jove-Journal of Visualized Experiments (81): e50961.

Berg G, Smalla K, 2009. Plant species and soil type cooperatively shape the structure and function of microbial communities in the rhizosphere [J]. FEMS Microbiology Ecology, 68 (1): 1-13.

Bongers F J, Schmid B, Bruelheide H, et al, 2021. Functional diversity effects on productivity increase with age in a forest biodiversity experiment [J]. Nature Ecology and Evolution, 5: 1594-1603.

Cen L, Yan Y, Dai Q, et al, 2020. Occurrence characteristics of organic carbon and phosphorus in fissured soil under different land use types in karst area [J]. Acta Ecologica Sinica, 40 (21): 7567-7575.

Chen H, Chen M L, Li D J, et al, 2018. Responses of soil phosphorus availability to nitrogen addition in a legume and a non-legume plantation [J]. Geoderma, 322: 12-18.

Chen H, Li D J, Mao Q G, et al, 2019. Resource limitation of soil microbes in karst ecosystems [J]. Science of the Total Environment, 650: 241-248.

Cleveland C C, Liptzin D, 2007. C : N : P stoichiometry in soil: Is there a "Redfield ratio" for the microbial biomass? [J]. Biogeochemistry, 85: 235-252.

Ding Y, Huang X, Li Y, et al, 2021. Nitrate leaching losses mitigated with intercropping of deep-rooted and shallow-rooted plants [J]. Journal of Soils and Sediments, 21 (1): 364-375.

Elser J J, Fagan W F, Denno R F, et al, 2000. Nutritional constraints in terrestrial and freshwater food webs [J]. Nature, 408 (6812): 578-580.

Gai X, Zhong Z K, Zhang X P, et al, 2021. Effects of chicken farming on soil organic carbon fractions and fungal communities in a Lei bamboo (*Phyllostachys praecox*) forest in subtropical China [J]. Forest Ecology and Management, 479: 118603.

Hartman W H, Richardson C J, 2013. Differential nutrient limitation of soil microbial biomass and metabolic quotients (qCO_2): Is there a biological stoichiometry of soil microbes? [J]. Plos One, 8 (3): e57127.

Hu N, Li H, Tang Z, et al, 2016. Community size, activity and C : N stoichiometry of soil microorganisms following reforestation in a karst region [J]. European Journal of Soil Biology, 73: 77-83.

Jonas P, Patrick F, Akira G, et al, 2010. To be or not to be what you eat: Regulation of stoichiometric homeostasis among autotrophs and heterotrophs [J]. Oikos, 119 (5): 741-751.

Khan K S, Joergensen R G, 2019. Stoichiometry of the soil microbial biomass in response to amendments with varying C/N/P/S ratios [J]. Biology and Fertility of Soils, 55 (3): 265-274.

Li Y Q, Zhao X Y, Zhang F X, et al, 2015. Accumulation of soil organic carbon during natural restoration of desertified grassland in China's Horqin Sandy Land [J]. Journal of Arid Land, 7 (3): 328-340.

Peng X Q, Wang W, 2016. Stoichiometry of soil extracellular enzyme activity along a climatic transect in temperate grasslands of northern China [J]. Soil Biology and Biochemistry, 98: 74-84.

Png G K, Turner B L, Albornoz F E, et al, 2017. Greater root phosphatase activity in nitrogen - fixing rhizobial but not actinorhizal plants with declining phosphorus availability [J]. Journal of Ecology, 105 (5): 1246-1255.

Raiesi F, 2017. A minimum data set and soil quality index to quantify the effect of land use conversion on soil quality and degradation in native rangelands of upland arid and semiarid regions [J]. Ecological Indicators, 75: 307-320.

Ravindran A, Yang S S, 2015. Effects of vegetation type on microbial biomass carbon and nitrogen in subalpine mountain forest soils [J]. Journal of Microbiology Immunology and Infection, 48 (4): 362-369.

Ren C J, Zhao F Z, Kang D, et al, 2016. Linkages of C : N : P stoichiometry and bacterial community in soil following afforestation of former farmland [J]. Forest Ecology and Management, 376: 59-66.

Ren Z, Niu D C, Ma P P, et al, 2019. Cascading influences of grassland degradation on nutrient limitation in a high mountain lake and its inflow streams [J]. Ecology, 100 (8): e02755.

Rousk J, Brookes P C, Baath E, 2009. Contrasting soil pH effects on fungal and bacterial growth suggest functional redundancy in carbon mineralization [J]. Applied and Environmental Microbiology, 75 (6): 1589-1596.

Schloter M, Nannipieri P, Sørensen S J, et al, 2018. Microbial indicators for soil quality [J]. Biology and Fertility of Soils, 54 (1): 1-10.

Sinsabaugh R L, Hill B H, Shah J J F, 2009. Ecoenzymatic stoichiometry of microbial organic nutrient acquisition in soil and sediment [J]. Nature, 462 (7274): 795-U117.

Smith M S, Fridley J D, Goebe M, et al, 2014. Links between belowground and aboveground resource-related traits reveal species growth strategies that promote invasive advantages [J]. Plos One, 9 (8): e104189.

Sterner R W, Elser J J, 2002. Ecological stoichiometry: The biology of elements from molecules to the biosphere [M]. Princeton: Princeton University Press.

Stinca A, Chirico G B, Incerti G, et al, 2015. Regime shift by an exotic nitrogen-fixing shrub mediates plant facilitation in primary succession [J]. Plos One, 10 (4): e0123128.

Thoms C, Gattinger A, Jacob M, et al, 2010. Direct and indirect effects of tree diversity drive soil microbial diversity in temperate deciduous forest [J]. Soil Biology Biochemistry, 42: 1558-1565.

Tian L M, Zhao L, Wu X D, et al, 2019. Variations in soil nutrient availability across Tibetan grassland from the 1980s to 2010s [J]. Geoderma, 338: 197-205.

Udawatta R P, Kremer R J, Nelson K A, et al, 2014. Soil quality of a mature alley cropping agroforestry system in temperate North America [J]. Communications in Soil Science and Plant Analysis, 45 (19): 1539-2551.

Vance E D, Brookes P C, Jenkinson D S, 1987. An extraction method for measuring soil microbial biomass C [J]. Soil Biology and Biochemistry, 19 (6): 703-707.

Wang J P, Wu Y H, Li J J, et al, 2021. Soil enzyme stoichiometry is tightly linked to microbial community composition in successional ecosystems after glacier retreat [J]. Soil Biology and Biochemistry, 162: 108429.

Wang L J, Wang P, Sheng M Y, et al, 2018a. Ecological stoichiometry and environmental influencing factors of soil nutrients in the karst rocky desertification ecosystem, southwest China [J]. Global Ecology and Conservation, 16: e00449.

Wang M M, Chen H S, Zhang W, et al, 2018b. Soil nutrients and stoichiometric ratios as affected by land use and lithology at county scale in a karst area, southwest China [J]. Science of the Total Environment, 619: 1299-1307.

Wang Q K, Wang S L, 2008. Soil microbial properties and nutrients in pure and mixed Chinese fir plantations [J]. Journal of Forestry Research, 19 (2): 131-135.

Wang S, 2006. The effect on long-term loading and fertilizer on microorganisms in the black soil [D]. Harbin: Harbin Institute of Technology.

Wolfe B E, Klironomos J N, 2005. Breaking new ground: Soil communities and exotic plant invasion [J]. Bioscience, 55 (6): 477-487.

Xu X F, Thornton P E, Post W M, 2013. A global analysis of soil microbial biomass carbon, nitrogen and phosphorus in terrestrial ecosystems [J]. Global Ecology and Biogeography, 22 (6): 737-749.

Xu Z W, Yu G R, Zhang X Y, et al, 2017. Soil enzyme activity and stoichiometry in forest ecosystems along the North-South Transect in Eastern China (NSTEC)[J]. Soil Biology and Biochemistry, 104: 152-163.

Yan Y J, Dai Q H, Jin L, et al, 2019. Geometric morphology and soil properties of shallow karst fissures in an area of karst rocky desertification in SW China [J]. Catena, 174: 48-58.

Yuan J H, Wang L, Chen H, et al, 2021. Responses of soil phosphorus pools accompanied with carbon composition and microorganism changes to phosphorus-input reduction in paddy soils [J]. Pedosphere, 31 (1): 83-93.

Zhang H Z, Shi L L, Wen D Z, et al, 2016. Soil potential labile but not occluded phosphorus forms increase with forest succession [J]. Biology and Fertility of Soils, 52 (1): 41-51.

Zhong Z K, Li W J, Lu X Q, et al, 2020. Adaptive pathways of soil microorganisms to stoichiometric imbalances regulate microbial respiration following afforestation in the Loess Plateau, China [J]. Soil Biology and Biochemistry, 151: 108048.

7 不同配置模式顶坛花椒的性状

植物功能性状是植物响应生存环境变化，并对生态系统功能有一定影响的植物性状统称，暗示植物获取和利用资源的能力（Violle et al.，2007）。叶片功能性状是连接植物与外界环境的重要桥梁，与植株资源获取和利用效率密切相关，能够很好地表征植物对资源的获取和利用能力，从而揭示植物生长策略（Fu et al.，2019）。氨基酸不仅是蛋白质的组成部分，还参与许多控制生长和适应环境的代谢（Liao et al.，2015；Powell et al.，2015）。其中游离氨基酸作为品质性状，是一类重要的味道活性成分，其含量和种类常作为评价果实口感及品质好坏的指标（Egydio et al.，2013；王馨雨等，2020）。复合配置模式能有效提高土地利用率，提高土壤含水量、促进养分循环，对植被修复和水土保持等具有重要作用，是一种综合经济、生态、社会因素的高效复合生态系统（Hong et al.，2017；陈幸良，2022）。喀斯特石漠化区存在水土流失、岩石裸露风化、植被多样性低等生态脆弱问题，复合种植模式作为一种独特的农林经营方式，能够协调种间关系，充分发挥土壤-植物耦合效应的作用，有利于改善石漠化地区的土壤环境，丰富物种多样性，创造丰富、稳定、可持续的山地景观。因此，研究不同配置模式对顶坛花椒功能性状的影响，对顶坛花椒人工林可持续发展具有重要现实意义。

本章是在第 6 章的基础之上开展进一步研究。

7.1 研究方法

7.1.1 样地设置

与 6.1.1 内容相同。

测量植株之间的距离，密度利用长×宽进行表示，最后根据数值范围取平均值；植物株高是利用测高杆测定植株根颈部到主茎顶部的距离；植株冠幅采用卷尺测量，以树为中心，测量东西方向、南北方向树冠所覆盖到的最大值，2 次测量结果的平均值为被测树的冠幅；覆盖度测量为了操作和估算的方便易行，将投影区近似看作矩形，用卷尺测量得到植物地上部平行于该区长和宽两边的边线所达到的最大长度作为矩形的长和宽，将此矩形面积近似地作为植物的投影面积。该区所有近似投影面积的和为植物的覆盖面积，覆盖度计算公式为：

$$覆盖度 = (S_1 + S_2 + \cdots + S_n)/S \times 100\%\qquad(7\text{-}1)$$

式中，S_n 表示每株植物的投影面积；S 表示样地面积。

7.1.2 样品采集

土壤样品采集方法与 6.1.2 内容相同。土壤概况详见 6.2。

2021 年 6 月上旬，在 5 种样地进行顶坛花椒果实的采集，此时花椒果实成熟。在前述设置的每一重复样方中选择长势良好的 5 株顶坛花椒，按不同方位采集成熟无病虫害的花椒果实共 200g，注意排除边缘效应。将采集的果实装入尼龙袋自然风干，每个重复样方采集的 5 株植株果实样品混合为一个。果皮分离后经 45℃烘干、粉碎、过筛，用于氨基酸的测定。最终，果皮游离氨基酸观测值为 15 个（5 个处理×3 个样方）。由于花椒果皮富含氨基酸、芳香油和脂肪酸等多种物质，是主要利用部分，因此本章研究果皮游离氨基酸含量随配置模式的变化规律。

于 2021 年 9 月采集顶坛花椒叶片，此时叶片形态已建成，成熟度较高，新叶和老叶最易于区分。由于在每个生长季内，养分管理方式相同，因而土壤变异能够较好地反映植物的影响。加之功能性状对养分变化具有滞后性，因此土壤和叶片样品采集不同期，均选择其最为稳定的阶段。在前述设置的每一样地内选取长势良好、大小一致的 5 株顶坛花椒。沿东西南北 4 个方向各采集 4～6 片光照条件良好、大小与形状相似、完全展开、健康的成熟叶片。用纱布擦拭干净并编号标记迅速装入自封袋，低温保存带回实验室测定叶片功能性状。此外，每一样地内采集约 200g 无病虫害叶片混合样，烘干后粉碎，过孔径 0.25mm 的筛网后进行叶片碳、氮、磷元素含量测定。

7.1.3 样品测定

（1）叶片功能性状测定　用精度为 0.0001g 的天平称量所有编号标记的叶片鲜重（leaf fresh weight，LFW，g），利用 Delta-T 叶面积仪（Cambridge，UK）扫描叶片，获得叶面积（leaf area，LA，cm^2）、长宽指标。采用电子游标卡尺（精度为 0.01mm）测量编号叶片主脉两侧 0.25cm 处的厚度，每片叶片均匀选取 3 个点，取其平均值即单叶叶片厚度（leaf thickness，LT，mm）。采用 Minolta SPAD502 叶绿素仪进行叶绿素（chlorophyll，Chl）含量的测定，作为表征光合生产能力的典型叶片生理性状，测量叶片主脉和叶缘部位各 3 个点的叶绿素含量，取平均值代表单个叶片的叶绿素含量。将所有编号标记的叶片放入水中避光浸泡 12h，取出后迅速用吸水纸吸干叶片表面的水分，用精度为 0.0001g 的天平称量叶饱和鲜重（leaf saturated fresh weight，LSFW）。测完上述功能性状指标后，将叶片放入105℃烘箱中杀青30min后，在70℃下烘至恒重，称得叶片干重（leaf dry weight，LDW，g）。比叶面积（specific leaf area，SLA，$cm^2 \cdot g^{-1}$）、比叶重（specific leaf weight，SLW，$g \cdot cm^{-2}$）、叶组织密度（leaf tissue density，LTD，$g \cdot cm^{-3}$）、叶干物质含量（leaf dry-matter content，LDMC，g/g）和叶片含水率（leaf water content，LWC，g/g）计算公式如下：

$$SLA = LA/LDW \qquad (7-2)$$
$$SLW = LDW/LA \qquad (7-3)$$
$$LTD = LDW/(LA \times LT/10) \qquad (7-4)$$
$$LDMC = LDW/LSFW \times 100\% \qquad (7-5)$$
$$LWC = (LSFW - LDW)/LFW \times 100\% \qquad (7-6)$$

叶片养分性状包括叶片碳含量（leaf carbon content，LC）、氮含量（leaf nitrogen content，LN）、磷含量（leaf phosphorus content，LP）及其化学计量值（C∶P、C∶N、N∶P）。叶片碳氮磷含量分别采用重铬酸钾外加热法、凯氏定氮法和钼锑抗比色法测定；化学计量比值采用元素质量比。本研究选取的叶片功能性状及其生态学含义详见表7-1。

表7-1 叶片功能性状及其生态学含义（Perez-Harguindeguy et al.，2016；潘权等，2021）

叶片功能性状	单位	含义
叶片厚度	mm	与光能利用率和光合效率密切相关，影响叶片水分供应、存储及光合作用中物质和能量交换过程；数值越大越适于资源匮乏生境
比叶面积	$cm^2 \cdot g^{-1}$	反映植物碳获取策略、生长对策和对不同生境的适应特征，影响植物相对生长速率；越高光合速率越高，蒸腾作用越强
叶干物质含量	$mg \cdot g^{-1}$	反映植物获取和保持周围环境资源的能力和叶片的组织构建；越高叶越能更好地锁住体内营养成分，减少流失
叶片含水率	%	对植物的抗旱育种和保水性状具有重要意义；越高抗旱能力越强
叶绿素相对含量（SPAD值）	无量纲	越高则植物光合作用和耐阴能力越强
叶组织密度	$g \cdot cm^{-3}$	与资源获取有关，指示植物存储养分、水分和抵御外界干扰能力；越高抗干扰能力越强
叶片碳含量	$g \cdot kg^{-1}$	越高表示旱生环境中的水分供应能力越强
叶片氮含量	$g \cdot kg^{-1}$	越高越有利于叶绿素合成和提高光合效能
叶片磷含量	$g \cdot kg^{-1}$	促进蛋白质合成、生理修复，提高植物耐寒性
叶片碳氮比	无量纲	与生长速率呈正比；较高时有较高的固碳优势和较好的养分利用策略且同化碳的能力较强
叶片碳磷比	无量纲	代表植物吸收营养元素时所能同化碳的能力和植物固碳效率的高低；较高时有较高的固碳优势和较好的养分利用策略且同化碳的能力较强
叶片氮磷比	无量纲	指示植物受氮磷的限制，>16表示受磷限制，<14表示受氮限制，14<氮/磷<16则表示受二者限制

（2）果皮氨基酸测定 采用高效液相色谱法（do Nascimento et al.，2020；Lu et al.，2020）测定游离氨基酸，以异硫氰酸苯酯乙腈溶液为柱前衍生试剂；紫外检测器波长：254nm；色谱柱：C_{18} SHISEIDO（4.6mm×250mm×5μm）；柱温：40℃；流速：1mL·min^{-1}；进样体积：10μL；流动相：A 乙酸钠-乙腈溶液；B 80％乙腈水溶液，流动相梯度洗脱；正亮氨酸作内标物。参照计算必需氨基酸和非必需氨基酸的积累量。共测定17种氨基酸：天冬氨酸、谷氨酸、丝氨酸、组氨酸、甘氨酸、苏氨酸、精氨酸、丙氨酸、酪氨酸、半胱氨酸、缬氨酸、蛋氨酸、苯丙氨酸、异亮氨酸、亮氨酸、赖氨酸、脯氨酸。

7.1.4 数据分析

采用 Kolmogorov-Smirnov 法对各指标进行正态性检验，呈正态分布时，采用单因素（one-way ANOVA）和最小显著差异法（least significance difference，LSD）进行方差分析与多重比较；不呈正态分布时，采用 Dunett's T3 法。变异系数（coefficient variation，CV）=标准差/均值，通常情况下，CV≤20％时属于弱变异；20％< CV≤50％时属中等变异；CV>50％时属于强变异（秦娟等，2016）。可塑性指数（PI）表示性状对配置模式的响应程度，数值越大则表明对外界环境的响应越敏感。计算方法参考 Valladares 等（2000）：PI=（性状最高值－最低值）/最高值。采用非线性正态曲线模型对叶片功能性状相关参数进行拟合。用 Pearson 法对叶片功能性状各指标间的相关性进行分析。用主成分分析法筛选出影响顶坛花椒叶功能性状变化的主要指标，并计算不同配置模式的顶坛花椒适应能力得分。在进行分析前对数据进行标准化预处理消除量纲不同的影响。采用逐步回归分析法，探明土壤因子对顶坛花椒叶功能性状的影响。采用单因素方差分析（one-way ANOVA）和 Duncan 法进行多重比较，分析不同配置模式顶坛花椒果皮游离氨基酸积累特征之间的差异。游离氨基酸含量数据经标准化处理后进行主成分分析（PCA），评价不同配置模式顶坛花椒果皮游离氨基酸品质。使用冗余分析揭示土壤功能性状对品质的影响机理。用 R 语言 corrplot 包和 Origin 6.1 作图。图表中数据为平均值±标准差。

7.2 叶片功能性状与资源利用

植物功能性状是其在生长发育中与外界环境相互作用而形成的稳定属性，既能响应环境变化，又能影响生态系统功能（Kattge et al.，2020）。叶片既是光合作用的主要场所，也是维持水力平衡的关键器官，对环境变化敏感且可塑性强（Li et al.，2021b）。叶片厚度、比叶面积、叶干物质含量等叶片性状，叶绿素等叶片生理性状，叶片碳、氮、磷等叶片养分性状，以及 C：N、C：P、N：P 等叶片养分化学计量性状，能够敏锐地表征植物适应环境策略、能力和对资源竞争的响应规律（Wang et al.，2017）。

物种多样性配置是根据不同植物的生理学和生态学特征，按照空间位置进行有机组合，形成相互促进的高效人工复合生态系统。混交林能够改变土壤性状（Hou et al.，2019）。配置物种的凋落物输入量和分解速率各异，以及根系分泌物的种类与数量差异等，驱动土壤肥力质量变化（Wang et al.，2020b）。物种间养分重吸收效率的大小，也会引起养分浓度的高低变化（Lü et al.，2013）。此外，植被类型可通过改变土壤营养底物，间接影响土壤微生物群落（Thoms et al.，2010）。不同的配置模式还会影响植物群体的受光能力和内部光分布特征，进而改变其内部的水、热、气等微环境和光合特性。可见，与纯林相比，混交林可显著改善土壤物理性质，减缓土壤养分消耗，促进生源物质循环（Zhou et al.，2020；Bongers et al.，2021）。然而，混交林不同物种间也会由于生态位重叠，竞争水分与养分（Wang et al.，2020a），以及产生化感效应等问题。因此，阐明黔中喀斯特高原峡谷区不同配置顶坛花椒叶片功能性状与适应能力，有利于筛选出适宜的配置模式。

植物对环境的响应和适应策略一直是生态学研究的核心问题。近年来，从不同纬度（Gong et al.，2020）、坡向（Li et al.，2021b）、气候（Li et al.，2021c）、生物学组织水平（Bauters et al.，2017）等方面，探讨叶片性状与土壤因子之间的协同和权衡关系，已经取得丰富成果。但是，不同配置模式的叶片功能性状与土壤关系研究仍较有限；同时，喀斯特生态系统具有生境异质性高、环境脆弱、土壤总量较低且养分供给能力弱等特点（Wang et al.，2019a），但乡土植物的适应机理仍不明确（Hao et al.，2015）。因此，开展喀斯特植物顶坛花椒与土壤间互作关系研究，有利于深入剖析其适应该生境的独特生态策略。基于此，本节旨在阐明不同配置模式下顶坛花椒的适应机理和资源利用策略；探明不同配置模式的适应能力高低；提取顶坛花椒叶片功能性状的主要土壤驱动因子。

7.2.1 顶坛花椒的叶片功能性状特征及可塑性

5 种模式的顶坛花椒叶片功能性状变化特征如图 7-1 所示。叶片厚度表现为 YD4 最大，显著大于 YD1、YD2，其他样地无显著差异。比叶面积表现为 YD2 最大，显著高于其他样地，YD4 最小，显著低于 YD2、YD3。叶干物质含量则为 YD1 最高，YD2 最低，但 5 个样地间均不存在显著差异。YD1 的叶片含水率显著低于其他样地，其他样地间无显著差异。YD1 的叶组织密度显著高于 YD2。YD1 和 YD5 的叶绿素值显著高于其他 3 个样地。不同人工林间变异系数为 5.8%～26.9%，其中叶绿素相对含量变异系数最大（26.9%），属中等变异；其次是叶片厚度（19.1%）、叶组织密度（18.0%）、比叶面积（13.6%）、叶干物质含量（9.1%），叶片含水率最小（5.8%）。

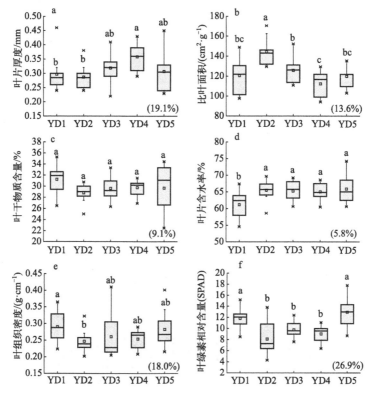

图 7-1　不同配置模式顶坛花椒叶功能性状特征

箱线图中的□表示植物个体性状平均值；不同小写字母表示在 $P < 0.05$ 水平差异显著，
具有相同字母表示在 $P > 0.05$ 水平差异不显著；括号内百分数为种间变异系数

如表 7-2 所示，方差分析结果表明，叶碳、叶氮、叶磷、叶片 C：N、叶片C：P 和叶片 N：P 在 5 种人工林间均无显著差异。叶碳和叶片 C：P 表现为 YD1最高而 YD5 最低，叶磷则呈现出相反的结果。叶氮含量表现为 YD4 最高而 YD1最低，叶片 C：N 则相反。YD4 的叶片 N：P 最高而 YD5 最低。5 种人工林间变异系数为 5.8%～16.7%，均为弱变异，其中叶片 C：P 最大（16.7%），叶碳最小（5.8%）。

表 7-2　顶坛花椒叶片碳氮磷含量及化学计量特征

组合类型	叶碳 /(g·kg⁻¹)	叶氮 /(g·kg⁻¹)	叶磷 /(g·kg⁻¹)	叶片碳氮比	叶片碳磷比	叶片氮磷比
YD1	46.38±1.43a	2.79±0.08a	2.74±0.34a	16.60±0.01a	17.02±1.58a	1.03±0.10a
YD2	44.64±4.21a	2.93±0.11a	3.42±0.72a	15.23±0.86a	13.49±4.07a	0.88±0.22a
YD3	45.33±4.39a	3.11±0.23a	3.00±0.16a	14.58±0.33a	15.16±2.27a	1.04±0.13a

组合类型	叶碳 /(g·kg⁻¹)	叶氮 /(g·kg⁻¹)	叶磷 /(g·kg⁻¹)	叶片碳氮比	叶片碳磷比	叶片氮磷比
YD4	44.40±2.83a	3.20±0.14a	2.92±0.42a	13.88±0.28a	15.31±1.21a	1.10±0.11a
YD5	42.98±0.90a	2.85±0.45a	3.46±0.51a	15.28±2.74a	12.57±2.12a	0.82±0.01a
总变异系数/%	5.8	8.1	14.8	9.0	16.7	15.2

注：不同小写字母表示在 $P < 0.05$ 水平差异显著，具有相同字母表示在 $P > 0.05$ 水平差异不显著。下同。

叶绿素、叶厚度、叶组织密度的可塑性指数较大（PI>0.50），为响应配置模式的敏感性状；而叶碳的可塑性变化最不敏感（PI<0.20），为响应配置模式的惰性性状（图 7-2）。暗示结构性状的响应更为敏感。

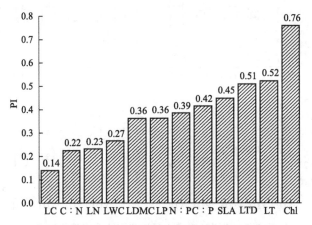

图 7-2　顶坛花椒叶功能性状可塑性指数对配置模式的响应

7.2.2　不同配置模式下顶坛花椒资源利用策略

植物通过调节叶片形态结构及内部生理特征来适应生境的变化，进而形成丰富的性状组合（Wright et al.，2007；Faucon et al.，2017）。配置李后，顶坛花椒通过增加叶干物质含量和降低比叶面积来提高获取养分的能力（图 7-1b、图 7-1c），以减少机体的水分损失（Wilson et al.，1999），这是一种增加干物质含量来抵御水分亏缺胁迫的策略。与金银花配置后，顶坛花椒形成了大叶厚度、高叶干物质含量及小比叶面积的干旱性状组合（图 7-1a～图 7-1c），通过减小比叶面积和增强防御组织、储存养分、减少水分散失，以及提升耐旱、防御能力来协同抵御干旱胁迫，适应干旱贫瘠的生存环境（Thomas et al.，2017）。总体看，前述 2 种模式表现出更高的适应能力（表 7-4），原因是其资源获取和防御功能更强外，还可能是更多的凋落物输入，改变了生境质量。与山豆根配置后，顶坛花椒表现为较低的叶厚度、叶干物质含量和叶绿素，以及较高的比叶面积和叶片含水率的快速投资策略

（图 7-1a～图 7-1d、图 7-1f），采取通过降低适应能力来满足生长需求的策略（表 7-4）。分析原因为，山豆根为林下低矮作物，与其配置后，顶坛花椒的光照资源供给相对稳定，较薄的叶片也能够缩短光照强度和 CO_2 的传输距离，提高叶片光合能力（Parkhurst，1994）；据此推断，在光照相对充沛的生境中，顶坛花椒面临更小的竞争压力，以快速生长策略为主。该节结果表明，叶片经济谱和适应能力之间存在紧密关联，但其作用机理尚需深入研究。

顶坛花椒叶氮含量在与金银花配置时最高，与李配置时最低（表 7-2）。这是因为配置金银花后，生态位分离使得顶坛花椒的光合能力和生长速率受限较小，叶片会通过增加 N 投资来满足较高的 N 需求；同时，配置的金银花叶表被毛，凋落后易于分解，为微生物提供了丰富的营养盐，有利于提高根际微生物活性，促进顶坛花椒根系吸收养分。顶坛花椒与李配置后，因为李为高大乔木，对顶坛花椒产生遮阴效应，影响其喜光的生态习性，进而限制了顶坛花椒的光合能力；同时，李与顶坛花椒的根系生态位高度重叠，形成强烈的养分竞争效应，导致顶坛花椒对矿质元素的吸收能力减弱。因此，该模式下顶坛花椒叶氮最低。综合表明，顶坛花椒的适应能力是通过一系列功能性状的权衡与协同组合来构成的，可能存在此消彼长的"牺牲"策略（Reich，2014）。本研究所有人工林的顶坛花椒叶片 N：P 均＜14（表 7-2），反映了该研究区顶坛花椒受到 N 元素的制约（Koerselman and Meuleman.，1996），这与该区 N 限制程度更高的环境有关。

除叶绿素、叶片厚度、叶组织密度外，顶坛花椒叶片功能性状的可塑性整体较小（图 7-2）。究其原因，一是由于喀斯特地区生境脆弱（地质性与季节性干旱叠加使环境趋于旱生，以及土层浅薄、土壤储量较低），顶坛花椒通过提高自身功能性状的稳定性来抵御环境胁迫；二是顶坛花椒为了适应养分贫瘠的生境，多采取缓慢投资的保守策略，最终导致植物生长速率相对较低，性状的可塑性变异幅度变小。此外，本研究叶片结构性状的可塑性强于化学性状，反映顶坛花椒采取不同的适应策略以应对环境变化（吴陶红等，2022），原因是结构性状对外界环境变化响应更灵敏、直观，通过快速调整以适应资源环境动态变化。不同配置模式顶坛花椒的叶片 C、N、P 含量及其化学计量比均无显著差异，且变异系数均较小，说明生物机体能保持其化学组成的相对稳定性（Sterner ＆ Elser，2002）。该现象表明顶坛花椒作为适生优势种，具有较高的内稳性，对养分的利用方式更加保守，从而更适于水分和养分亏缺的生境（Persson et al.，2010；张婷婷等，2019）。未来，需要进一步结合内稳性机制，研究顶坛花椒的适应策略和驱动机理。

7.2.3　顶坛花椒适应能力分析

对顶坛花椒叶片功能性状进行主成分分析，共提取出 4 个主成分，累计贡献率为 88.405%，表明其能够解释原始变量的大部分信息（表 7-3）。其中，第 1 主成分与叶碳、C：P 和 N：P 呈显著正相关，与 LP 呈显著负相关。第 2 主成分与叶氮的负载较大，与 C：N 正效应较大。第 1、2 主成分代表了叶片 C、N、P 含量及其比值。第 3 主成分与叶干物质含量呈显著负相关，与叶片含水率呈显著正相关，代表叶片内储存的养分及水分。第 4 主成分主要受比叶面积支配。

表 7-3　顶坛花椒叶功能性状主成分分析

叶片功能性状因子	主成分载荷矩阵			
	主成分 1	主成分 2	主成分 3	主成分 4
叶厚度	0.291	−0.508	0.309	0.625
叶绿素相对含量	−0.235	0.534	−0.249	0.647
比叶面积	−0.097	0.114	0.210	**−0.943**
叶干物质含量	0.104	0.115	**−0.873**	0.212
叶片含水率	−0.305	−0.440	**0.769**	0.090
叶组织密度	−0.217	0.520	−0.614	0.388
叶碳	**0.727**	0.196	0.452	−0.018
叶氮	0.107	**−0.823**	0.364	0.091
叶磷	**−0.928**	−0.076	0.220	−0.088
叶片碳氮比	0.366	**0.912**	−0.047	−0.055
叶片碳磷比	**0.979**	0.121	−0.107	−0.009
叶片氮磷比	**0.887**	−0.406	−0.076	0.052
特征值	3.905	3.586	2.068	1.050
方差贡献率/%	29.838	23.051	19.480	16.035
累计贡献率/%	29.838	52.889	72.370	88.405

注：加粗字体为各主成分载荷因子相对较大的影响因子。

不同配置模式的顶坛花椒适应能力得分见表 7-4。YD1 的顶坛花椒适应能力最强，YD4 次之，YD2 的适应能力最差。其中 YD1 的因子 3 得分最低，表明主要受叶干物质含量和叶片含水率的影响。YD2 的因子 4 得分最低，同时比叶面积显著高于其他样地，表明该人工林主要受比叶面积过高的影响。YD3 和 YD4 的因子 2 得分最低，表明受 LN 和 C：N 的影响较大。YD5 的因子 1 得分最低，表明主要受叶碳、叶磷、叶片 C：P 和 N：P 的影响。

表 7-4　顶坛花椒叶功能性状因子得分

配置类型	因子得分				土壤质量指数	排名
	F_1	F_2	F_3	F_4		
YD1	1.409	1.934	**−2.516**	0.959	0.530	1
YD2	−0.93	−0.187	1.526	**−3.292**	−0.552	5
YD3	0.466	**−0.746**	0.631	−0.178	0.061	3
YD4	0.904	**−1.821**	0.731	1.303	0.201	2
YD5	**−1.844**	0.820	−0.373	1.208	−0.240	4

注：加粗字体为得分最低的因子。

7.2.4 顶坛花椒叶片功能性状的耦合关系

叶片厚度与比叶面积呈显著负相关；叶绿素与叶组织密度、叶碳和 C∶P、叶片 N∶P 与 C∶P 均呈显著正相关；叶片含水率分别与叶干物质含量、叶氮呈显著负相关和正相关；叶氮与 C∶N，LP 与 C∶P、N∶P 均呈极显著负相关。叶片 C、N、P 含量及其比值之间的相关性相较其他叶片功能性状更为显著（图 7-3）。

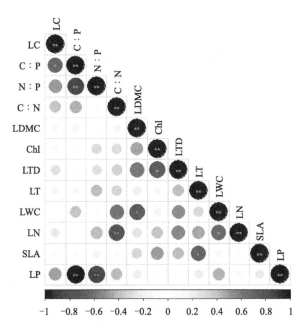

图 7-3　顶坛花椒叶功能性状相关分析
* 和 ** 分别表示在 $P<0.05$ 和 $P<0.01$ 水平显著相关

植物通过叶片功能性状间的协同或权衡关系，来适应不同的环境（Reich & Oleksyn，2004）。本研究叶干物质含量与叶片含水率呈显著负相关，印证了植物叶干物质含量增大，叶片含水率降低，这样的性状组合普遍存在于植物群落中（Wright et al.，2004），原因是顶坛花椒通过提高元素保有能力等，抵御水分胁迫。叶绿素、比叶面积分别与物理支撑结构的叶组织密度、叶厚度呈负相关，体现出叶片在生态功能和结构建成两个方面的资源权衡分配策略（Wright et al.，2004；Ordoñez et al.，2009），这是顶坛花椒通过权衡、调整光合能力（快速生长）和物质积累（缓慢生长）的关系，来提高资源配置效率，进而缓解逆境胁迫。顶坛花椒叶片 C、N、P 与其化学计量之间存在较多的相关性，这是由于其对养分的利用受到了环境和自身需求的影响，通过调节自身叶片营养元素及化学计量比来适应环境中养分的供给状况（马飞等，2017），也验证了生态化学计量的内稳态理论。其中，叶片 C∶P 与叶碳、叶磷分别呈显著正相关、极显著负相关，表明顶坛花椒对 C 和 P 的积累与消耗不同步，存在权衡效应，这可能与 C 和 P 养分元素的循环途径不同有关（Bertolet et al.，2018）。

7.2.5 土壤因子对叶功能性状的影响

对 12 个功能性状指标（因变量）进行 Shapiro-Wilk 正态性检验（表 7-5）。通过数据分析得知所有指标的显著水平均大于 0.05，表明因变量服从正态分布，因此进行下一步的逐步回归分析。

表 7-5 叶功能性状正态性检验输出结果

叶功能性状	Shapiro-Wilk		
	统计量	d_f	sig.
叶片厚度	0.982	30	0.975
叶绿素相对含量	0.903	30	0.236
比叶面积	0.894	30	0.187
叶干物质含量	0.895	30	0.192
叶片含水率	0.968	30	0.876
叶组织密度	0.954	30	0.717
叶碳	0.883	30	0.14
叶氮	0.967	30	0.86
叶磷	0.905	30	0.249
叶片碳氮比	0.926	30	0.407
叶片碳磷比	0.934	30	0.488
叶片氮磷比	0.962	30	0.81

通过逐步回归分析顶坛花椒叶片功能性状对土壤因子的响应关系（表 7-6）。结果表明：叶片厚度、叶绿素相对含量、比叶面积、叶组织密度和叶片 C∶N 与土壤因子呈显著相关关系（$P<0.05$），其余指标与土壤因子间的相关性不显著（$P>0.05$）。叶片厚度与 MBP 显著相关（$P<0.05$）。叶绿素相对含量与 N∶P、MBN 呈极显著相关（$P<0.01$），在其回归方程中，N∶P 的标准回归系数（-0.937）大于 MBN 的标准回归系数（-0.373）（标准回归系数绝对值的大小直接反映影响程度），表明 N∶P 是影响叶绿素相对含量的主要因子，而 MBN 是次要因子。比叶面积与全磷（TP）、SWC 和速效氮（AN）呈极显著相关（$P<0.01$），SWC 的标准化系数（0.515）大于 TP（-0.412）和 AN（-0.396），表明影响比叶面积的主要是 SWC，其次是 TP 和 AN。叶组织密度与 N∶P、C∶P、MBC、SWC 和 C∶N 呈极显著相关（$P<0.01$），其中标准回归系数大小为 C∶P（4.493）>N∶P（-4.464）>C∶N（-1.474）>MBC（-0.321）>SWC（0.21），

表明叶组织密度主要受 C：P 和 N：P 的影响。叶片 C：N 与速效钙（ACa）和 MBC 呈显著相关（$P<0.05$），ACa 的标准化系数（-0.908）大于 MBC 的标准化系数（0.564），表明影响叶片 C：N 的主要因子是 ACa，MBC 是次要因子。因此，叶片功能性状受 SWC、MBC、MBN、MBP、AN、TP、ACa、C：N、C：P、N：P 的共同影响。

表 7-6　叶功能性状与土壤质量的逐步回归分析

叶功能性状	逐步回归方程	标准回归系数	R^2	P
叶片厚度	$LT=0.071+0.002\times MBP$	$B_{MBP}=0.715$	0.449	0.020
叶绿素	$Chl=29.749-3.814\times N：P-0.65\times MBN$	$B_{N：P}=-0.937，B_{MBN}=-0.373$	0.796	0.002
比叶面积	$SLA=127.27-17.515\times TP+1.067\times SWC-0.055\times AN$	$B_{TP}=-0.412，B_{SWC}=0.515，B_{AN}=-0.396$	0.960	0.000
叶组织密度	$LTD=0.868-0.226\times N：P+0.017\times C：P-0.001\times MBC+0.001\times SWC-0.033\times C：N$	$B_{N：P}=-4.464，B_{C：P}=4.493，B_{MBC}=-0.321，B_{SWC}=0.21，B_{C：N}=-1.474$	0.983	0.000
叶片碳氮比	$C：N=20.979-0.058\times ACa+0.055\times MBC$	$B_{ACa}=-0.908，B_{MBC}=0.564$	0.628	0.013

研究发现叶片功能性状主要受土壤水分含量、大量元素组分形态、元素计量平衡和微生物生物量的影响。土壤水分影响顶坛花椒生态适应策略，究其原因，一是研究区干热河谷、土层浅薄、地下水深埋等特征，使水分成为主导因子，且人工林对微生境水循环的影响可能加剧水分限制（Cortes et al.，2020）；二是土壤水分与植物的关系密切（Singh et al.，2021），干旱胁迫使树木更容易遭受虫害和病原体入侵（Whyte et al.，2016），尤其是顶坛花椒等浅根性物种更容易受到水分亏缺的影响（Anthony et al.，2018）；三是土壤水分与养分之间存在较强的耦合关系，共同影响固碳和微生物活性（Mahajan et al.，2021），以及养分含量和计量特征（Lin et al.，2019），进而对植物生长产生影响。表明人工林水分效应对适应能力的影响值得深入研究。

矿质养分影响顶坛花椒光合速率和植物机体构成（Hu et al.，2016），光合生产能力和营养物质之间亦具有较强的协同效应（Amoozager et al.，2017）。因此，矿质元素会对植物生长、适应产生影响。N 和 P 均为构成机体的限制性元素，是重要的肥力指标（Xu et al.，2018），制约生态系统生产力的形成，因此成为影响植物生存的关键指标。但是，C 元素未对植物适应产生显著影响，这与其主要来源于大气，通过光合固定得以保存有关。此外，对植物生长有影响的 N 和 P 的形态并不相同，原因可能是该区 N 限制的程度更高（Zhang et al.，2015），相对充沛的 P 对 N 元素产生稀释效应（贺立恒，2012），造成速效 N 限制；P 富余也会引起

C：N：P 比例失衡，导致元素亏缺并限制生态系统功能（Sun et al.，2022）。此外，植物能够吸收土壤游离氨基酸等小分子物质（Paungfoo-Lonhienne et al.，2012），而该区土壤有机结构退化，可能也是造成速效 N 缺乏的原因；P 则主要来源于地质环境，受土壤结构和生物活性的影响偏小，其主要影响的组分形态亦存在差异。Ca 是喀斯特地区的特征性元素，主要源于对母岩的高继承性，同时具有养分供给和信号转导功能（Zhang et al.，2017；Hashem et al.，2018），生态调节作用较强（Poovaiah & Reddy，1993），因而对顶坛花椒生长的作用显著，且以更为活跃的速效组分为主。

土壤微生物生物量在森林生态系统中充当具有生物活性的养分积累和储存库（Heuck et al.，2015），是易于分解和周转的营养库，驱动生源要素的生物地球化学循环（Li et al.，2014），对陆地生态系统的影响至关重要（Medlyn et al.，2015），在土壤中扮演着重要角色。同时，生态化学计量调节着 C、N 等元素循环（Chen et al.，2018），制约元素的平衡关系，决定养分矿化和吸收、利用等过程，影响生态系统生产力（Sun et al.，2022）。因此，它们共同对植物的生长和适应产生影响，植物功能性状对其产生同步响应。综合表明，培育土壤有机结构尤为重要，有利于改善植物的生态适应性状，是提高植物适应能力的关键措施。但是，化学计量对水分具有依赖性（Murray et al.，2022），且土壤各组成部分之间具有较强的耦合效应，因而土壤的综合作用对叶片功能性状的影响仍需深入研究。

7.3 果皮氨基酸品质性状

氨基酸作为有机氮化学物和构成蛋白质的最基本元件，是维持植物生长繁殖和发育的重要初生代谢产物（Dinkeloo et al.，2018）。同时，氨基酸也是植物体内合成核酸、叶绿素、激素和次生代谢等物质的常见小分子前体，影响有机化合物的合成（Yang et al.，2020）。此外，游离氨基酸（free amino acid，FAA）作为氨基酸的存在形式之一，是重要的呈味物质，其种类和含量常作为评价果实营养价值、口感风味的重要指标，对果实品质形成具有重要影响（Mandrioli et al.，2013；王馨雨等，2020）。因此，测定氨基酸含量，对进一步识别顶坛花椒的调味功能尤为重要。

植物在开启并转运次生代谢时，需要全面且充足的营养元素用于参与代谢调节、信号转导和防御物质的合成（Wen et al.，2015）。氮、磷等大量元素在植物体生长、发育和各种生理机能调节中起重要作用（Sardans & Penuelas，2013；The et al.，2021）。其中，氮是蛋白质等代谢产物的重要组成成分，参与氨基酸合成途径，调节次生代谢产物的前体氨基酸合成（Aires et al.，2006；Krapp，2015）；磷是构成脱氧核糖核酸、核糖核酸、腺嘌呤核苷三磷酸等代谢产物的重要化学元素，直接参与一些初级代谢产物合成的生化反应（Vance et al.，2003；Becquer et al.，2014）。微量元素作为细胞酶和辅酶的组成成分，参与植物体酶的合成与代谢的全过程（Kaur et al.，2022）。尤其是钙元素作为第二信使，用于激活植物细胞的抗性基因，调节对整个植物体细胞刺激信号的响应（Niu & Liao，2016；Gohari et al.，2020）。

土壤中的微生物能够通过多种途径将植物残体分解形成腐殖质，从而参与植物次生代谢的运转（Kuzyakov & Xu，2013）。此外，土壤微生物对土壤养分的固持、矿化，以及土壤养分循环具有重要的驱动和调节作用，进而改变了土壤养分元素的平衡关系。生态化学计量学结合生态学与化学计量学基本原理，探究生态系统能量平衡和化学营养元素平衡（Anderson et al.，2004）。元素化学计量的变化与代谢物的变化具有明显相关性，可以调控生物体内分子合成，进而影响代谢反应（Rivas-Ubach et al.，2012）。可见，土壤元素、微生物及其化学计量变化对代谢产物合成具有重要意义。

基于此，本节旨在解决：不同模式顶坛花椒果皮游离氨基酸组分含量特征、风味贡献及品质评价；土壤性状对顶坛花椒果皮品质的影响规律。为保证土壤样本观测值与果皮游离氨基酸观测值的数量一致，本节的土壤样本参数取两土层数据的平均值。最终，土壤观测值为 15 个（5 个处理×3 个样方）。土壤样品详细采集方法参照"6.1.2 土壤样品采集"。

7.3.1 氨基酸含量与积累量

如表 7-7 所示，5 种配置模式的顶坛花椒果皮均检出 17 种游离氨基酸（free amino acid，FAA）。其中，精氨酸、丝氨酸、脯氨酸、丙氨酸、酪氨酸、半胱氨酸在 5 种配置模式间无显著差异，其余 11 种 FAA 的含量则存在不同程度显著差异。表明配置模式对顶坛花椒果皮 FAA 含量，尤其必需氨基酸的影响较大。除苯丙氨酸、酪氨酸、半胱氨酸外，其余种类 FAA 均以 YD2 为最高。除酪氨酸和半胱氨酸外，其余种类氨基酸均在与李配置时最低。

不同配置模式的必需氨基酸、非必需氨基酸和总游离氨基酸含量分别为 $1563.12 \sim 2486.75 \mathrm{mg} \cdot \mathrm{kg}^{-1}$、$2998.50 \sim 4077.54 \mathrm{mg} \cdot \mathrm{kg}^{-1}$、$5104.49 \sim 7285.59 \mathrm{mg} \cdot \mathrm{kg}^{-1}$，均以 YD2 为最高，显著高于 YD1。根据 1973 年联合国粮农组织（Food and Agriculture Organization of the United Nations，FAO）和世界卫生组织（World Health Organization，WHO）提出的理想蛋白质标准，必需氨基酸/总氨基酸为 40.00%、必需氨基酸/非必需氨基酸理想值高于 60.00%。各配置模式 EAAs/TFAAs 为 30.62%~34.48%，EAAs/NEAAs 为 44.14%~52.62%，其中顶坛花椒+山豆根和顶坛花椒纯林最贴近这一标准。

表 7-7　不同配置模式顶坛花椒果皮游离氨基酸的组成与含量

氨基酸		YD1	YD2	YD3	YD4	YD5
必需氨基酸 /(mg·kg⁻¹)	缬氨酸	376.51± 10.86b	500.15± 87.33a	420.97± 10.85ab	438.20± 8.85ab	409.29± 22.74ab
	苏氨酸	282.72± 7.50b	368.39± 58.89a	314.29± 6.22ab	337.44± 16.76ab	304.01± 22.22ab
	苯丙氨酸	8.46± 1.40c	33.19± 2.62b	23.96± 8.93bc	20.92± 8.22bc	55.35± 11.82a
	蛋氨酸	33.71± 0.04b	46.81± 8.85a	41.84± 3.45ab	34.09± 4.92ab	41.17± 3.22ab
	亮氨酸	471.19± 10.18b	608.99± 98.29a	514.84± 1.06ab	555.49± 24.27ab	507.19± 25.65ab
	赖氨酸	347.38± 0.42b	470.78± 90.79a	361.81± 47.02ab	384.33± 16.50ab	386.29± 2.37ab
	异亮氨酸	43.18± 6.89b	458.46± 90.71a	375.71± 12.23a	370.20± 25.94a	380.95± 12.11a
	总计	1563.14± 36.47b	2486.75± 437.47a	2053.41± 68.29ab	2140.67± 27.30a	2084.22± 70.05a
非必需氨基酸 /(mg·kg⁻¹)	组氨酸	175.01± 1.83b	224.90± 36.95a	189.15± 11.31ab	205.69± 7.85ab	187.80± 10.38ab
	精氨酸	367.86± 21.83a	496.41± 125.63a	439.46± 43.59a	420.37± 6.47a	396.40± 12.56a
	丝氨酸	325.79± 12.94a	447.59± 98.81a	380.91± 22.85a	406.63± 16.93a	366.69± 25.24a
	脯氨酸	427.79± 36.36a	608.59± 128.90a	458.82± 88.71a	601.17± 21.00a	533.05± 87.49a
	甘氨酸	381.66± 17.76b	491.17± 83.21a	422.02± 14.86ab	437.38± 9.76ab	416.49± 0.92ab
	谷氨酸	738.39± 30.78b	1012.02± 203.02a	863.35± 9.32ab	899.38± 18.59ab	846.80± 22.80ab
	天冬氨酸	477.48± 48.72b	744.83± 181.96a	646.66± 126.96ab	597.16± 8.89ab	578.21± 1.11ab
	丙氨酸	363.17± 9.57a	454.11± 69.92a	386.75± 0.01a	406.52± 20.65a	377.00± 29.29a
	酪氨酸	232.20± 8.64a	270.88± 19.56a	245.27± 11.75a	273.96± 10.92a	221.14± 37.96a
	半胱氨酸	52.02± 4.85a	48.37± 2.22a	39.48± 8.34a	54.93± 12.49a	37.41± 4.61a
	总计	2998.50± 87.20b	4077.54± 783.16a	3443.26± 236.39ab	3677.10± 59.48ab	3376.77± 209.43ab
总游离氨基酸 /(mg·kg⁻¹)		5104.49± 147.33b	7285.59± 1383.21a	6125.28± 359.58ab	6443.82± 88.16ab	6045.19± 302.42ab
(EAAs/TFAAs)/%		30.62	34.13	33.52	33.22	34.48
(EAAs/NEAAs)/%		44.14	51.82	50.43	49.75	52.62

据表 7-8 可知，总体上，甜味氨基酸（SAA）含量（1956.13～2594.73mg·kg^{-1}）最高，芳香族氨基酸（AAA）含量（292.68～352.43mg·kg^{-1}）最低。苦味氨基酸（BAA）含量（1292.44～2110.81mg·g^{-1}）与鲜味氨基酸（DAA）含量（1563.25～2227.62mg·g^{-1}）相近。所有模式下的顶坛花椒各类呈味氨基酸含量均表现为 SAA＞DAA＞BAA＞AAA。4 类呈味氨基酸含量均为 YD2 最高、YD1 最低，表明配置山豆根最有利于顶坛花椒氨基酸积累和特殊风味的形成。

表 7-8　不同配置模式顶坛花椒果皮呈味氨基酸含量

氨基酸	YD1	YD2	YD3	YD4	YD5
苦味氨基酸 /(mg·kg^{-1})	1292.44± 49.82b	2110.81± 410.80a	1792.82± 62.15a	1818.35± 4.21a	1734.99± 69.83ab
甜味氨基酸 /(mg·kg^{-1})	1956.13± 13.25b	2594.73± 476.69a	2151.94± 101.79ab	2394.82± 50.96ab	2185.03± 175.55ab
鲜味氨基酸 /(mg·kg^{-1})	1563.25± 79.08b	2227.62± 475.77a	1871.82± 183.31ab	1880.86± 26.21ab	1811.29± 26.28ab
芳香族氨基酸 /(mg·kg^{-1})	292.68± 5.19b	352.43± 19.97a	308.71± 12.34ab	349.79± 15.20a	313.89± 30.76ab

不同氨基酸的味觉感知阈值不同，并非氨基酸含量越高对食品风味的贡献就一定越大，为此，采用味道强度值（TAV）进一步分析各呈味氨基酸对顶坛花椒果皮风味的影响。5 种种植组合的各呈味氨基酸 TAV 值见表 7-9，当 TAV≥1 时，则表示该氨基酸对风味影响存在贡献。由表 7-9 可见，BAA 中的精氨酸（3.68～4.96），DAA 中的谷氨酸（14.77～20.24）和天冬氨酸（15.92～24.83），AAA 中的半胱氨酸（1.87～2.75），它们的 TAV 值均大于 1。另外，SAA 中的组氨酸，对应 YD2（1.12）和 YD4（1.03），其 TAV 均大于 1。因此，天冬氨酸、谷氨酸、精氨酸、半胱氨酸和组氨酸是形成花椒独特风味的原因之一，且顶坛花椒与山豆根（YD2）和金银花（YD4）组合种植更利于氨基酸积累和特殊风味的形成。4 种呈味氨基酸中的鲜味氨基酸对顶坛花椒的风味贡献率最高，这与顶坛花椒独特的提鲜风味较为吻合。

表 7-9　不同配置模式顶坛花椒果皮氨基酸的 TAV 值

游离氨基酸		味道阈值 /(mg·g^{-1})	TAV				
			YD1	YD2	YD3	YD4	YD5
苦味氨基酸	缬氨酸	1.50	0.25	0.33	0.28	0.29	0.27
	亮氨酸	3.80	0.12	0.16	0.14	0.15	0.13
	异亮氨酸	0.90	0.05	0.51	0.42	0.41	0.42
	蛋氨酸	0.30	0.11	0.16	0.14	0.11	0.14
	精氨酸	0.10	3.68	4.96	4.39	4.20	3.96

游离氨基酸		味道阈值 /(mg·g⁻¹)	TAV				
			YD1	YD2	YD3	YD4	YD5
甜味氨基酸	甘氨酸	1.10	0.35	0.45	0.38	0.40	0.38
	丙氨酸	0.60	0.61	0.76	0.64	0.68	0.63
	丝氨酸	1.50	0.22	0.30	0.25	0.27	0.24
	苏氨酸	2.60	0.11	0.14	0.12	0.13	0.12
	脯氨酸	3.00	0.14	0.20	0.15	0.20	0.18
	组氨酸	0.20	0.88	1.12	0.95	1.03	0.94
鲜味氨基酸	赖氨酸	0.50	0.69	0.94	0.72	0.77	0.77
	谷氨酸	0.05	14.77	20.24	17.27	17.99	16.94
	天冬氨酸	0.03	15.92	24.83	21.56	19.91	19.27
芳香族氨基酸	苯丙氨酸	1.50	0.01	0.02	0.02	0.01	0.04
	酪氨酸	2.60	0.09	0.10	0.09	0.11	0.09
	半胱氨酸	0.02	2.60	2.42	1.97	2.75	1.87

7.3.2 果实氨基酸品质评价

对5种模式顶坛花椒果皮的游离氨基酸进行主成分分析,由表7-10可知,2个主成分特征值大于1的累计贡献率为89.633%。因此,选用这2个主要成分作为数据分析的有效成分,可反映不同配置模式顶坛花椒果皮氨基酸的大部分信息,能表征氨基酸质量。第1主成分方差贡献率为72.557%,对顶坛花椒果皮风味品质的影响最大。其中,除半胱氨酸、蛋氨酸、苯丙氨酸外,其余氨基酸的载荷值较高且呈正相关。第2主成分的方差贡献率为17.076%,说明其对顶坛花椒果皮有一定的影响,但作用较小,其中半胱氨酸有较大的负向影响,苯丙氨酸则有较大的正向影响。

表 7-10 主成分载荷矩阵与系数

指标	主成分载荷矩阵	
	主成分1	主成分2
天冬氨酸	**0.866**	0.378
谷氨酸	**0.971**	0.212
丝氨酸	**0.988**	0.102
组氨酸	**0.993**	0.031
甘氨酸	**0.951**	0.174
苏氨酸	**0.989**	−0.021
精氨酸	**0.916**	0.249

指标	主成分载荷矩阵	
	主成分 1	主成分 2
丙氨酸	**0.986**	−0.034
酪氨酸	**0.811**	−0.458
半胱氨酸	0.157	**−0.915**
缬氨酸	**0.989**	0.123
蛋氨酸	0.563	0.673
苯丙氨酸	0.111	**0.881**
异亮氨酸	**0.702**	0.513
亮氨酸	**0.993**	0.019
赖氨酸	**0.901**	0.231
脯氨酸	**0.838**	0.055
特征值	12.639	2.599
方差贡献率/%	72.557	17.076
累计贡献率/%	72.557	89.633

注：加粗字体为各主成分载荷因子相对较大的影响因子。

进一步，对提取的 2 个主成分因子的方差贡献率（W_i）和因子得分（F_i）进行加权。最终获得 5 种模式顶坛花椒综合得分及排名，分数高低反映各模式下顶坛花椒果皮游离氨基酸综合质量水平。从表 7-11 可知，综合得分由高到低排序为 YD2＞YD4＞YD3＞YD5＞YD1。其中，配置山豆根和金银花后，果皮品质综合指数趋正，表明这两种配置模式的顶坛花椒果皮游离氨基酸高于平均水平。

表 7-11 不同配置模式顶坛花椒因子得分和综合评估

样地	因子得分		综合指数	排序
	主成分 1	主成分 2		
YD1	**−3.78**	−2.71	−3.20	5
YD2	4.46	**1.69**	3.52	1
YD3	**−0.52**	0.56	−0.28	3
YD4	0.94	**−1.23**	0.47	2
YD5	**−1.10**	1.70	−0.51	4

注：加粗字体为得分最低的因子。

7.3.3 配置模式对顶坛花椒果皮氨基酸的影响分析

已有研究表明，植物品种（Turkiewicz et al.，2020）、海拔（Guevara-Terán et al.，2022）、环境胁迫（Ozturk et al.，2021）、水肥耦合处理（Schreiner et al.，2014）、季节（王登超等，2022）等均会影响果皮游离氨基酸含量及积累量。本研究发现，配置模式对顶坛花椒果皮游离氨基酸含量，尤其对必需氨基酸的影响较大。这是由于进行植物配置可有效减少土壤中水、肥的淋溶和流失，使土壤保持疏松，其保温效应为微生物的生存创造了良好的环境，配置植物产生的凋落物、根系分泌物会改变土壤微生态环境和土壤营养状况（Gargallo-Garriga et al.，2018；Ma et al.，2018）；同时，配置植物的种类、种植密度等因素能够造成空间生态位差异，直接影响空气温湿度、CO_2 浓度、风速、光照强度和光质分布等，形成不同的田间小气候（杜青等，2021）；不同配置模式改变了土壤水肥状况以及微环境，影响植物资源的获取和利用，导致顶坛花椒胁迫因子改变，最终影响其碳氮代谢平衡和氨基酸积累。麻味素对顶坛花椒麻味的贡献较大，缬氨酸和亮氨酸被认为是合成麻味素含氮部分的前体物质（Greger，2016）。本研究中配置山豆根的顶坛花椒果皮缬氨酸和亮氨酸的含量显著最高，其次是配置金银花。从 TAV 值看，天冬氨酸、谷氨酸、精氨酸、半胱氨酸和组氨酸对花椒风味形成的影响较大。综上，推断顶坛花椒与山豆根和金银花组合种植更利于氨基酸积累和特殊风味的形成。

主成分分析得出，顶坛花椒与山豆根配置后的果皮氨基酸品质最佳且接近理想蛋白的标准（表 7-7），然而该模式下的土壤养分含量整体较低（表 6-4）。这与林忠宁等（2020）研究表明不利环境因素可在一定程度上提升灵芝品质的结论相似。推测顶坛花椒在面临环境胁迫时，通过降低产量、提高养分重吸收的方式，促进游离氨基酸的积累和次生代谢产物的合成，最终提升了果皮品质。此外，植物受到恶劣环境因素的胁迫时，通过向外界环境释放次生代谢产物来抑制其他植物的生长，以提高自身的竞争能力（蒋待泉等，2020），这可能导致山豆根不能正常发挥固氮作用，不利于土壤质量的改善。顶坛花椒与金银花配置后的果皮游离氨基酸含量也较为丰富，综合排名第 2（表 7-7），此外前期研究得出该模式下的土壤质量状况最佳（Li et al.，2022b）。这是由于金银花产生了丰富易分解凋落物，为顶坛花椒碳氮代谢提供丰富原料，促进顶坛花椒果皮品质的形成；顶坛花椒根系庞大，萌蘖能力强，改善了根际层土壤状况，从而增强了顶坛花椒根系对下层养分和水分吸收的能力，增加了地上部氮代谢底物的供应量，有利于谷氨酰胺合成酶等氮代谢相关酶活性的提高，影响游离氨基酸的积累。由图 6-1 可知，顶坛花椒＋金银花人工林的土壤含水率显著低于顶坛花椒＋李/山豆根。推测顶坛花椒在水分相对亏缺的情况下，大量合成和积累游离氨基酸来提升渗透调节能力，此外游离氨基酸还通过参与氧化还原平衡和能量代谢、作为信号分子调控线粒体功能等途径来保护植物不受水分胁迫的伤害（Slama et al.，2015；Zhong et al.，2019）。顶坛花椒与李配置后的果皮品质最低，这是由于李作为高大乔木，与顶坛花椒形成了强烈的养分竞争，不利于顶坛花椒氨基酸的积累；再加上李对顶坛花椒形成了遮阴效果，由于顶坛花椒属喜光植物，对其进行遮挡抑制了光合作用，叶片的碳同化率降低，继而引起氨基酸同化速率降低，进一步导致游离氨基酸的积累，不利于植物生长发育和品质形成

(Kishor et al.，2014；Nam et al.，2018）。未来需要在此次研究基础上，进一步关注决定花椒香味和麻味物质的次生代谢产物及其形成机制，为品质综合调控奠定理论依据。

7.3.4 氨基酸对土壤环境质量的响应

选取土壤为解释变量（虚线箭头），品质性状为响应变量（实线箭头），开展冗余分析，以揭示二者之间的作用规律。据图 7-4，第 1 和第 2 排序轴的累计解释率分别为 83.6％和 10.2％，累计贡献率高达 93.8％。其中，土壤因子对顶坛花椒果皮氨基酸含量的影响表现为 AK（速效钾）＞AP（速效磷）＞MBN＞ACa＞MBP，且达显著水平（表 7-12）。总体上，速效养分较于全量养分的贡献率更高，而化学计量比和土壤含水率的贡献率较低。

表 7-12 土壤性状重要性测序和显著性检验

指标	贡献率/％	Pseudo-F	P
速效钾	0.646	23.763	0.002
速效磷	0.472	11.626	0.002
微生物生物量氮	0.365	7.458	0.012
速效钙	0.286	5.217	0.018
微生物生物量磷	0.235	3.989	0.038
速效氮	0.218	3.633	0.052
微生物	0.191	3.062	0.076
全钙	0.171	2.691	0.066
全磷	0.156	2.402	0.15
全钾	0.134	2.02	0.174
土壤有机碳	0.131	1.955	0.146
全氮	0.125	1.854	0.15
土壤氮磷比	0.087	1.233	0.276
土壤碳氮比	0.078	1.106	0.354
土壤含水率	0.072	1.012	0.354
土壤碳磷比	0.071	0.995	0.364

由图 7-4 可知，AK、TP、AP 对氨基酸的影响均为负向效应（除 Cys），体现了 K、P 元素对氨基酸的积累存在抑制作用。TCa（全钙）除对 Cys 呈较强的负向效应和对药用氨基酸 Phe 呈正向效应，对其他氨基酸的影响较小，而 ACa 对大多数的氨基酸存在显著增强效应，表明钙元素的可利用形态对氨基酸的影响效应不同，ACa 利于氨基酸的积累。SWC、SOC、TN（全氮）、AN 和元素化学计量对芳香族氨基酸中的 Cys 和 Tyr 影响权重较大，其中化学计量比对氨基酸的影响多为正向效应。微生物生物量对氨基酸的影响为增强效应，但程度较低。

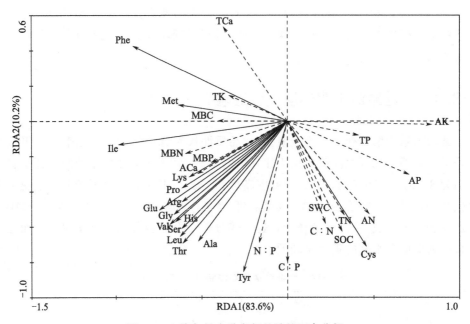

图 7-4　土壤与果皮游离氨基酸的冗余分析

土壤养分胁迫会影响植物次生代谢过程，改变植物体内以碳为基础的次生代谢产物积累量，但不同营养元素对植物次生代谢过程影响不同（Wang et al.，2022）。由表 7-12 可知，土壤速效钾对果皮游离氨基酸积累的贡献最大并表现为负向作用。这是由于钾能够显著影响氮代谢，尤其是氨基酸和蛋白质代谢，缺钾导致蛋白酶和肽酶活性增加而促进蛋白质降解，使得游离氨基酸等小分子量物质积累（Hu et al.，2016b；Raddatz et al.，2020），也印证了代谢产物的积累是环境适应的结果。土壤有效磷对顶坛花椒果皮游离氨基酸含量具有显著负向影响（表 7-12、图 7-4），且前期研究得出 5 种配置模式的土壤具有磷饱和现象（Li et al.，2022b）。这可能是由于过量的土壤有效磷导致植物有益微生物的消耗，同时增加致病微生物丰度，最终影响顶坛花椒生长（Li et al.，2021a）。可以通过增施有机肥或土壤改良剂来增加土壤有益微生物数量，促进顶坛花椒土壤微生物区系的协调发展（Song et al.，2012）。本研究中土壤速效钙对游离氨基酸的贡献率较大且为促进作用，表明钙可以提高农作物品质和抗逆性，这与李贺等（2013a）的研究一致。原因为钙是植物生长发育所必需的营养元素之一，可促进植物碳水化合物转运、转化以及对矿质元素的吸收（李贺等，2013b）；缺钙可导致叶肉细胞中液泡膜破裂，破坏类囊体片层结构，抑制植株的光合能力；而且钙作为细胞信号转导过程中的第二信使（Poovaiah & Redd，1993），参与调控氨基酸和蛋白质的合成代谢过程（黄艳等，2020），具有加速植物对氮的吸收代谢，促进植物生长发育与果实品质形成的作用（岳亚康等，2021）。据表 7-12 和图 7-4 可知，土壤微生物量氮、生物量磷对顶坛花椒果皮游离氨基酸含量的积累均为显著正向作用。这是由于土壤微生物可以分泌多种酶来分解动植物残体和其他有机物，并加速碳的转化和运输，部分代谢产物能促进矿物质分解，以助植物吸收利用（Sneha et al.，2021）。笔者还发现土壤化学计量比对果皮氨基酸含量的贡献率均较低，这与5种配置模式的土壤养分元素计量比具有极强的内稳性有关（Li et al.，2022b）。未来应重点研究不同元素组分含量对顶坛花椒果皮氨基酸积累的影响机制，尤其是影响方向的阈值确定；再基于土壤微生物群落改善土壤养分状况和植物养分吸收的机理，进一步构建土壤微生物-养分元素-品质的级联关系，为制定土壤养分优化方案提供科学依据。未来还需深入研究全量养分与速效养分对果皮游离氨基酸含量的影响，探究其具体原因；深入探索土壤微生物群落改善植物的营养机理，充分、全面地了解配置模式改善矿质营养的机制，为不同配置模式制定针对性的土壤养分优化方案。

参考文献

陈幸良，2022. 林下经济学的缘起、发展与展望 [J]. 南京林业大学学报（自然科学版），46（6）：105-114.

杜青，陈平，刘姗姗，等，2021. 玉米-大豆间套作下田间小气候对大豆花形态建成进程的影响 [J]. 中国农业科学，54（13）：2746-2758.

贺立恒，2012. 山西小麦品质形成与调控 [M]. 北京：中国农业科学技术出版社.

黄艳，文露，庞亚卓，等，2020. 喷施钙肥对'夏黑'葡萄果实糖酸积累的影响 [J]. 中国土壤与肥料，（2）：166-172.

蒋待泉，王红阳，康传志，等，2020. 复合胁迫对药用植物次生代谢的影响及机制 [J]. 中国中药杂志，45（9）：2009-2016.

李贺，刘世琦，陈祥，等，2013a. 钙对水培青蒜苗生长、光合特性及品质的影响 [J]. 植物营养与肥料学报，19（5）：1118-1128.

李贺，刘世琦，刘中良，等，2013b. 钙对大蒜生理特性及主要矿质元素吸收的影响 [J]. 中国农业科学，46（17）：3626-3634.

林忠宁，陆烝，林怡，等，2020. 茶园套种对灵芝生长和品质的影响 [J]. 福建农业学报，35（5）：532-537.

马飞，徐婷婷，刘吉利，等，2017. 不同种源中间锦鸡儿碳氮磷化学计量特征研究 [J]. 西北植物学报，37（7）：1381-1389.

潘权，郑华，王志恒，等，2021. 植物功能性状对生态系统服务影响研究进展 [J]. 植物生态学报，45（10）：1140-1153.

秦娟，孔海燕，刘华，2016. 马尾松不同林型土壤C、N、P、K的化学计量特征 [J]. 西北农林科技大学学报（自然科学版），44（2）：68-76＋82.

王登超，符羽蓉，喻阳华，等，2022. 顶坛花椒不同季节萌发枝条的果皮氨基酸累积特征 [J]. 南方农业学报，53（7）：1963-1972.

王馨雨，王蓉蓉，王婷，等，2020. 不同品种百合内外鳞片游离氨基酸组成的主成分分析及聚类分析 [J]. 食品科学，41（12）：211-220.

吴陶红，龙翠玲，熊玲，等，2022. 喀斯特森林不同生长型植物叶片功能性状变异及其适应特征 [J]. 应用与环境生物学报. Doi：10. 19675/j. cnki. 1006-687x. 2022. 06032.

岳亚康，金朝阳，张铭，等，2021. 不同氮钙水平对设施桃果实品质的影响［J］. 中国果树（4）：55-58.

张婷婷，刘文耀，黄俊彪，等，2019. 植物生态化学计量内稳性特征［J］. 广西植物，39（5）：701-712.

Aires A，Rosa E，Carvalho R，2006. Effect of nitrogen and sulfur fertilization on glucosinolates in the leaves and roots of broccoli sprouts (*Brassica oleracea* var. *italica*)［J］. Journal of the Science of Food and Agriculture，86：1512-1516.

Amoozager A，Mohammadi A，Asbzalian M R，2017. Impact of light-emitting diode irradiation on photosynthesis, phytochemical composition and mineral element content of lettuce cv. Grizzly［J］. Photosynthetica，35（1）：85-95.

Anderson T R，Boersma M，Raubenheimer D，2004. Stoichiometry：Linking elements to biochemicals ［J］. Ecology，85：1193-1202.

Anthony H S，Zac G，Laura A B，2018. Growth and physiological responses of subalpine forbs to nitrogen and soil moisture：Investigating the potential roles of plant functional traits［J］. Plant Ecology，219：941-956.

Bauters M，Verbeeck H，Doetter S，et al，2017. Functional composition of tree communities changed topsoil properties in an old experimental tropical plantation［J］. Ecosystems，20：861-871.

Becquer A，Trap J，Irshad U，et al，2014. From soil to plant，the journey of P through trophic relationships and ectomycorrhizal association［J］. Frontiers in Plant Science，5：548.

Bertolet B L，Corman J R，Casson N J，et al，2018. Influence of soil temperature and moisture on the dissolved carbon，nitrogen，and phosphorus in organic matter entering lake ecosystems［J］. Biogeochemistry，139（3）：293-305.

Bongers F J，Schmid B，Bruelheide H，et al，2021. Functional diversity effects on productivity increase with age in a forest biodiversity experiment［J］. Nature Ecology and Evolution，5：1594-1603.

Chen L L，Deng Q，Yuan Z Y，et al，2018. Age-related C：N：P stoichiometry in two plantation forests in the Loess Plateau of China［J］. Ecological Engineering，120：14-22.

Cortes S S，Whitworth-Hulse J I，Piovano E L，et al，2020. Changes in rainfall partitioning caused by the replacement of native dry forests of *Lithraea molleoides* by exotic plantations of *Pinus elliottiiin* the dry Chaco mountain forests，central Argentina［J］. Journal of Arid Land，12（5）：717-729.

Dinkeloo K，Boyd S，Pilot G，2018. Update on amino acid transporter functions and on possible amino acid sensing mechanisms in plants［C］. Seminars in cell & developmental biology. Academic Press，74：105-113.

do Nascimento T M T，Mansano C F M，Peres H，et al，2020. Determination of the optimum dietary essential amino acid profile for growing phase of *Nile tilapia* by deletion method［J］. Aquaculture，523：735204.

Egydio A P M，Catarina C S，Floha E S，et al，2013. Free amino acid composition of *Annona* (Annonaceae) fruit species of economic interest［J］. Industrial Crops and Products，45：373-376.

Faucon M P，Houben D，Lambers H，2017. Plant functional traits：Soil and ecosystem services［J］. Trends in Plant Science，20：385-394.

Fu P L，Zhu S D，Zhang J L，et al，2019. The contrasting leaf functional traits between a karst forest and a nearby non-karst forest in south-west China［J］. Functional Plant Biology，46（10）：907-915.

Gargallo-Garriga A，Preece C，Sardans J，et al，2018. Root exudate metabolomes change under drought and show limited capacity for recovery［J］. Scientific Reports，8：12696.

Gohari G，Alavi Z，Esfandiari E，et al，2020. Interaction between hydrogen peroxide and sodium nitroprusside following chemical priming of *Ocimum basilicum* L. against salt stress［J］. Physiologia

Plantarum，168：361-373.

Gong H D，Cui Q J，Gao J，2020. Latitudinal，soil and climate effects on key leaf traits in northeastern China [J]. Global Ecology and Conservation，22：e00904.

Greger H，2016. Alkamides：A critical reconsideration of a multifunctional class of unsaturated fatty acid amides [J]. Phytochemistry Reviews，15：729-770.

Guevara-Terán M，Padilla-Arias K，Beltrán-Novoa A，et al，2022. Influence of altitudes and development stages on the chemical composition，antioxidant，and antimicrobial capacity of the wild andean blueberry (*Vaccinium floribundum* Kunth) [J]. Molecules，27 (21)：7525.

Hao Z，Kuang Y W，Kang M，2015. Untangling the influence of phylogeny，soil and climate on leaf element concentrations in a biodiversity hotspot [J]. Functional Ecology，29：165-176.

Hashem A，Alqarawi A A，Radhakrishnan R，et al，2018. Arbuscular mycorrhizal fungi regulate the oxidative system，hormones and ionic equilibrium to trigger salt stress tolerance in *Cucumis sativus* L. [J]. Saudi Journal of Biological Sciences，25 (6)：1102-1114.

Heuck C，Weig A，Spohn M，2015. Soil microbial biomass C：N：P stoichiometry and microbial use of organic phosphorus [J]. Soil Biology and Biochemistry，85：119-129.

Hong Y，Heerink N，Jin S Q，et al，2017. Intercropping and agroforestry in China - Current state and trends [J]. Agriculture Ecosystem & Environment，244：52-61.

Hou X L，Han H，Tigabu M，et al，2019. Changes in soil physico-chemical properties following vegetation restoration mediate bacterial community composition and diversity in Changting，China [J]. Ecological Engineering，138，171-179.

Hu H Q，Wang L H，Li Y L，et al，2016a. Insight into mechanism of lanthanum (Ⅲ) induced damage to plant photosynthesis [J]. Ecotoxicology and Environmental Safety，127：43-50.

Hu W，Lv X B，Yang J S，et al，2016b. Effects of potassium deficiency on antioxidant metabolism related to leaf senescence in cotton (*Gossypium hirsutum* L.) [J]. Field Crops Research，191：139-149.

Kattge J，Bönisch G，Díaz S，et al，2020. TRY plant trait database-Enhanced coverage and open access [J]. Global Change Biology，26：119-188.

Kaur H，Kaur H，Kaur H，et al，2022. The beneficial roles of trace and ultratrace elements in plants [J]. Plant Growth Regulation. Doi：10. 1007/s10725-022-00837-6.

Kishor P B K，Sreenivasulu N，2014. Is proline accumulation per se correlated with stress tolerance or is proline homeostasis a more critical issue? [J]. Plant Cell and Environment，37：300-311.

Koerselman W，Meuleman A F M，1996. The vegetation N：P ratio：A new tool to detect the nature of nutrient limitation [J]. Journal of Applied Ecology，33 (6)：1441-1450.

Krapp A，2015. Plant nitrogen assimilation and its regulation：A complex puzzle with missing pieces [J]. Current Opinion in Plant Biology，25：115-122.

Kuzyakov Y，Xu X L，2013. Competition between roots and microorganisms for nitrogen：Mechanisms and ecological relevance [J]. New Phytologist，198：656-669.

Li P，Yang Y H，Han W X，et al，2014. Global patterns of soil microbial nitrogen and phosphorus stoichiometry inforest ecosystems [J]. Global Ecology and Biogeography，23：979-987.

Li P F，Liu M，Li G L，et al，2021a. Phosphorus availability increases pathobiome abundance and invasion of rhizosphere microbial networks by *Ralstonia* [J]. Environmental Microbiology，23：5992-6003.

Li S J，Wang H，Gou W，et al，2021b. Leaf functional traits of dominant desert plants in the Hexi Corridor，Northwestern China：Trade-off relationships and adversity strategies [J]. Global Ecology and Conservation，28：e01666.

Li Y Q, He W, Wu J, et al, 2021c. Leaf stoichiometry is synergistically-driven by climate, site, soil characteristics and phylogeny in karst areas, Southwest China [J]. Biogeochemistry, 155: 283-301.

Li Y T, Yu Y H, Song Y P, 2022a. Soil properties of different planting combinations of *Zanthoxylum planispinum* var. *dintanensis* plantations and their driving force on stoichiometry [J]. Agronomy-Basel, 12: 2562.

Li Y T, Yu Y H, Song Y P, 2022b. Stoichiometry of soil, microorganisms, and extracellular enzymes of *Zanthoxylum planispinum* var. *dintanensis* plantations for different allocations [J]. Agronomy-Basel, 12: 1709.

Liao S F, Wang T J, Regmi N, 2015. Lysine nutrition in swine and the related monogastric animals: Muscle protein biosynthesis and beyond [J]. Springer Plus, 4 (1): 1-12.

Lin Y M, Chen A M, Yan S W, et al, 2019. Available soil nutrients and water content affect leaf nutrient concentrations and stoichiometry at different ages of *Leucaena leucocephala* forests in dry-hot vally [J]. Journal of Soils and Sediments, 19 (2): 511-521.

Lu P Y, Wang J, Wu S G, et al, 2020. Standardized ileal digestible amino acid and metabolizable energy content of wheat from different origins and the effect of Â exogenous xylanase on their determination in broilers [J]. Poultry Science, 99: 992-1000.

Lü X T, Reed S, Yu Q, et al, 2013. Convergent responses of nitrogen and phosphorus resorption to nitrogen inputs in a semiarid grassland [J]. Global Change Biology, 19: 2775-2784.

Ma T, Zhu S S, Wang Z H, et al, 2018. Divergent accumulation of microbial necromass and plant lignin components in grassland soils [J]. Nature Communications, 9: 3480.

Mahajan G R, Das B, Manivannan S, et al, 2021. Soil and water conservation measures improve soil carbon sequestration and soil quality under cashews [J]. International Journal of Sediment Research, 36 (2): 190-206.

Mandrioli R, Mercolini L, Raggi M A, 2013. Recent trends in the analysis of amino acids in fruits and derived foodstuffs [J]. Analytical and Bioanalytical Chemistry, 405 (25): 7941- 7956.

Medlyn B E, Zaehle S, de Kauwe M G, et al, 2015. Using ecosystem experiments to improve vegetation models [J]. Nature Climate Change, 5: 528-534.

Murray D S, Shattuck M D, McDowell W H, et al, 2022. Nitrogen wet deposition stoichiometry: The role of organic nitrogen, seasonality, and snow [J]. Biogeochemistry, 160 (3): 301-314.

Nam T G, Kim D O, Eom S H, 2018. Effects of light sources on major flavonoids and antioxidant activity in common buckwheat sprouts [J]. Food Sci Biotechnol, 27: 169- 176.

Niu L J, Liao W B, 2016. Hydrogen peroxide signaling in plant development and abiotic responses: Crosstalk with nitric oxide and calcium [J]. Frontiers in Plant Science, 7: 230.

Ordoñez J C, Bodegom P M, Witte J P M, et al, 2009. A global study of relationships between leaf traits, climate and soil measures of nutrient fertility [J]. Global Ecology and Biogeography, 18: 137-149.

Ozturk M, Unal B T, Garcia-Caparros P, et al, 2021. Osmoregulation and its actions during the drought stress in plants [J]. Physiologia Plantarum, 172: 1321-1335.

Parkhurst D F, 1994. Diffusion of CO_2 and other gases inside leaves [J]. New Phytologist, 126 (3): 449-479.

Paungfoo-Lonhienne C, Visser J, Lonhienne T G A, et al, 2012. Past, present and future of organic nutrients [J]. Plant and Soil, 359 (1-2): 1-18.

Perez-Harguindeguy N, Diaz S, Garnier E, et al, 2016. New handbook for standardised measurement of plant functional traits worldwide [J]. Australian Journal of Botany, 64, 715-716.

Persson J, Fink P, Goto A, 2010. To be or not to be what you eat: Regulation of stoichiometric homeostasis among autotrophs and heterotrophs [J]. Oikos, 119: 741-751.

Poovaiah H W, Redd A S N, 1993. Calcium and signal transduction in plants [J]. Critical Reviews in Plant Sciences, 12 (3): 185- 211.

Powell C D, Chowdhury M A K, Bureau D P, 2015. Assessing the bioavailability of L-lysine sulfate compared to llysine HCl in rainbow trout (*Oncorhyhchus mykiss*) [J]. Aquaculture, 448: 327-333.

Raddatz N, de los Ríos L M, Lindahl M, et al, 2020. Coordinated transport of nitrate, potassium, and sodium [J]. Frontiers in Plant Science, 11: 247.

Reich P B, Oleksyn J, 2004. Global patterns of plant leaf N and P in relation to temperature and latitude [J]. Proceedings of the National Academy of Sciences of the United States of America, 101 (30): 11001-11006.

Reich P B, 2014. The world-wide 'fast-slow' plant economics spectrum: A traits manifesto [J]. Journal of Ecology, 102 (2): 275-301.

Rivas-Ubach A, Sardans J, Pérez-Trujillo M, et al, 2012. Strong relationship between elemental stoichiometry and metabolome in plants [J]. Proceedings of the National Academy of Sciences of the United States of America, 109: 4181-4186.

Sardans J, Penuelas J, 2013. Tree growth changes with climate and forest type are associated with relative allocation of nutrients, especially phosphorus, to leaves and wood [J]. Global Ecology and Biogeography, 22: 494-507.

Schreiner R P, Scagel C F, Lee J, 2014. N, Pand K supply to Pinot noir grapevines: Impact on berry phenolics and free amino acids [J]. American Journal of Enology and Viticulture, 65 (1): 43-49.

Singh S P, Mahapatra B S, Pramanick B, et al, 2021. Effects of irrigation levels, planting methods and mulching on nutrient uptake, yield, quality, water and fertilizer productivity of field mustrad (*Brassica rapa* L.) under sandy loam soil [J]. Agricultural Water Management, 244: 106539.

Slama I, Abdelly C, Bouchereau A, et al, 2015. Diversity, distribution and roles of osmoprotective compounds accumulated in halophytes under abiotic stress [J]. Annals of Botany, 115: 433- 447.

Sneha G R, Swarnalakshmi K, Sharma M, et al, 2021. Soil type influence nutrient availability, microbial metabolic diversity, eubacterial and diazotroph abundance in chickpea rhizosphere [J]. World Journal of Microbiology and Biotechnology, 37 (10): 167.

Song X H, Xie K, Zhao H B, et al, 2012. Effects of different organic fertilizers on tree growth, yield, fruit quality, and soil microorganisms in a pear orchard [J]. European Journal of Horticultural Science, 77: 204- 210.

Sterner R W, Elser J J, 2002. Ecological stoichiometry: The biology of elements from molecules to the biosphere [M]. Princeton: Princeton University Press.

Sun Y, Wang C T, Chen X L, et al, 2022. Phosphorus additions imbalance terrestrial ecosystem C : N : P stoichiometry [J]. Global Change Biology, 28 (24): 7353-7365.

The S V, Snyder R, Tegeder M, 2021. Targeting nitrogen metabolism and transport processes to improve plant nitrogen use efficiency [J]. Frontiers in Plant Science, 11: 628366.

Thomas F M, Yu R D, Schafer P, et al, 2017. How diverse are populus "diversifolia" leaves? Linking leaf morphology to ecophysiological and stand variables along water supply and salinity gradients [J]. Flora, 233: 68-78.

Thoms C, Gattinger A, Jacob M, et al, 2010. Direct and indirect effects of tree diversity drive soil microbial diversity in temperate deciduous forest [J]. Soil Biology Biochemistry, 42: 1558-1565.

Turkiewicz I P, Wojdyło A, Tkacz K, et al, 2020. Carotenoids, chlorophylls, vitamin E and amino acid profile in fruits of nineteen *Chaenomeles cultivars* [J]. Journal of Food Composition and Analysis, 93: 103608.

Vance C P, Uhde-Stone C, Allan D L, 2003. Phosphorus acquisition and use: Critical adaptations by plants for securing a nonrenewable resource [J]. New Phytologist, 157: 423-447.

Valladares F, Wright S J, Lasso E, et al, 2000. Plastic phenotypic response to light of 16 congeneric shrubs from Apanamanian rainforest [J]. Ecology, 81: 1925-1936.

Violle C, Navas M L, Vile D, et al. 2007. Let the concept of trait be functional! [J]. Oikos, 116: 882-892.

Wang J, Fu B J, Wang L X, et al, 2020a. Water use characteristics of the common tree species in different plantation types in the Loess Plateau of China [J]. Agricultural and Forest Meteorology, 288: 108020.

Wang K L, Zhang C H, Chen H S, et al, 2019. Karst landscapes of China: Patterns, ecosystem processes and services [J]. Landscape Ecology, 34: 2743-2763.

Wang L X, Pang X Y, Li N, et al, 2020b. Effects of vegetation type, fine and coarse roots on soil microbial communities and enzyme activities in eastern Tibetan plateau [J]. Catena, 194: 104694.

Wang M, Wan P C, Guo J C, et al, 2017. Relationships among leaf, stem and root traits of the dominant shrubs from four vegetation zones in Shaanxi Province, China [J]. Israel Journal of Ecology and Evolution, 63: 25-32.

Wang Z B, Zhang Y Z, Bo G D, et al, 2022. Ralstonia solanacearum infection disturbed the microbiome structure throughout the whole tobacco crop niche as well as the nitrogen metabolism in soil [J]. Frontiers in Bioengineering and Biotechnology, 10: 903555.

Wen W W, Li K, Alseekh S, et al, 2015. Genetic determinants of the network of primary metabolism and their relationships to plant performance in a maize recombinant inbred line population [J]. Plant Cell, 27: 1839-1856.

Whyte G, Howard K, Hardy G E S, et al, 2016. The tree decline recovery seesaw: a conceptual model of the decline and recovery of drought stressed plantation trees [J]. Forest Ecology and Management, 370: 102-113.

Wilson P J, Thompson K, Hodgson J G, 1999. Specific leaf area and leaf dry matter content as alternative predictors of plant strategies [J]. New Phytologist, 143: 155-162.

Wright I J, Ackerly D D, Bongers F, et al, 2007. Relationships among ecologically important dimensions of plant trait variation in seven neotropical forests [J]. Annals of Botany, 99 (5): 1003-1015.

Wright I J, Reich P B, Westoby M, et al, 2004. The worldwide leaf economics spectrum [J]. Nature, 428 (6985): 821-827.

Xu C H, Xiang W H, Gou M M, et al, 2018. Effects of forest restoration on soil carbon, phosphorus, and their stoichiometry in Hunan, Southern China [J]. Sustainability, 10 (6): 1874.

Yang Q Q, Zhao D S, Liu Q Q, 2020. Connections between amino acid metabolisms in plants: Lysine as an example [J]. Frontiers in Plant Science, 11: 928.

Zhang R, Sun Y, Liu Z, et al, 2017. Effects of melatonin on seedling growth, mineral nutrition, and nitrogen metabolism in cucumber under nitrate stress [J]. Journal of Pineal Research, 62 (4): e12403.

Zhang W, Zhao J, Pan F J, et al, 2015. Changes in nitrogen and phosphorus limitation during secondary succession in a karst region in southwest China [J]. Plant and Soil, 391: 77-91.

Zhong C, Jian S F, Huang J, et al, 2019. Trade-off of within-leaf nitrogen allocation between photosynthetic nitrogen-use efficiency and water deficit stress acclimation in rice (*Oryza sativa* L.) [J]. Plant Physiology and Biochemistry, 135: 41-50.

Zhou L, Sun Y J, Saeed S, et al, 2020. The difference of soil properties between pure and mixed Chinese fir (*Cunninghamia lanceolata*) plantations depends on tree species [J]. Global Ecology and Conservation, 22: e01009.

8 不同配置模式优选与调控

　　植物的复合配置是根据不同植物的生理学和生态学特征，将不同植物进行空间上的有机组合，达到合理利用土地资源、种间相互促进的目的。能够提高土地利用效率，增加植物光合效能，使空间与时间有序结合，实现综合效益的提升。开展高效的复合配置模式优选，可以充分挖掘土地潜力，改善土壤质量状况，提高土壤微生物活性，对土地集约经营具有重要的现实意义。因此，开展顶坛花椒复合配置可以提高群落的生物多样性和稳定性，增强生态系统抵御风险的能力。

　　贵州黔中花江大峡谷省级风景名胜区，具有丰富的植物资源、宜人的生态环境和典型的山地自然景观，喀斯特石漠化成为制约其山地景观形成的重要因素。本研究立足于石漠化治理，以风景名胜区内生态修复先锋树种——顶坛花椒为研究对象，比较5种顶坛花椒配置模式在土壤质量、叶片功能性状、果皮氨基酸含量上的差异，科学评价不同配置模式的生态效益。最终筛选优势配置模式，并对其进行优势分析和结构优化，构建功能高效的植物配置模式。为喀斯特石漠化修复及山地景观质量提升提供科学依据，促进优化种植模式在喀斯特石漠化地区的推广与应用。

8.1 不同配置模式优选

8.1.1 不同配置模式的土壤肥力综合评价

　　本研究主成分分析得出顶坛花椒＋金银花的土壤质量最高，土壤含水率为其限制因子。配置金银花能够显著提高土壤 C、N、P、K 含量。可能是由于金银花为直根系，主根发达，能不断穿透岩缝向岩层深入，可将土壤深层的养分吸收运移至表层；同时，其根际解磷菌的解磷作用（李剑峰等，2021）和根系分泌物的溶解提取作用，也促进养分在土壤表层的聚集。金银花大量凋落物堆积形成的有机物，为土壤中微生物活性提供了底物来源（Dilly & Munch，1998）。加之金银花叶纸质，茎叶密被绒毛，凋落物更易降解而促进养分归还。本研究还发现顶坛花椒配置金银花后的土壤微生物浓度、生物量和胞外酶活性均高于其他人工林。由于凋落物的分解是土壤有机质的来源，直接影响土壤有机质的含量，其分解速率受水热状况的影响（廖洪凯等，2013）。而多数微生物适宜生活在高温条件下，适宜的温度可以促进土壤微生物活动，提高胞外酶活性，促进凋落物的分解（王进等，2019b）。该研究区为干热河谷气候，热量资源丰富，年总积温和年均温分别为 6542.9℃和 18.4℃，加之金银花能够改善土壤团聚体结构，创造了适宜土壤微生物生长的环境，促进了凋落物的分解。同时，土壤团聚体是有机质转化和积累的重要场所，也能有效减少生物对团聚体内部有机质的分解，提高土壤肥力（Pulleman et al.，2004）。综上，顶坛花椒＋金银花形成垂直分布格局和半封闭的土壤环境，提高了空间利用效率和改善了地表微环境，可作为喀斯特干热河谷区的优选配置模式，兼具生态和经济功能。

8.1.2 不同配置模式顶坛花椒叶片功能性状综合评价

前文通过综合评价方法计算不同配置模式的顶坛花椒适应能力得分（表 7-4）。得到顶坛花椒在与李配置时适应能力最强，与金银花配置次之，与山豆根配置的适应能力最低。与山豆根配置使顶坛花椒采取快速投资策略，通过降低适应能力来满足生长需求的策略，因此不宜被筛选为优势模式。顶坛花椒在与李配置后，采取增加叶干物质含量来抵御水分亏缺胁迫的策略；配置金银花则能使顶坛花椒形成干旱性状组合，通过减小比叶面积和增强防御组织，提升耐旱、防御能力来协同抵御干旱胁迫，适应干旱贫瘠的生存环境。在这 2 种模式下，顶坛花椒均表现出了更高的适应能力。然而，顶坛花椒叶氮含量在与金银花配置时最高，与李配置时最低。推测李对顶坛花椒进行了遮挡，抑制了其光合能力；同时，李与顶坛花椒的根系生态位高度重叠，形成强烈的养分竞争效应，导致顶坛花椒对矿质元素的吸收能力减弱。因此，顶坛花椒＋金银花为优势模式。

8.1.3 不同配置模式顶坛花椒果实品质综合评价

对 5 种模式的顶坛花椒果皮游离氨基酸进行主成分分析，综合得分显示配置山豆根和金银花后，顶坛花椒果皮品质高于平均水平。根据味道强度值分析发现，Asp、Glu、Arg、Cys 和 His 对花椒独特风味的形成具有重要作用，且顶坛花椒与山豆根和金银花的组合种植更利于氨基酸积累和特殊风味的形成。由土壤质量与叶片功能性状分析得知，顶坛花椒＋山豆根人工林的土壤质量状况较差，且顶坛花椒的适应能力也较低，而顶坛花椒＋金银花人工林的两方面状况较优。因此，后者为优势模式。

8.1.4　配置模式筛选

综合土壤质量、植物适应能力和果实品质三个方面对 5 种种植模式进行分析。得出顶坛花椒＋李和顶坛花椒＋山豆根的土壤质量状况较差，顶坛花椒＋山豆根的适应能力较低；顶坛花椒＋金银花的土壤质量最优，且顶坛花椒适应能力和果实品质排名均位列第二。此外，相关研究表明金银花为多年生半常绿缠绕及匍匐茎灌木，生长在高原峡谷中-强度石漠化综合治理研究区内；其在光合特性和叶性状方面对独特的生境表现出多元化的适应策略（吴强等，2019），具有良好的抗旱性、固土保持作用和较高的经济效益（熊康宁等，2021），是喀斯特石漠化地区的经济型植被恢复保护林。最终，筛选出"顶坛花椒＋金银花"为最优配置模式，可作为生态产业进一步推广。

8.2　花椒林下配置金银花的理论意义

8.2.1　配置金银花对土壤质量的影响

土壤物理性质是土壤环境的重要组成部分，对土壤水肥运移、涵养水分、调控土壤环境等有着重要的作用（邹文秀等，2015）。顶坛花椒和金银花的根系穿插破坏了土壤结构，根系死亡后形成空洞也提高了土壤的孔隙度（蔡路路等，2020）；金银花的凋落物蓄积量大，被微生物分解为多糖等胶结物质，促进微小团聚体的形成；同时凋落物也促进真菌菌丝体等胶结物质的生长，有利于提高菌丝对土壤的固结作用，从而促进大团聚体的形成，增加土壤结构的稳定性（Oades，1984）。金银花属藤本植物，匍匐生长，其冠层及凋落物的高度覆盖，减弱了雨水对土壤的溅蚀和淋溶作用，增强了土壤的抗侵蚀能力，也有利于提高土壤大团聚体的稳定性（王进等，2019a）。最终，配置金银花可以改善表层土壤结构的稳定性，增强抗侵蚀能力，同时增加土壤孔隙度，提高土壤渗水能力。鲍乾等（2017）、刘志等（2019）、李渊和刘子琦（2019）的研究均证明了种植花椒与金银花能够改善土壤物理质量，提高土壤抗侵蚀能力。

8.2.2　顶坛花椒与金银花的生态位分离

生态位不仅能够反映种群在所处生态环境中的适应能力与对环境资源的利用能力，还可以反映种群在群落或生态系统中所发挥功能和所处位置（秦随涛等，

2019）。生态位重叠是指生态位相似的多个物种生活于同一空间时，分享或竞争共同资源的现象（杨宁等，2010）。竞争是在环境资源缺乏且生态位重叠的条件下形成的，受到环境资源量、供求比和生物对资源的需求等的影响（赵永华等，2004）。西南喀斯特山区地表破碎，基岩裸露率大，强烈的溶蚀作用形成了石面、石台、土面、石沟、石槽和石洞等小生境类型（喻阳华等，2018），小生境土壤理化性质存在极强的空间异质性（吴求生等，2019）。顶坛花椒为半落叶小乔木，生长于土面，树形为开心状；而金银花为攀岩性多年生藤本植物，多生长于石沟、石槽和石缝的裂隙土内，其藤蔓攀附于岩石上，树形为丛状伞形，顶坛花椒与金银花的配置模式可以充分利用地理空间，保证地上部分在垂直空间和水平空间上的生态位分离。吴求生等（2019）研究得出石沟、石槽及土面表层等生境中的植物根系及凋落物分布较其他生境多，充沛的碳源使得土壤微生物种类和含量较丰富。石沟、石槽及土面等小生境的土层较厚，水土流失量小，土壤养分含量丰富（喻阳华等，2018），利于顶坛花椒与金银花的生长。顶坛花椒为须根系，利用土壤表面的养分，金银花为直根系，发达的根系穿越岩缝吸收深层土壤的养分，二者达到了在地下部分的生态位分离。金银花茎叶茂盛，遮阴效果好，高密度的地表覆盖及凋落物的存在使土壤受阳光直射的影响小（母娅霆等，2021）。

8.2.3　金银花的园林应用

金银花具有很高的生态价值、观赏价值和经济价值。其生性强健，喜光耐阴，耐寒耐旱，根系发达。将金银花种植于喀斯特石缝间形成的种植穴中，发挥其藤本植物的攀缘吸附作用，覆盖在坡度较陡的山体坡面。发达的根系能够固持水土，形成的覆盖面可供草本和苔藓类植物生长。将金银花与乔木配合种植能够丰富景观层次。开花季节，金银花具有良好的观赏性，且芳香浓郁，园林绿化美化效果显著。此外，金银花还可采摘入药或用作饲料添加剂来提高饲料质量。综上，具有较好的应用前景。

8.3　优选模式的结构优化

8.3.1　顶坛花椒种植管理

（1）苗木管理　顶坛花椒移栽时，选择长至30~40cm左右的1~2年生幼苗进行移栽，确保移栽苗木质化充分、无病虫害及机械损伤。于阴天或雨天移栽，晴天时可选择早晚进行。移栽时要尽量保护好根系不受损伤，并保留根际土壤。受喀斯特地区小生境多样的影响，顶坛花椒采取"见缝插针"的栽种方式。种植密度控制在（3.5～4）m×（3.5～4）m以上，并创造"林窗""林隙"等环境为林下植物提供捕光条件。高度控制在2.5m以下，满足其在旱生环境下的水力提升。

（2）枝条管理 枝条管理与顶坛花椒高效栽培的各个核心环节有密切的关系。整形修剪能够有效调节植株的生态、生理效应，促进植株对生态因子的充分利用。合理的枝条管理可调节植株对养分的吸收、合成、分配，以及植物内源激素的合成等生态过程（郭育文，2013）。定期对顶坛花椒进行整形修枝，调整枝条方位，使其与金银花生态位交错，减少资源竞争；去除弱枝、病枝、枯枝，以及木质化程度低的枝条等，达到减少养分损耗，增加通风透光的目的。冠形宜为开心形，采用"以采代剪"的采摘方式控制树形回缩。枝条控制在2～3级分支，减少养分的分散，促进枝条木质化和花芽分化，提高产量。枝条修枝采用修小枝、保大枝的方式，以促进新梢木质化，提高花芽分化率。顶坛花椒冠幅大小控制在（3～4）m×（3～4）m，枝条数量为48～60条，相邻枝条间距0.3～0.5m，修剪去除整枝长度的20％～30％，最终保留长度为0.5～0.8m，新梢摘除4～6月萌发的春梢和夏梢，防止新梢竞争养分，影响果实物质积累。

8.3.2 金银花种植管理

立足于喀斯特地区小生境类型，金银花选择栽植于石缝、石沟、石槽内的林下土壤，提高土壤利用率。植被覆盖应避开顶坛花椒冠下空间，覆盖裸露岩石面积占比在50％左右，以提高石面的太阳反射率。株距超5m，生长上无重叠，防止形成丛状。每隔1月左右实施牵引管理，防止其攀附于顶坛花椒形成种间竞争。林下保留部分低矮草本，提高植被覆盖率，创造适宜的土壤温湿度，为土壤动物提供栖息场所，提高生物多样性。加强金银花的枝条修剪，减少其与顶坛花椒的水肥竞争。

8.3.3 土壤管理

笔者前期对24项土壤质量指标进行主成分分析，提取出6个主成分。表明土壤C、N、P、Ca、Mg元素，土壤胞外酶、土壤微生物生物量和土壤含水率对植物生长的影响较大。研究还发现顶坛花椒叶片功能性状受SWC、MBC、MBN、MBP、AN、TP、ACa、C：N、C：P、N：P的共同影响。此外，土壤因子中，AK、AP、MBN、ACa、MBP对顶坛花椒果皮氨基酸含量的影响较显著。总体上，土壤含水率、速效养分和土壤微生物是影响顶坛花椒生长的关键因素。

（1）土壤水分管理 水分既是用于物质运输的溶剂，又是光合作用的主要原料（Song et al.，2020），调控着植株的蒸腾速率（Fraga et al.，2021），协调生理、生化和生态过程之间的关系。养分既是土壤肥力质量的重要评价指标（Aliyu et al.，2020），亦是植物有机体的重要组分。土壤微生物与土壤养分关系密切（王静等，2019），能够促进矿质元素的积累和循环。水分对土壤生态效应产生影响，土壤又调蓄水分和养分的有效性。水分和养分均在土壤生态系统中发挥着关键作用，调控主要的物理、化学和生物学反应过程。水肥耦合能够影响作物产量和品质，调控水肥配置状况是优化生产力的重要途径（Liu et al.，2019）。

水分管理上，本研究"6.2.6 土壤质量综合评价分析"得出顶坛花椒＋金银花人工林土壤含水率较低，受其限制影响最大。由于喀斯特地区受地质性、季节性干旱的双重叠加影响，植物受水分亏缺的影响增大（皇甫昭等，2021）。前期研究结果表明，针对不同小生境类型，采取合理的配置模式，可以增加物种多样性，提高植被覆盖率，能够提高降水的蓄积量，进而改善土壤水分含量。在顶坛花椒长期实践培育过程中，发现降水充沛的年份产量明显提高，进行喷灌管理的区域产量提高约 1 倍，这也证明了土壤含水率是影响产量、品质的重要因素。由于喀斯特地区地势险峻、地表破碎化，实施喷灌或滴灌的难度较高，通常采用局部喷灌和降水补给。喷灌设施经实践研究得出，地面铺设管道，高度控制在 3.5～4.5m，间距维持在 6m 左右，每根管道可以覆盖 4～5 株花椒。土壤含水率维持在 20%～30%，也可以人为适度制造水分胁迫。

（2）土壤养分管理 养分管理上，首先需注意以下 5 点：①基于顶坛花椒物候期，根据需肥规律进行施肥，在采摘前、花芽分化期、果实膨大期等时期确保养分充足。②第一年通过有机肥打底等提苗以保证树壮。③枝条木质化时，降低氮肥用量，防止徒长副枝使养分消耗增大、木质化程度降低。④减少或禁止使用除草剂，有利于花芽分化、提高土壤微生物数量和活性、增强水分供给效率。⑤水肥管理一体化，促进肥效的发挥。前述"6.3 不同配置模式土壤化学计量与养分诊断"中得出，该研究区存在 N 限制；针对这一问题制定合理的施肥方案。经前期团队实践，将肥料溶解于水中，采用喷灌的方式实现水肥一体化，可有效提高顶坛花椒的产量和品质。施肥采用氮磷钾肥和钙肥配施的方式。其中，氮肥为高塔硝硫基复合肥，施用时间为 10 月底，施用量为每株 50～200g；磷钾肥为磷酸二氢钾（磷酸二氢钾浓度 0.6～1.0g·kg^{-1}），施用时间为 7 月中旬，施用量为每株 0.8～1.2kg，钙肥为椒博士中量元素水溶肥，施肥时间为 3 月中旬和 4 月上旬各一次。⑥在裸露岩石上种植石生苔藓，通过增强碳酸酐酶活性，促进石灰岩的溶蚀作用，提高土壤钙镁元素含量，具体实施方式还需深入探讨。

（3）土壤微生物管理 本研究得出土壤微生物是影响顶坛花椒生长的关键因素之一。土壤微生物是生态系统中生物地球化学循环的重要驱动力，在调节养分供应、影响有机碳等方面发挥作用，能够对外界环境变化做出快速反应（时鹏等，2010）。有机肥包括土壤微生物、植物残体及其分泌物，能提供糖类、核酸、蛋白质等植物初生代谢产物，促进土壤养分蓄存和转化。相比于化肥，有机肥能够改善土壤团聚体结构、提高微生物活性，在存蓄肥力、稳定供肥、改善微生物群落结构等方面具有显著优势（王慎强等，2001；温延臣等，2015）。此外，有机肥来源也较多，主要有生物菌肥、腐熟的粪肥、枯枝落叶等，条件允许的情况下优先推荐有机肥。具体施用方式为，11～12月，每株花椒施用2～3kg的有机肥；并分别在9月上旬、12月中旬、3月中旬适当配施0.1～0.2kg复合肥（N∶P∶K＝15∶15∶15）各一次，施用量为每株每次0.2～0.3kg。施肥避开距离主干40～60cm的范围；施肥后，于雨天后覆土1～2cm。

参考文献

鲍乾，杨瑞，李万红，等，2017. 喀斯特高原峡谷区不同恢复模式的土壤生态效应 [J]. 水土保持学报，31（3）：154-161.

蔡路路，刘子琦，李渊，等，2020. 喀斯特地区不同土地利用方式对土壤饱和导水率的影响 [J]. 水土保持研究，27（1）：119-125.

郭育文，2013. 园林树木的整形修剪技术及研究方法 [M]. 北京：中国建筑工业出版社.

皇甫昭，李健星，李冬兴，等，2021. 岩溶木本植物对干旱的生理生态适应 [J]. 广西植物，41（10）：1644-1653.

李剑峰，张淑卿，龙莹，等，2021. 石漠生境下金银花内生/根际解磷菌在不同温度及酸碱环境下的生长和溶磷能力 [J]. 西南农业学报，34（4）：820-826.

李渊，刘子琦，2019. 石漠化区不同土地类型土壤侵蚀与理化性质特征 [J]. 森林与环境学报，39（5）：515-523.

廖洪凯，李娟，龙健，等，2013. 贵州喀斯特山区花椒林小生境类型与土壤环境因子的关系 [J]. 农业环境科学学报，32（12）：2429-2435.

刘志，杨瑞，裴仪岱，2019. 喀斯特高原峡谷区顶坛花椒与金银花林地土壤抗侵蚀特征 [J]. 土壤学报，56（2）：466-474.

母娅霆，刘子琦，李渊，等，2021. 喀斯特地区土壤温度变化特征及其与环境因子的关系 [J]. 生态学报，41（7）：2738-2749.

秦随涛，龙翠玲，吴邦利，2019. 茂兰喀斯特森林不同地形部位优势乔木种群的生态位研究 [J]. 广西植物，39（5）：681-689.

时鹏，高强，王淑平，等，2010. 玉米连作及其施肥对土壤微生物群落功能多样性的影响 [J]. 生态学报，30（22）：6173-6182.

王进，刘子琦，鲍恩俣，等，2019a. 喀斯特石漠化区林草恢复对土壤团聚体及其有机碳含量的影响 [J]. 水土保持学报，33（6）：249-256.

王进，刘子琦，张国，等，2019b. 喀斯特石漠化治理不同恢复模式土壤养分分布特征——以贵州花江示范区为例 [J]. 西南农业学报，32（7）：1578-1585.

王静，王冬梅，任远，等，2019. 漓江河岸带不同水文环境土壤微生物与土壤养分的耦合关系 [J]. 生态学报，39（8）：2687-2695.

王慎强，蒋其鳌，钦绳武，2001. 长期施用有机肥与化肥对潮土土壤化学及生物学性质的影响 [J]. 中国生态农业学报，4（9）：67-69.

温延臣，李燕青，袁亮，等，2015. 长期不同施肥制度土壤肥力特征综合评价方法 [J]. 农业工程学报，31（7）：91-99.

吴强，李倩，宋淑珍，等，2019. 我国西南喀斯特地区忍冬的光合特征及饲料化开发利用潜力 [J]. 中国饲料（15）：20-23.

吴求生，龙健，李娟，等，2019. 茂兰喀斯特森林小生境类型对土壤微生物群落组成的影响 [J]. 生态学报，39（3）：1009-1018.

熊康宁，赖佳丽，张俞，等，2021. 喀斯特地区不同等级石漠化金银花有效成分及其与土壤养分的关系研究 [J]. 中华中医药杂志（原中国医药学报），36（6）：3142-3146.

杨宁，邹冬生，李建国，等，2010. 衡阳盆地紫色土丘陵坡地主要植物群落自然恢复演替过程中种群生态位动态 [J]. 水土保持通报，30（4）：87-93.

喻阳华，秦仕忆，钟欣平，2018. 贵州喀斯特山区花椒林小生境的土壤质量特征 [J]. 西南农业学报，31（11）：2340-2347.

赵永华，雷瑞德，何兴元，等，2004. 秦岭锐齿栎林种群生态位特征研究 [J]. 应用生态学报，15（6）：913-918.

邹文秀，韩晓增，陆欣春，等，2015. 不同土地利用方式对黑土剖面土壤物理性质的影响 [J]. 水土保持学报，29（5）：187-193＋199.

Aliyu K T, Kamara A Y, Jibrin J M, et al, 2020. Delineation of soil fertility management zones for site-specific nutrient management in the maize belt region of Nigeria [J]. Sustainability, 12 (21): 9010.

Dilly O, Munch J C, 1998. Ratios between estimates of microbial biomass content and microbial activity in soils [J]. Biology and Fertility of Soils, 27 (4): 374-379.

Fraga L S, Vellame L M, de Oliveira A S. et al, 2021. Transpiration of young cocoa trees under soil water restriction [J]. Scientia Agricola, 78 (2): e20190093.

Liu X, Li M, Guo P, et al, 2019. Optimization of water and fertilizer coupling system based on rice grain quality [J]. Agricultural Water Management, 221: 34-46.

Oades J M, 1984. Soil organic matter and structural stability: Mechanisms and implications for management [J]. Plant and Soil, 76 (1-3): 319-337.

Pulleman M M, Marinissen J C Y, 2004. Physical protection of mineralizable C in aggregates from long-term pasture and arable soil [J]. Geoderma, 120 (3): 273-282.

Song X Y, Zhou G S, He Q J, et al, 2020. Stomatal limitations to photosynthesis and their critical water condictions in different growth stages of marize under water stress [J]. Agricultural Water Management, 241: 106330.

9 不同海拔顶坛花椒的性状

　　海拔是复杂的环境因子，可通过影响温度、水分和坡度等制约土壤微生物活性、有机质动态和养分循环（Chang et al.，2016；He et al.，2016），同时调节养分循环过程和植物代谢功能，从而影响植物群落结构和功能多样性（Fierer et al.，2011）。此外，海拔也是影响果实品质的重要因素之一（Charles et al.，2018）。作为农业生态系统中极其重要的综合环境因子，海拔高度直接决定了作物的生长环境，与作物光合、呼吸，物质的运输与传递和细胞分裂等生理生化过程，以及作物的养分吸收和积累，产量与品质形成等息息相关（何家莉等，2020；王菲等，2021）。因此，海拔是研究中的一个重要间接因子，并对诸多直接因子产生显著影响。海拔不同，成土母岩和土壤类型亦会随之发生变化，光、温、水、热等会存在较大差异，对花椒的生长发育和产量品质均有较大影响（刘雪峰等，2017；钱琦等，2022）。本章对不同海拔的土壤、植物、果实性状，以及土壤和叶片功能性状对品质的影响等进行阐述，旨在阐明随海拔变化各性状之间的相互效应。

9.1 林分土壤性状

　　碳（C）、氮（N）、磷（P）是土壤最基本的化学元素，其含量影响元素循环和能量流动（Bertolet et al.，2018；Hou et al.，2020）。矿质元素是植物的必需生命元素，对生长发育和新陈代谢起着不可代替的作用，在生理活动中不可或缺。微生物是连接植物与土壤的桥梁，其生物量可表征微生物群落特征（He et al.，2003；Leff et al.，2015），指示生态系统功能变化。几者之间，矿质元素和微生物是土壤 C、N、P 组分转化与迁移的重要影响因素，探讨它们之间的内在关联，有助于揭示土壤 C、N、P 组分积累与转化的驱动机理。

　　海拔可通过影响温度、水分和坡度等制约土壤微生物活性、有机质动态和养分循环（Chang et al.，2016；He et al.，2016），导致土壤 C、N、P 等元素随海拔产生分异（Chen et al.，2016；Qin et al.，2016），进而影响其组分占比。目前，研究海拔对土壤 C、N、P 组分影响的成果丰富。Kobler 等（2019）研究显示土壤 C 组分随海拔增加呈上升趋势，吴玥等（2020）研究发现 C 组分呈先升高后降低的变化趋势；杨起帆等（2021）研究提出，随海拔升高土壤 N 组分先增加后减少，De Feudis 等（2016）研究表明 P 组分随海拔升高而增大，车明轩等（2021）研究认为 N 组分与海拔高度呈正相关，P 组分则相反；说明土壤 C、N、P 组分随海拔的变化规律尚无统一定论。微生物参与土壤中各种生物化学过程，微生物生长活性可能影响 SOC 的分布（边雪廉等，2016），微生物群落特征和磷酸酶活性影响 P 组分含量（De Feudis et al.，2016），MBN 可调控土壤 NH_4^+-N 和 NO_3^--N 的形成与转化（李婷婷等，2018）。此外，他人研究还表明，土壤 C、N、P 与微生物群落特征和土壤酶活性密切相关；同时，矿质元素也会影响 C、N、P 组分转化。可见，海拔与土壤养分含量以及存在形态、矿质元素和微生物等紧密相关。

顶坛花椒为竹叶椒的一个变种，具喜钙、耐旱、石生等优异性状，经长期生物学实践表明，其是石漠化治理和生态系统恢复的先锋植物。目前，海拔对顶坛花椒人工林影响的研究，集中在叶片功能性状、元素生态计量和果实品质等方面（Yu et al.，2020；Song et al.，2022），土壤 C、N、P 组分含量及其影响因子的研究鲜见。因此，本章选取不同海拔（531m、640m、780m、871m 和 1097m）顶坛花椒人工林为对象，探明土壤 C、N、P 组分，以及微生物和矿质元素随海拔的变化规律，揭示微生物与矿质元素对 C、N、P 组分的驱动效应，旨在阐明喀斯特山区顶坛花椒人工林养分分配特征，以期为林分可持续经营提供科学依据，促进林分动态稳定。

9.1.1 研究方法

（1）样地设置　通过大量调查得知，从谷底到谷肩，顶坛花椒垂直散布且生长在南亚热带干热型河谷气候和中亚热带河谷气候，生育进程、果实品质性状等具有一定差异。因此，根据区域气候和谷底、谷坡、谷肩位置，以及顶坛花椒种植现状，设置 531m、640m、780m、871m 和 1097m 共 5 个海拔梯度样地，依次为南亚热带干热河谷气候-谷底、南亚热带干热河谷气候-缓冲区、南亚热带干热河谷气候-谷坡、气候过渡区-谷坡、中亚热带河谷气候-谷肩，依次记为 YD1～YD5，林龄约 10 年。兼顾顶坛花椒分布范围、满足采样代表性和避开住宅区等原则，样地设置未采取等差数列。受喀斯特区小生境异质性高、地表破碎、土体不连续等影响，每个样地设置生境基本一致的 3 个 10m×10m 样方，共计 15 个样方，为避免样品相互干扰，两样方间距＞5m。测定并记录样地海拔、经纬度和土壤厚度等信息（表 9-1）。

表 9-1　不同海拔样地概况

样地	海拔/m	经纬度	pH 值	坡度/(°)	土壤厚度/cm	平均树高/m	平均冠幅/m	密度/(株·hm⁻²)	植被覆盖率/%
YD1	531	105°40′9.9″E 25°39′57.7″N	7.05	15	40	4.2	3×3	3×4	65

样地	海拔/m	经纬度	pH 值	坡度/(°)	土壤厚度/cm	平均树高/m	平均冠幅/m	密度/(株·hm⁻²)	植被覆盖率/%
YD2	640	105°39′5.6″E 25°39′46.1″N	7.86	10	45	4.0	3×3.5	4×3.5	70
YD3	780	105°38′34.7″E 25°39′22.4″N	8.03	10	35	3.7	3×3	3.5×3	60
YD4	871	105°38′13.9″E 25°39′17.1″N	7.89	5	30	3.4	3×3.5	3×2.8	60
YD5	1097	105°38′15.8″E 25°38′2.4″N	6.79	5	40	3.2	3×3	3×3.2	60

注：YD1~YD5 分别代表样地 1~样地 5，下同。

（2）取样方法　每个样方按 "S" 形 5 点取样法采样，剔除地表凋落物，分别采集 0~10cm、10~20cm 土样组成混合样，装入无菌自封袋，低温冷藏带回实验室。挑出土壤中肉眼可见的石砾、根系和动植物残体，过 2mm 筛后分成两部分，一部分在 4℃下保存，7 日内测定土壤微生物浓度与生物量；另一部分置于室内避免阳光直射下自然风干，测定土壤 C、N、P 组分和矿质元素。

（3）指标与测定方法

① 土壤元素测定。包括 C、N、P、钙、镁、铁和锌，C 为总有机碳（TOC），其余元素均是全量与有效量。TOC 采用重铬酸钾氧化-外加热法测定，全氮（TN）采用凯氏定氮法测定，全磷（TP）采用高氯酸-硫酸消煮-钼锑抗比色-紫外分光光度法测定，全钙（TCa）、全镁（TMg）、全铁（TFe）和全锌（TZn）含量采用硝酸-高氯酸混合酸消煮-ICP-OES 测定。速效氮（AN）采用碱扩散法测定，速效磷（AP）采用氟化铵-盐酸浸提-钼锑抗比色-紫外分光光度法测定，土壤速效钙（ACa）、速效镁（AMg）、速效铁（AFe）和速效锌（AZn）含量用 AB-DTPA 浸提后，使用 ICP-OES 测定（鲍士旦，2000）。

② 土壤 C、N、P 组分测定。包括易氧化碳（EOC）、可溶性有机碳（DOC）、颗粒有机碳（POC）、铵态氮（NH_4^+-N）、硝态氮（NO_3^--N）、活性态磷（OP）、中等活性态磷（OP_1）、团聚体内磷（SP）、钙磷（Ca-P）、闭蓄态磷（O-P）。EOC 采用 K_2SO_4 氧化-比色法测定，DOC 采用 UP 水振荡提取-TOC 测定，POC 测定采用重铬酸钾氧化-外加热法；NH_4^+-N、NO_3^--N 分别采用靛蓝比色法、酚二磺酸比色法测定；土壤 P 组分采用 Hedley 连续浸提法分析测定（Hedley et al.，1982）。

③ 土壤微生物浓度、生物量测定。土壤细菌、真菌和放线菌浓度测定分别采用牛肉蛋白胨培养基、马铃薯葡萄糖琼脂培养基和高氏 1 号琼脂培养基，细菌、放线菌采用稀释平板计数法计数，真菌采用倒皿法计数。土样用氯仿熏蒸法进行处理后，MBC、MBN 分别采用重铬酸钾硫酸外加热法、凯氏定氮法测定，MBP 采用钼蓝比色法测定（林先贵，2010）。

9.1.2 土壤碳氮磷组分

据图 9-1，土壤 C、N、P 组分随海拔增加变化规律各异，C、N、P 组分呈"表层聚集"分布效应。总体上，C 组分随海拔变异规律较弱，仅有 DOC 随海拔增加而升高，说明 DOC 对海拔响应更敏感；TN、AN 随海拔升高无显著变化规律，NH_4^+-N 和 NO_3^--N 逐渐降低；P 组分含量在 YD5 具有优势。海拔、土层和海拔×土层对土壤 P 组分影响最大，N 组分次之，C 组分最小，分别显著（$P<0.05$，下同）或极显著（$P<0.01$，下同）影响 SOC、DOC、POC、NH_4^+-N 和 P 组分（除 Ca-P）含量（表 9-2）。

表 9-2 海拔和土层对土壤碳氮磷组分影响的方差检验结果

因素	SOC		POC		DOC		EOC		TN	
	F	P	F	P	F	P	F	P	F	P
海拔	0.17	0.95	3.05	0.07	20.67	<0.01	1.73	0.22	0.17	0.95
土层	5.30	<0.05	43.12	<0.01	1.52	0.25	3.68	0.08	5.30	<0.05
海拔×土层	0.92	0.49	2.60	0.10	1.88	0.19	0.95	0.47	0.92	0.49

因素	AN		NH_4^+-N		NO_3^--N		TP		AP	
	F	P	F	P	F	P	F	P	F	P
海拔	3.05	0.07	20.67	<0.01	1.73	0.22	41.23	<0.01	26.55	<0.01
土层	43.12	<0.01	1.52	0.25	3.68	0.08	40.28	<0.01	40.46	<0.01
海拔×土层	2.60	0.10	1.88	0.19	0.95	0.47	6.25	<0.01	10.47	<0.01

因素	O-P		OP1		OP		Ca-P		SP	
	F	P	F	P	F	P	F	P	F	P
海拔	4.35	<0.05	18.10	<0.01	38.513	<0.01	2.64	0.097	34.40	<0.01
土层	0.99	0.34	19.27	<0.01	43.196	<0.01	5.68	0.038	15.11	<0.01
海拔×土层	0.29	0.88	4.78	<0.05	16.433	<0.01	1.28	0.342	3.20	0.062

注：SOC 为总有机碳；POC 为颗粒有机碳；DOC 为可溶性有机碳；EOC 为易氧化碳；TN 为全氮；AN 为速效氮；NH_4^+-N 为铵态氮；NO_3^--N 为硝态氮；TP 为全磷；AP 为速效磷；O-P 为闭蓄态磷；OP1 为中等活性态磷；OP 为活性态磷；Ca-P 为钙磷；SP 为团聚体内磷。$P<0.05$ 显著影响，$P<0.01$ 极显著影响。下同。

本章土壤 SOC 含量随海拔升高无显著差异，与 Yu 等（2018）研究认为高海拔 SOC 含量显著高于低海拔的结果不同。原因是 SOC 含量除了受温度、微生物等影响外，还受凋落物种类、数量和质量等制约（Zhou et al.，2015；Bargali et al.，2018；Xiang et al.，2023）；同时人工林生长速度快，低海拔花椒种植密度较高，更多土壤养分被植物吸收利用。因此，研究 SOC 随海拔变化规律需综合考量诸多因子。DOC 较 POC 和 EOC 对海拔变化更敏感，究其原因：DOC 是微生物直接利用的 SOC 源，在土壤中易迁移、分解矿化（Pang et al.，2019）；其次，DOC 易

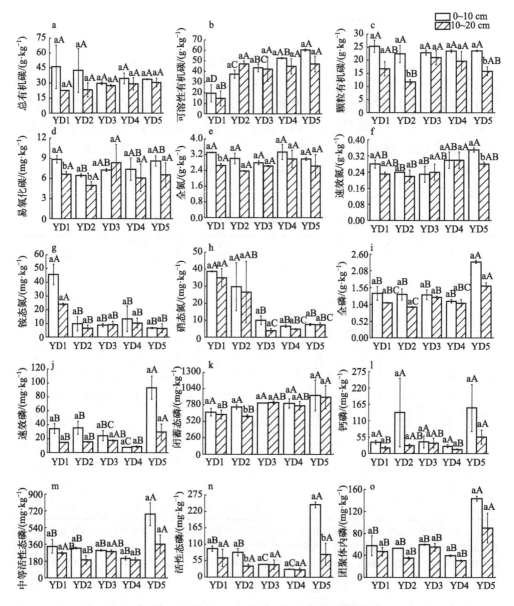

图 9-1　海拔对顶坛花椒人工林不同土层土壤碳氮磷组分的影响

图中不同大写字母表示不同海拔同一土层差异显著（$P<0.05$），
不同小写字母表示同一海拔不同土层差异显著（$P<0.05$）

溶于土壤溶液流失而损失。POC、EOC 含量分别表征土壤 SOC 稳定性和积累潜力，其占 SOC 比例越高，SOC 稳定性和积累潜力越差（Golchin et al.，1994；Xiao et al.，2015）。总体上，该节表土 POC、EOC 含量较高，说明表土 SOC 稳定性更差，SOC 积累能力较弱。分析原因为：表土较深层土养分更充沛，微生物浓度与活性更高，土壤 SOC 分解矿化作用相对较强；其次，表土受人类干扰更剧烈，稳定性更低，不利于 SOC 积累。

该区土壤 TN 含量随海拔增加差异不显著，说明海拔不是 TN 含量的主控因素，原因是土壤 N 源丰富，如生物固氮、施 N 肥和凋落物分解等，诸多因子共同调控 N 的迁移和转化。海拔对土壤 AN、NH_4^+-N 和 NO_3^--N 存在较强影响，具体为 NH_4^+-N＞NO_3^--N＞AN（表 9-2），说明海拔更倾向于影响土壤无机氮。因为无机氮是能够被植物直接吸收利用的 N 源，不同植被和生育进程对 N 的吸收利用能力各异，海拔通过直接影响环境因子，限制植被分布和生长状况，进而调控土壤无机氮。NH_4^+-N 和 NO_3^--N 是土壤无机氮的主要存在形态，同一土层 NH_4^+-N 和 NO_3^--N 随海拔增加而减少，原因是高海拔温度较低，矿化和硝化相关的微生物活性受限抑制了矿化、硝化作用；同时，高海拔土壤水分含量达到一定水平时，可能促进反硝化微生物活性（Wen et al.，2018），反硝化作用增强，气态 N 损失量升高，导致 NH_4^+-N、NO_3^--N 占 N 组分比例降低。

自然陆生生态系统土壤普遍受 P 限制，热带地区土壤 P 制约最为突出（Hou et al.，2020）。TP 含量在 YD5 最高，说明该区高海拔土壤受 P 限制的可能性相对较低。海拔对 P 组分影响表现为 OP＞SP＞AP＞OP1＞O-P＞Ca-P（表 9-2），表明海拔对有机磷影响更强。究其原因可能是：海拔是影响温度、微生物浓度与活性的重要因子，有机磷分解、矿化作用受温度、微生物的影响强于无机磷，导致有机磷对海拔的响应更敏感。然而，本节未测定温度、微生物对有机磷、无机磷的影响，今后需深入研究。P 组分含量在 YD5 最高，一是海拔升高，温度、微生物浓度与活性降低，土壤风化程度和原生矿物磷、有机磷等矿化降低（Zhou et al.，2016；Hou et al.，2018），Fe、铝（Al）氧化物吸附固定无机磷能力下降（任常琦等，2017），二是 YD5 的 pH 值最小，低 pH 值有利于土壤易分解态 P 含量增加（Zhou et al.，2016）。研究还发现，土壤 C、N、P 含量呈表层聚集效应，原因是表土凋落物生物量、根系分泌物和温度等条件优越，微生物活跃性较强（刘雅洁等，2021），凋落物分解速度较快释放了更多养分。

9.1.3 土壤矿质养分

据图 9-2，矿质元素随海拔的变异规律较强，不同土层矿质元素均无显著差异。整体上，TCa、ACa、TMg 和 AMg 含量随海拔增加先升高后降低，TFe、TZn 含量随海拔均无显著变化规律，AFe、AZn 含量在 YD5 具有优势。海拔对矿质元素影响最强，除 TFe 外，均存在极显著或显著影响；土层、海拔×土层仅对 AZn 有极显著、显著影响（表 9-3）。

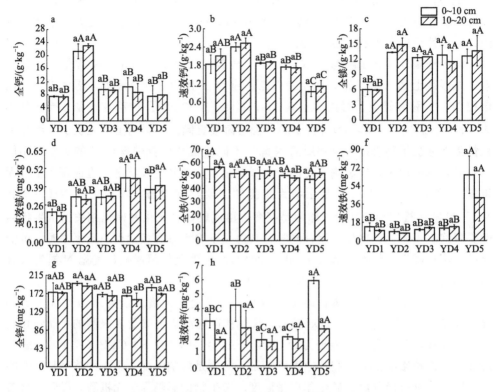

图 9-2　海拔对顶坛花椒人工林不同土层土壤矿质元素的影响

表 9-3　海拔和土层土壤矿质元素影响的方差检验结果

因素	TCa		ACa		TMg		AMg		TFe		AFe		TZn		AZn	
	F	P	F	P	F	P	F	P	F	P	F	P	F	P	F	P
海拔	151.99	<0.01	38.84	<0.01	18.70	<0.01	6.84	<0.01	1.76	0.21	16.67	<0.01	5.32	<0.05	11.57	<0.01
土层	0.00	1.00	2.38	0.15	0.17	0.69	0.01	0.93	0.54	0.48	1.35	0.27	2.44	0.15	22.30	<0.01
海拔×土层	0.29	0.88	0.48	0.75	0.64	0.71	0.09	0.98	0.33	0.85	1.18	0.38	0.29	0.88	4.38	<0.05

注：TCa 为全钙；ACa 为速效钙；TMg 为全镁；AMg 为速效镁；TFe 为全铁；AFe 为速效铁；TZn 为全锰；AZn 为速效锌。下同。

该节土壤钙含量随海拔升高先增加后减少，在 YD2 达到最大，显著高于其他样地，原因是高海拔降水量大，Ca 淋失作用增强导致其土壤含量降低；同时，高海拔区域也是碳酸盐岩向砂页岩的过渡区域，可继承母岩 Ca 的数量较低。土壤 TFe、TZn 随海拔增加无显著差异，AFe、AZn 均是 YD5 最高，这可能与土壤酸碱背景和物理性质有关，喀斯特地区偏碱性土，土壤 Fe、Zn 离子与氢氧根（OH⁻）发生反应产生沉积物被固定，该区土壤 pH 值在 YD5 最低，OH⁻ 浓度相对较低，产生沉积物被固定的量较小，加之低 pH 可促进土壤中金属阳离子的淋溶作用；其次，中低海拔是主要农耕区，人为翻耕引起土壤容重减小、孔隙增大，导致土壤 Fe、Zn 淋失作用加强。

9.1.4 土壤微生物

据图 9-3，土壤微生物浓度随海拔变异规律强于生物量，不同土层微生物浓度、生物量差异不显著。同一土层，细菌随海拔升高逐渐降低，真菌、放线菌先增大后减小，MBP 反之，MBC、MBN 无显著变化规律。由表 9-4 可知，海拔、土层和海拔×土层对土壤微生物浓度、生物量影响较小，其中海拔对细菌、MBP 有极显著、显著影响；土层对真菌存在显著影响；海拔×土层对微生物浓度、生物量无显著影响（$P > 0.05$，下同）。

表 9-4　海拔和土层对土壤微生物浓度、生物量影响的方差检验结果

因素	BAC		FUN		ACT		MBC		MBN		MBP	
	F	P	F	P	F	P	F	P	F	P	F	P
海拔	12.20	<0.01	2.54	0.11	1.58	0.25	0.59	0.68	0.39	0.81	4.73	<0.05
土层	1.16	0.31	7.50	<0.05	0.33	0.28	0.58	0.72	0.16	0.70	0.37	0.56
海拔×土层	01.15	0.39	0.61	0.67	0.84	0.53	0.75	0.58	0.62	0.66	0.47	0.76

注：BAC 为细菌；FUN 为真菌；ACT 为放线菌；MBC 为微生物生物量碳；MBN 为微生物生物量氮；MBP 为微生物生物量磷。

总体上，该区细菌、真菌和放线菌浓度高海拔相对较低，与 Singh 等（2012）结果一致，原因是随海拔升高，温度下降、降水增加，有机质分解受限（Du et al.，2014）；高海拔坡度可能会引起水土流失加剧，带走更多养分，导致土壤营养物质减少，不利于微生物生长繁殖。海拔对 MBC、MBN 未见显著影响（图 9-3、表 9-4），说明海拔不是该区 MBC、MBN 含量的主导因子。MBP 含量在 YD5 最高，与 TP 含量一致，表明 TP 含量可能是影响 MBP 的重要因子。低海拔 MBP 含量相对较低，推测原因是：低海拔地区人口更为聚居，对土壤扰动更大，影响土壤同期状况；加之高温有利于植物生长，植被与微生物的竞争加强，从而抑制微生物活性（Hodge et al.，2000）。

9.1.5 碳氮磷组分对微生物和养分释放的影响

（1）矿质元素和微生物浓度的主成分分析　根据载荷值＞1 和累计贡献率＞80% 的原则，筛选出 4 个主成分，提取载荷＞0.7（依据不同指标载荷值确定）的

因子，进一步分析其对土壤 C、N、P 组分的响应特征。筛选出 TCa、ACa、AFe、TZn 和 BAC 对 C、N、P 组分影响较强（表 9-5）。

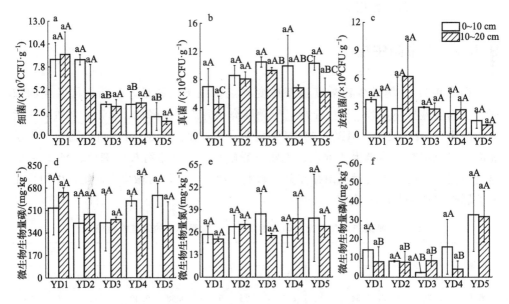

图 9-3　海拔对顶坛花椒人工林不同土层土壤微生物浓度、生物量的影响

表 9-5　矿质元素和微生物的主成分分析

指标	主成分 1	主成分 2	主成分 3	主成分 4
TCa	0.215	**0.930**	−0.200	−0.112
ACa	**0.773**	0.497	−0.247	−0.089
TMg	−0.505	0.603	−0.495	−0.197
AMg	−0.595	0.116	−0.659	0.093
TFe	0.655	−0.010	0.286	−0.058
AFe	**−0.803**	−0.163	0.486	0.105
TZn	0.020	**0.768**	0.564	0.091
AZn	−0.512	0.398	0.629	0.157
BAC	**0.783**	0.160	0.267	0.338
FUN	−0.439	0.376	−0.161	0.645
ACT	0.430	−0.249	−0.404	0.623
特征值	2.875	2.782	2.322	1.199
贡献率/%	26.135	25.294	21.114	10.903
累计贡献率/%	26.135	51.429	75.543	83.446

（2）土壤碳氮磷组分与矿质元素和微生物浓度相关性分析　土壤 TP 与 P 组分呈极显著正相关，表明 P 组分含量一定程度上取决于 TP 的贮存量。C、N、P 组

分三者间存在一定关联，土壤 TN 与 SOC、POC 和 EOC 呈极显著正相关，DOC 与 AN、NH_4^+-N 和 NO_3^--N 呈显著正相关、极显著负相关，表明 C、N 组分之间存在拮抗或协同效应；AN 与 P 组分呈显著、极显著正相关（除 Ca-P）。AFe 与 P 组分的相关性最强，N 组分次之，说明 AFe 更倾向于影响 P 组分的转化与积累；ACa 与 AN、SP 呈极显著、显著负相关，TCa 与 OP 呈显著负相关，TZn 与 C、N、P 组分无显著相关性；BAC 与 DOC 呈显著负相关，表明 BAC 浓度对可溶性有机碳合成与积累有一定抑制作用。综上表明，矿质元素和微生物浓度均对土壤 C、N、P 组分产生影响，但矿质元素影响偏大，且有效量较全量决定作用更强（表 9-6）。

该区土壤 SOC 与 POC 的相关性大于其他活性有机碳的相关性，说明 POC 对土壤 SOC 的变化最敏感，最有可能是 SOC 动态敏感指标。TN 与 POC、EOC 呈极显著正相关、AN 与 P 组分正向相关较强，原因是微生物更易于分解高 N 含量土壤（向慧敏等，2015），说明 N 素对 C、P 组分的影响主要通过微生物介导，改善土壤 N 素条件可促进 C、P 积累。因此，花椒林地要注重保护土壤 N 素和地表凋落物层，必要时可采取 N 肥混施于土壤耕层中，或于生长期施肥等措施。土壤 P 组分含量间存在较强的正相关，说明各 P 组分之间关系密切，共同影响土壤 P 的周转与功能发挥。矿质元素与 P 组分存在较强正相关，说明矿质元素对 P 组分的响应强于 C、N 组分，推测矿质元素可敏感地表征 P 组分动态。原因是土壤 P 稳定性较高，其含量主要受成土母质和岩石风化作用调配，成土母质是土壤形成的物质基础和矿质元素初始来源，矿质元素变化能够影响土壤 P 组分的分配。因此，花椒培育过程中，可配施富含矿质养分肥料促进 P 含量积累，提高土壤肥力，缓解土壤 P 限制。

MBN 含量可表征土壤 N 有效性，MBN 越大土壤 N 有效性越高（马寰菲等，2020），该区 MBN 与 DOC 正相关，与 NO_3^--N 负相关，说明高 N 有效性可促进土壤 C 积累，不利于 N 积累。因此，花椒林培育过程需调控好土壤养分计量平衡。然而，本节未对土壤养分计量平衡进行定量化研究，尤其是 C、N 元素计量平衡关系，未来仍需深入探讨。Bing 等（2014）研究认为，MBP 在土壤 P 循环和植物 P 供应中占重要地位，P 素匮乏时，MBP 周转可补偿土壤溶液中的 P，促进植物对 P 的吸收利用，该节 MBP 与 P 组分呈显著正相关，佐证了上述观点。林惠瑛等（2021）研究发现，MBN 可能会通过酸性磷酸酶的合成间接影响 P 组分含量，该节 MBN 与 P 组分相关性较差，仅有 O-P 与 MBN 呈显著正相关，与上述观点存在差异，说明 MBN 可能通过合成酸性磷酸酶，间接调控 P 组分转化的观点存在局限性。然而，该研究尚未测定土壤酸性磷酸酶，难以佐证该观点。因此，未来需深入探讨微生物生物量对酸性磷酸酶合成响应的研究。

表 9-6 土壤碳氮磷组分与矿质元素和微生物浓度相关性分析

指标	SOC	POC	DOC	EOC	MBC	TN	AN	NH$_4^+$-N	NO$_3^-$-N	MBN	TP
POC	0.651**	1									
DOC	-0.024	0.035	1								
EOC	0.407	0.588**	0.099	1							
MBC	-0.190	0.145	-0.027	0.272	1						
TN	0.629**	0.739**	0.036	0.590**	0.315	1					
AN	0.239	0.349	0.450*	0.513*	0.167	0.498*	1				
NH$_4^+$-N	0.357	0.349	-0.725**	0.372	0.295	0.485*	0.022	1			
NO$_3^-$-N	0.333	-0.045	-0.723**	-0.089	0.133	0.061	-0.421	0.639**	1		
MBN	0.008	-0.026	0.281	-0.024	-0.196	0.015	-0.062	-0.203	-0.143	1	
TP	0.210	-0.370	0.384	0.479*	0.145	0.226	0.610**	-0.100	-0.223	0.214	1
AP	0.170	0.319	0.312	0.369	0.275	0.142	0.468*	-0.059	-0.060	0.131	0.905**
O-P	0.099	0.322	0.594**	0.461*	0.022	0.320	0.487*	-0.319	-0.613**	0.500*	0.640**
OP1	0.154	0.339	0.283	0.450*	0.278	0.191	0.524*	-0.034	-0.131	0.060	0.947**
OP	0.233	0.280	0.210	0.396	0.180	0.119	0.539*	0.004	0.033	0.135	0.891**
SP	0.038	0.183	0.337	0.341	0.106	-0.032	0.527*	-0.170	-0.226	0.145	0.939**
Ca-P	0.472*	0.336	0.266	0.264	-0.144	0.251	0.253	-0.154	0.102	0.419	0.698**
MBP	0.127	0.015	0.293	0.085	-0.047	-0.107	0.502*	-0.188	-0.194	-0.295	0.580**
TCa	-0.106	0.264	0.055	-0.192	-0.207	-0.030	-0.306	-0.162	-0.400	0.257	-0.338
ACa	-0.240	-0.086	-0.187	-0.291	-0.249	-0.245	-0.557**	-0.089	-0.030	0.279	-0.430
AFe	0.065	0.075	0.344	0.131	0.185	0.099	0.610**	-0.122	-0.267	-0.338	0.458*
TZn	-0.100	0.383	0.119	0.133	0.122	0.205	0.130	0.050	-0.437	0.078	0.200
BAC	-0.347	-0.153	-0.456*	-0.193	0.156	-0.044	-0.440	0.297	0.314	0.080	-0.404

指标	AP	O-P	OP1	OP	SP	Ca-P	MBP	TCa	ACa	AFe	TZn
POC											
DOC											
EOC											
MBC											
TN											
AN											
NH_4^+-N											
NO_3^--N											
MBN											
TP											
AP	1										
O-P	0.376	1									
OP1	0.965**	0.460*	1								
OP	0.915**	0.325	0.890**	1							
SP	0.870**	0.493*	0.897**	0.901**	1						
Ca-P	0.600**	0.509*	0.588**	0.667**	0.559*	1					
MBP	0.559*	0.134	0.593**	0.616**	0.705**	0.213	1				
TCa	-0.347	0.085	-0.349	-0.453*	-0.375	-0.298	-0.325	1			
ACa	-0.337	-0.108	-0.390	-0.402	-0.463*	-0.169	-0.389	0.700**	1		
AFe	0.419	0.099	0.474*	0.431	0.563**	0.039	0.646**	-0.424	-0.839**	1	
TZn	0.173	0.227	0.252	0.063	0.212	-0.131	0.227	0.568**	0.203	0.168	1
BAC	-0.249	-0.418	-0.305	-0.259	-0.344	-0.331	-0.278	0.238	0.567*	-0.493*	0.268

注：* 表示显著相关性（$P < 0.05$），** 表示极显著相关性（$P < 0.01$）。下同。

9.2 化学计量与养分重吸收特征

生态化学计量主要用于探索生态系统各组分的交互作用和共变规律（Bertrand et al.，2019），为研究生态过程养分限制和各元素在生态系统中的耦联关系提供了新途径（Leal et al.，2017）。养分重吸收是衰老叶片和枝条将养分运移至植物新生组织，供其重复利用的过程（Millard et al.，2010），能够提高植物养分利用效率，延长养分在植物体内的贮存时间。此外，该过程还能减少植物生长对土壤养分的依赖性，提高植物对胁迫环境的适应能力（Wang et al.，2014）。当前生态化学计量学和养分重吸收的研究集中于生态过程中各组分碳（C）、氮（N）、磷（P）元素计量特征及其生态学意义（Zhang et al.，2020；王凯等，2021）。而中量和微量元素作为植物生长发育不可缺少的重要组分，其植物叶片和凋落物的生态化学计量特征及养分重吸收研究却鲜见报道（Wang et al.，2013）。植物组织中的元素含量会对植物的生长速率产生影响（Ågren，2008），C、N、P、K 是生态系统养分循环过程中的核心元素与生源要素（王绍强等，2008）；铁（Fe）、镁（Mg）是叶绿素合成的重要组分；钙（Ca）和锰（Mn）是植物代谢和生理平衡的基础（李忠意等，2021），能提高生长素运转速率，增强植物的生长发育能力。因此，将关键养分元素整合到生态化学计量和养分重吸收的研究中，有助于深入认识生态系统各组分的相互作用和循环规律（Wang et al.，2014）。

海拔是影响植物分布及生态适应性的主要因子（Gaston，2000），通过改变土壤温度、理化性质和酶活性等，调节养分循环过程和植物代谢功能，从而影响植物群落结构和功能多样性（Fierer et al.，2011）。已有研究表明，植物生态化学计量特征垂直分异规律明显，如陈昊轩等（2021）研究了太白山栎属树种叶片化学计量特征，结果显示栎类树种叶片 N∶P 随海拔升高而降低；Wang 等（2017）研究了高山灌木叶片性状和化学计量特征，揭示了不同海拔梯度高山灌木的养分利用机制；Chen 等（2022）分析了亚热带森林叶片、凋落物和土壤 C∶N∶P 化学计量特征，表明植物和凋落物 C、N、P 含量随海拔升高而增加，印证了海拔影响植物生态化学计量特征（Reich et al.，2004）。目前，养分重吸收随海拔变化的研究尚未见报道，现有研究主要以区域为对象，如贺静雯等（2020）研究了干热河谷优势灌木养分重吸收效率，表明 N、P 重吸收率低于全球其他陆生植物；王宝荣等（2017）分析了黄土高原子午岭天然次生林叶片养分再吸收率和化学计量特征，揭示了次生林养分循环规律和生态系统稳定机制。由此可见，生态化学计量能够表征植物的生理生态策略，是指示植物生长、生产力和生态功能的重要指标（Cao et al.，2018）。通过探讨叶片和凋落物养分元素间的生态化学计量与养分重吸收特征及其关系，能够在一定程度上反映植物的养分利用效率（喻阳华等，2019），评判限制植物生产力的养分元素。

以往顶坛花椒林生态化学计量随海拔变化的研究均以大量元素为对象，且海拔跨度较小，未能完全体现其生长发育随海拔变化的异质性。因此，本小节在研究植物叶片和凋落物大量元素的基础上，将中量和微量元素纳入本研究中，根据喀斯特干热峡谷地域特点，将顶坛花椒林划分为 5 个海拔梯度（531～1097m），分析顶坛花椒叶片和凋落物养分含量、化学计量特征与养分重吸收随海拔变化的分异规律，以及叶片养分重吸收和生态化学计量之间的内在关系，进一步揭示顶坛花椒的生理生态适应机制，为林地养分循环研究提供科学支撑。

9.2.1 研究方法

（1）样地设置 与 9.1.1 相同。

（2）取样方法与测定 每个样方各选取 5 株能够代表整体生长状况的顶坛花椒，分别向选定植株的东、南、西、北 4 个方向摘取完整且无病虫害的老叶（通过肉眼鉴别，老叶的颜色为深绿色或墨绿色，腺点较多且表面凹凸不平），充分混匀后，制得混合样。将采集的叶片置于尼龙网袋中带回实验室。按照梅花五点法收集凋落物样品，选择完全干枯发黄、轻摇树枝就能凋落的叶片或已凋落但未分解的叶片，将其置于尼龙网袋中，充分混合后带回实验室。为确保样品具有相似的初始营养状态，成熟叶片选择旺盛生长期（6 月）采集，凋落物样品选择秋季末期采集。5 个海拔梯度共计采集叶片和凋落物样品各 15 份，将其带回实验室后，置于恒温干燥箱中，于 70℃烘干至恒重，用植物粉碎机粉碎，过 100 目筛后密封保存，用于叶片和凋落物养分元素测定。

叶片和凋落叶有机碳（organic carbon，OC）采用重铬酸钾-外加热法测定；全磷（total phosphorus，TP）采用钼锑抗比色法测定；全氮（total nitrogen，TN）采用凯氏定氮法测定；全钾（total potassium，TK）采用火焰分光光度计法测定；全钙（total calcium，TCa）、全镁（total magnesium，TMg）、全铁（total iron，TFe）和全锰（total manganese，TMn）均采用硝酸-高氯酸混合酸消煮-ICP-OES 法测定（LY/T 1270—1999）。

9.2.2 生态化学计量特征

（1）顶坛花椒叶片、凋落物养分含量特征

① 叶片养分含量特征。叶片 OC、TP 含量随海拔升高表现出先增加后降低的变化趋势；叶片 TN 含量变幅较小，均无显著差异；海拔 871m 叶片 TK 含量显著低于其他海拔，海拔 1097m 叶片 TCa 和 TMg 含量显著高于其他海拔；叶片 TFe 含量在不同海拔梯度之间差异显著，与 TP 具有相似的变化规律；TMn 的数值随

海拔升高而增加，但均未达到显著差异（图9-4）。

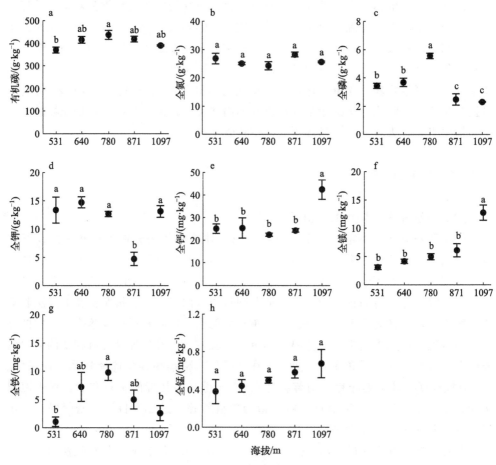

图9-4　顶坛花椒叶片养分含量随海拔的变化

② 凋落物养分含量特征。凋落物 OC、TN 和 TCa 含量在各海拔梯度之间均无显著差异；凋落物 TP 含量随海拔升高呈现波动下降的变化趋势；海拔 871m 凋落物 TK 含量显著低于其他海拔，海拔 780m 凋落物 TFe 含量显著高于其他海拔；凋落物 TMg 含量随海拔升高表现出慢速增长的变化规律；凋落物 TMn 的数值虽有较小变幅，但无显著差异（图9-5）。

（2）顶坛花椒叶片和凋落物化学计量特征　　叶片 C∶N、N∶P 整体上略高于凋落物 C∶N、N∶P，叶片 C∶Ca 整体上略低于凋落物 C∶Ca；叶片和凋落物 C∶P 随海拔升高其数值呈现波动增长的变化趋势。海拔 871m 的叶片和凋落物 N∶K 显著高于其他海拔，但 K∶P 显著低于其他海拔；叶片和凋落物 Ca∶Mg 随海拔升高表现出缓慢降低的变化规律。叶片和凋落物 Mg∶Fe 变化幅度较小，均无显著差异；叶片和凋落物 Fe∶Mn 与 C∶Ca 变化规律相似，且各海拔之间存在显著差异（图9-6）。

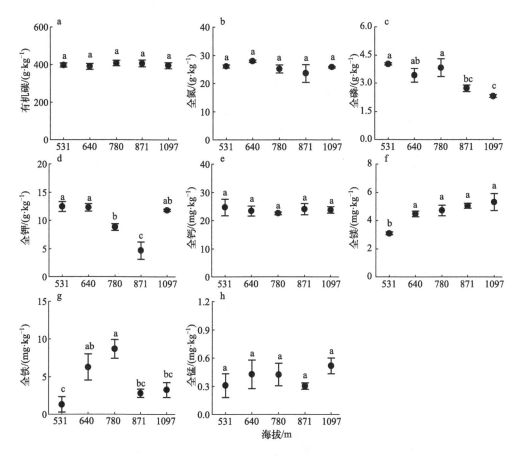

图 9-5　顶坛花椒凋落物养分含量随海拔的变化

（3）顶坛花椒叶片与凋落物养分含量及化学计量的关系　如表 9-7 所示，叶片 OC、TK、TMg 分别与凋落物 C：Ca、TK、TMg 的相关性达到了显著水平（$P<0.05$）；叶片 TP 与凋落物 TP 呈正相关；叶片 TFe 与凋落物 TFe、Fe：Mn 之间的相关性达到了极显著水平（$P<0.01$），反映了叶片 TFe 与凋落物 TFe、Fe：Mn 之间关系密切。叶片 C：P、N：P 均与凋落物 TP 呈显著负相关，与凋落物 C：P、N：P 呈极显著、显著正相关；叶片 N：K 与凋落物 TN、TP、K：P 呈反向作用效应，与凋落物 N：K、C：N 呈极显著增强效应；叶片 K：P 与凋落物 K：P 呈显著正相关关系；叶片 Ca：Mg 与凋落物 Ca：Mg 为协同关系，而与凋落物 TMg 为权衡关系；叶片 Mg：Fe 与凋落物 Mg：Fe 为极显著正相关，与凋落物 TFe、Fe：Mn 之间均为负相关；叶片 Fe：Mn 与凋落物 TFe 的正相关性大于叶片 Fe：Mn 与凋落物 Fe：Mn 的关系，表明凋落物 TFe 对叶片 Fe：Mn 的变化最敏感。

C、N、P 是植物必需的养分元素，相互调控植物生长发育，在森林生态系统

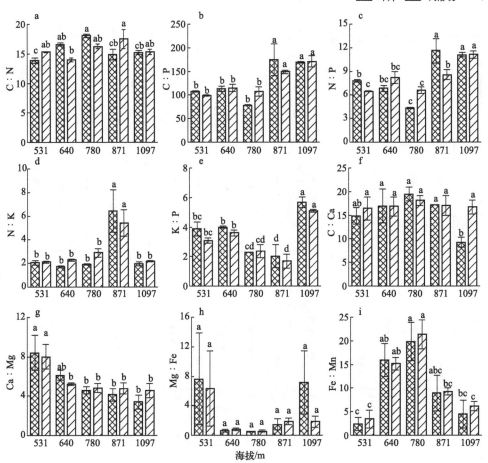

图 9-6　不同海拔顶坛花椒叶片和凋落物生态化学计量特征

中起了重要作用（Wang et al.，2020）。植物体内的 N、P 含量高，暗示其生长、光合速率快，C 含量高的生态学意义则相反（任书杰等，2012）。本研究结果显示海拔 780m 花椒叶片和凋落物 C 含量高于其他海拔，表明该林分的 C 同化能力强，但其生长速率相对缓慢（Elser et al.，2000）。各海拔花椒 C 含量整体上低于全球 492 种陆生植物（464g·kg^{-1}）的平均值（Yu et al.，2021），可能是土壤中较少的有机质和水溶有机化合物，影响了植物对 C 元素的吸收和利用。N 和 P 含量整体上略高于全球植物 20.6g·kg^{-1}、2.0g·kg^{-1} 的平均值，表明顶坛花椒的生长速率高于全球水平。原因是喀斯特石漠化地区生境脆弱，各海拔花椒吸收更多的 N 和 P 元素以满足生长发育需求的同时，增强了抵御外界不利环境的能力（Elser et al.，2000）；也与人工调控生长速率有关。Ca、Mg 是喀斯特地区植物的喜好元素，Ca 能够调节细胞的 pH、促进有机物运输、维持生物膜的功能（Reich et al.，

2004）；Mg 能增强植物叶绿素的合成速率，提升植物光合能力。本研究中，海拔 1097m 花椒叶片的 Ca 含量高于其他海拔，反映了海拔 1097m 花椒的细胞壁和膜结构更为稳定（Bonomelli et al.，2021），对 Ca 元素的吸收利用能力强于其他海拔。花椒体内的 Mg 含量随海拔升高呈现出慢速增长的变化规律，这可能是海拔和坡向引起的土壤微环境、凋落物、植被组成及生理需求差异所致；也可能是植物为抵御寒冷，减少有机物分解和矿化，吸收了更多的 Mg 元素（Montanaro et al.，2014），进一步增强花椒对小生境的适应能力。已有研究表明，Fe 是铁硫蛋白类、细胞色素类等多种氧化还原酶的辅基，植物缺 Fe 时会产生明显的缺绿病（邓雪花等，2022）。本研究表明海拔 531m 花椒的 Fe 含量显著低于其余海拔，反映了其可能会抑制氧化还原酶生成，诱发植物的缺绿病，影响植物的生长过程，降低果实品质。

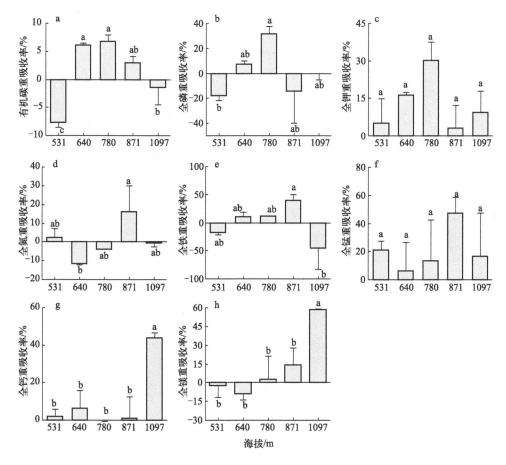

图 9-7 顶坛花椒养分重吸收率

表 9-7 顶坛花椒叶片与凋落物养分含量及化学计量的相关性

凋落物	叶片																
	OC	TN	TP	TK	TCa	TMg	TFe	TMn	C:N	C:P	N:P	N:K	K:P	C:Ca	Ca:Mg	Mg:Fe	Fe:Mn
OC	0.591	0.269	0.165	0.019	-0.401	0.059	-0.292	0.16	0.21	0.121	0.054	-0.02	-0.097	0.524	-0.385	0.305	-0.305
TN	0.157	-0.263	0.044	0.691*	0.033	-0.027	-0.226	-0.106	0.249	-0.009	-0.108	-0.748*	0.546	0.032	0.134	0.169	-0.179
TP	0.182	-0.087	0.699*	0.414	-0.681*	-0.785**	0.038	-0.655*	0.192	-0.734*	-0.708*	-0.392	-0.293	0.638*	0.609	-0.065	0.104
TK	-0.403	-0.382	0.039	0.906**	0.298	0.062	-0.334	-0.302	-0.025	-0.244	-0.237	0.880**	0.776**	-0.328	0.326	0.42	-0.239
TCa	-0.641*	-0.061	-0.279	-0.4	0.273	-0.136	0.072	0.093	-0.409	0.022	0.122	0.324	-0.153	-0.474	0.553	-0.37	0.028
TMg	0.525	-0.028	-0.202	-0.242	0.321	0.696*	0.219	0.778**	0.363	0.489	0.355	0.219	0.094	-0.109	-0.848**	-0.059	0.132
TFe	0.468	-0.715*	0.674*	0.14	-0.136	-0.153	0.950**	-0.024	0.841**	-0.524	-0.653*	-0.238	-0.337	0.264	-0.131	-0.638*	0.951**
TMn	-0.311	-0.666*	-0.071	0.068	-0.249	0.375	0.447	0.312	0.248	0.012	-0.041	-0.237	0.252	-0.634*	-0.04	-0.34	0.415
C:N	0.127	0.432	0.019	-0.723*	0.673*	0.019	0.121	0.159	-0.175	0.063	0.136	0.807**	0.358	0.237	-0.304	-0.063	0.071
C:P	-0.107	0.163	-0.692*	-0.366	0.673*	0.883**	-0.186	0.752*	-0.199	0.774**	0.745**	0.357	-0.633*	-0.6	-0.705*	0.22	-0.26
N:P	-0.161	-0.023	-0.719*	-0.077	0.813**	0.908**	-0.22	0.709*	-0.123	0.771**	0.709*	0.031	0.632	-0.728*	-0.607	0.241	-0.277
N:K	0.301	0.574	-0.167	-0.897**	-0.302	-0.107	0.202	0.191	-0.18	0.284	0.319	0.967**	-0.715*	0.307	-0.258	-0.328	0.126
K:P	-0.434	-0.354	-0.37	0.616	0.792*	0.664*	-0.332	0.249	-0.074	0.248	0.222	-0.633*	0.956**	-0.751*	-0.16	0.448	-0.303
C:Ca	0.649*	0.15	0.254	0.287	-0.355	0.088	-0.179	-0.022	0.344	0.021	-0.07	-0.235	0.065	0.531	-0.487	0.367	-0.151
Ca:Mg	-0.723*	-0.011	0.009	0.064	-0.131	-0.552	-0.281	-0.476	-0.487	-0.339	-0.193	-0.099	-0.062	-0.143	0.919**	0.00	-0.236
Mg:Fe	-0.308	0.568	-0.126	0.269	-0.142	-0.124	-0.598	-0.462	-0.582	-0.011	0.125	-0.097	0.254	0.016	0.132	0.832**	-0.572
Fe:Mn	0.798**	-0.461	0.780**	0.093	-0.417	-0.293	0.812**	-0.059	0.876**	-0.539	-0.678*	-0.126	-0.498	0.632*	-0.166	-0.667*	0.822**

生态化学计量特征是探究植物养分元素平衡的重要方式，能够反映植物的养分利用效率，指示养分限制状况（Chen et al., 2022）。本节花椒叶片 C∶N 以海拔 780m 为最高（18.07±0.26），究其原因是海拔 780m 花椒的 OC 含量高，而 N 含量相对较低，进而形成了较高的 C∶N。此外，该节发现海拔 1097m 花椒叶片和凋落物的 P 含量最低，但 N∶P、C∶P、K∶P 整体上最大，暗示了海拔 1097m 花椒对 P 元素的利用效率高，在低 P 状况下保持了较为旺盛的代谢率（陈昊轩等，2021）。这可能是受干热河谷生境影响，海拔较高的地方温度偏低，水分蒸发速率减缓，微生物生长和繁殖较快，在增强植物体内 C、N、K、蛋白质和酶类物质含量的同时（何中声等，2022），提高了植物对 P 的利用效率。

矿质元素作为植物生长发育的重要组分，其化学计量特征可进一步反映喀斯特地区的养分限制状况（Chen et al., 2022）。本节中，花椒叶片和凋落物 Ca∶Mg 呈现随海拔增加而降低的分异规律。引起该结果的原因是各海拔之间生境不同，植物初始化学性质差异显著（李春雨等，2022），Ca 元素的内稳定性强，Mg 元素受海拔和坡向影响，海拔越高，植物对 Mg 元素的固持能力越强，因此形成了较高的 Ca∶Mg。本节还发现中海拔顶坛花椒的 Fe∶Mn 显著高于其他海拔，并呈现向高海拔和低海拔递减的变化规律。推测是植物通过养分补给来提高生长素运转速率（李忠意等，2021），以增强植物的生长发育能力，但具体驱动机制尚需进一步检验。

9.2.3　养分重吸收规律

不同海拔顶坛花椒对同一种养分的重吸收率表现不同。叶片 OC、TP、TK 重吸收率以海拔 780m 的数值为最大，海拔 640m 的重吸收率次之；叶片 TN、TFe、TMn 重吸收率以海拔 871m 的数值为最高。海拔 531m 的叶片 OC、TP、TFe、TMg 重吸收率均为负值，处于累积态势；海拔 1097m 的叶片 OC、TP、TN、TFe 重吸收率处于累积状态，但叶片 TCa、TMg 重吸收率最高（图 9-7）。

养分重吸收效率与叶片习性和海拔之间具有密切的关联（李春雨等，2022）。本章中，海拔 780m 花椒的 C、P、K 重吸收率最高，但 C、P、K 重吸收率整体上低于 Vergutz 等（2012）综合分析得到的全球陆地森林生态系统叶片 C、P、K 重吸收率（23.2%、64.90% 和 70.1%）。这可能是由于人工林施用复合肥缓解了 C、P、K 元素的限制，使得重吸收率偏低。同时，本章在计算重吸收率时未考虑叶片凋落后的质量损失矫正，这可能也会使计算得到的重吸收率偏低（Vergutz et al., 2012）。Yuan 等（2009）研究表明全球平均树种 N 重吸收率为 46.9%，研究发现该区花椒 N 重吸收率整体上低于全球水平。原因是花椒林地土层浅薄、土壤肥力退化，加之地表-地下二元结构加剧了干旱胁迫，阻碍养分溶解和运移，抑制了花椒对 N 元素的吸收与释放（喻阳华等，2019）；其次，也可能是 N 元素在细胞中形成了难分解的稳定化合物（申奥等，2018），增加了植物重吸收养分的难度。

本章发现只有海拔 1097m 花椒的 Ca 重吸收率（43.79％）超过全球陆地植物的 Ca 重吸收率（10.9％）（Vergutz et al.，2012），其他海拔的 Ca 重吸收率均较低。原因可能是海拔较高的地区地势高，土壤质地轻，淋溶作用强烈，Ca 供应不足；其次是土壤中的 P 含量过高，易与 Ca 形成难溶化合物，影响 Ca 的有效性，只能通过提高养分重吸收率来满足植物生长发育的需求。该节中，海拔 1097m 花椒叶片的 Mg 重吸收率高于低海拔，表明高海拔花椒受 Mg 限制，这与"相对再吸收假说"相符合（Han et al.，2013）。此外，研究结果显示，海拔 871m 花椒的 Mn、Fe 重吸收率最高，推测是由植物生理策略做出的选择，植物通过增强 Mn 和 Fe 重吸收率来维持叶绿体结构的稳定性（Chen et al.，2021），保持较高的叶绿素合成速率，增强植物的光合作用能力。

9.2.4　养分重吸收对化学计量的影响

养分重吸收为实心箭头，化学计量为空心箭头。冗余分析结果显示（图 9-8），叶片 C 重吸收率与 C∶N、C∶Ca 之间存在显著正相关关系；叶片 P、K 重吸收率会显著影响叶片 K∶P 含量；叶片 N 重吸收率与 N∶P、N∶K 之间具有协同效应，暗示了养分重吸收率影响化学计量的动态平衡与储蓄特征。叶片 Ca 重吸收率对植物化学计量的影响较弱；叶片 Mg 重吸收率对 Mg∶Fe 具有促进作用；叶片 Fe 重吸收率与 Fe∶Mn 呈极显著增强关系，表明养分重吸收率与化学计量之间具有很强的相关性。

植物的养分重吸收率不仅与养分现状有关，还受生态化学计量的相互调节（Wang et al.，2019），且养分重吸收在维持植物化学计量平衡中起着重要作用（Brant et al.，2015）。研究结果显示，花椒叶片的 C 重吸收率与 C∶N、C∶Ca，K、P 重吸收率与 K∶P 之间具有显著协同关系，Mg、Fe 养分重吸收率分别与 Mg∶Fe、Fe∶Mn 之间也呈现显著增强作用，暗示了植物通过提高 C、K、P、Mg 和 Fe 重吸收率来延长 C、K、P、Mg 和 Fe 元素在花椒叶片中的停留时间，以此来增强花椒叶片中的 C、K、P、Mg 和 Fe 含量，从而形成较高的 C∶N、C∶Ca、K∶P、Mg∶Fe 和 Fe∶Mn。植物叶片 N∶K 在一定程度上能够指示植物对 N 元素的利用效率，植物叶片 N∶K 越高，说明植物对 N 元素的利用效率越高，而植物较高的 N 元素利用效率往往体现在具有较高的 N 养分重吸收率（邓浩俊等，2015；王凯等，2022）。因此花椒叶片 N∶K 与 N 养分重吸收率呈显著正相关关系，这与其他学者对马尾松的研究结果一致（魏大平等，2017）。由上述研究可看出，植物养分重吸收与化学计量之间具有很强的相关性。近年来，植物养分重吸收率的相关研究主要集中于添加 N、P 等元素，或植物体内含有的 N、P 等元素来探讨植物养分重吸收率及其化学计量的变化特征（王睿照等，2022），而对植物养分重吸收率与化学计量之间的关系研究较少。因此，在植物的重吸收率与化学计量方面还需要做更多的研究工作。

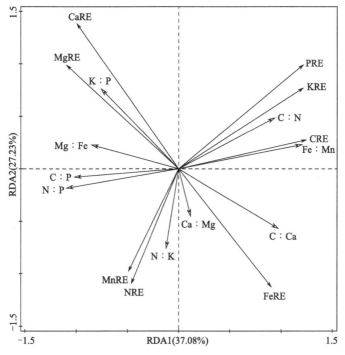

图 9-8　花椒养分重吸收与叶片化学计量的关系

图中 RE 是重吸收率的缩写

9.3　果实品质性状

　　顶坛花椒是贵州喀斯特山区花江峡谷特有的经济植物,以"香味浓、麻味纯、品质优"而著称(陆龙发等,2022)。花椒果皮富含可溶性多糖类及蛋白质类营养物质,种子中核苷类营养物质含量较为丰富(王锐清等,2017),同时兼备食用、药用、保健等功效,综合价值显著。但是,近年顶坛花椒出现种植规模减小、产量下降、品质波动等现象(韦昌盛等,2016;刘志等,2019),影响了花椒的长期经营与发展。生境是果实品质形成和发育的基本条件,同时亦是作物区划和适地适树的基本依据(黄天辉等,2021)。因此,探究生态环境对花椒品质性状的影响对顶坛花椒的栽培管理和示范推广具有重要意义。

　　海拔也是影响果实品质的重要因素之一(Charles et al.,2018)。作为农业生态系统中极其重要的综合环境因子,海拔高度直接决定了作物的生长环境,关系到作物光合、呼吸,物质的运输与传递和细胞分裂等生理生化过程,以及作物的养分吸收和积累,产量与品质形成等(王菲等,2021;何家莉等,2020)。海拔不同,成土母岩和土壤类型亦会随之发生变化,光、温、水、热等会存在较大差异,对花椒的生长发育和产量品质均有较大影响（刘雪峰等，2017；钱琦等，2022）。近年来，诸多学者探讨了果实品质随海拔的变异规律，如 Parra-Coronado 等（2015，2016）探究了菠萝番石榴果实外在品质对海拔变异的响应；Rieger 等（2008）和 Crespo 等（2010）揭示了不同海拔果实内在品质性状的差异；罗文文等（2014）和曹永华等（2016）发现随着海拔升高果实内外品质明显改善；Turner 等（2016）证实了海拔变异会显著影响大蕉果实的风味和品质。这些结果均表明海拔高度通过改变生态因子而间接影响果实的物理化学品质（刘雪峰等，2017）。花江喀斯特峡谷区地形坡度大，自然生态环境复杂，不同海拔的环境异质性会导致果实发育、品质形成等生理生化特征差异。因此，探明顶坛花椒果实品质随海拔的变异规律可为顶坛花椒适地适树和品质区划提供科学依据。

基于此，本节以喀斯特石漠化地区典型退化生态系统恢复模式顶坛花椒的果实为对象，通过比较 5 个不同海拔的果实品质变化特征，力求能回答以下 3 个科学问题：①不同海拔顶坛花椒的果实品质性状特征有何不同？②顶坛花椒果实品质指标之间有何内在关联？不同指标间的互作效应是怎样的？③顶坛花椒果实综合品质及其随海拔有哪些变化规律？旨在了解该区不同海拔顶坛花椒人工林的生态适宜性，为花椒产业的合理发展布局及优质、高效生产提供科学参考。

9.3.1 研究方法

（1）样地设置　与 9.1.1 相同。

（2）取样方法　由于顶坛花椒的主要可用部分是鲜椒，因而选择在 2021 年 6 月顶坛花椒壮果成熟期采摘。在预先布设的 15 个标准样方内，分别随机选取 3～5 株生长良好、大小一致、生境相同且具代表性的个体植株，在每株树冠的中部和外围分别摘取大小均匀且无病虫害的果实数粒，组成混合样品约 500g，置于尼龙网袋中，自然晾晒 1～2d，使其充分干燥，待果皮炸口后，分离果皮和果粒，磨碎果皮，制得待测样品。由于花椒果皮营养价值最高，是常用的食用品，所以取果皮为研究材料。

（3）测定指标与方法　参照《饲料中粗灰分的测定》（GB/T 6438—2007），采用高温灼烧称重法测定果皮灰分含量；采用索氏抽提法测定粗脂肪含量《饲料中粗脂肪的测定》（GB/T 6433—2006）；采用凯氏定氮法测定粗蛋白含量《饲料中粗蛋白的测定　凯氏定氮法》（GB/T 6432—2018）；采用高效液相色谱法测定氨基酸含量；采用比色法测定维生素 C 含量，采用检测试剂盒（江苏科特生物科技有限公司）测定维生素 E 含量，采用分光光度法测定 β-胡萝卜素含量《食品安全国家标准　食品中胡萝卜素的测定》（GB 5009.83—2016）；铁（Fe）、锌（Zn）、硒（Se）含量均采用 iCAPQ 电感耦合等离子体质谱仪（美国 Thermo 公司）进行测定《森林植物与森林枯枝落叶层全硅、铁、铝、钙、镁、钾、钠、磷、硫、锰、铜、锌》（LY/T 1270—1999），碘（I）含量采用分光光度法测定。

9.3.2 顶坛花椒果皮灰分含量

YD1~YD5 共 5 个不同海拔顶坛花椒果皮灰分含量依次为 6.35%、6.36%、5.76%、3.11%和5.98%，以 YD4 最小，显著低于 YD1~YD3 和 YD5，且除 YD4 外，其他 4 个样地灰分含量均无显著差异（图 9-9）。

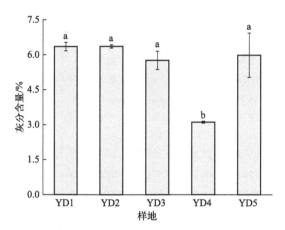

图 9-9　不同海拔顶坛花椒果皮灰分含量
不同小写字母表示品质指标在不同海拔间差异显著（$P<0.05$）。下同

9.3.3 顶坛花椒果皮氨基酸含量

由表 9-8 可知，检测到的 17 种游离氨基酸中，天冬氨酸、谷氨酸含量较高，达 807.60~1079.10mg·kg^{-1}、842.95~1071.65mg·kg^{-1}；半胱氨酸、蛋氨酸和苯丙氨酸含量相对较低，仅为 44.15~57.20mg·kg^{-1}、39.60~52.90mg·kg^{-1}、22.10~40.50mg·kg^{-1}；YD2 的酪氨酸含量显著高于 YD1（$P<0.05$），与 YD3~YD5 无显著差异，其余氨基酸含量在不同海拔间均无显著差异。除苯丙氨酸、蛋氨酸和赖氨酸外，其余氨基酸含量均表现为 YD2 或 YD4 最高、YD1 或 YD5 最低，表明中等海拔有利于氨基酸的合成，海拔过高或过低都不利于氨基酸的积累。

表 9-8　不同海拔顶坛花椒果皮氨基酸含量　　　单位：mg·kg^{-1}

氨基酸	YD1	YD2	YD3	YD4	YD5
天冬氨酸	861.50±86.55a	1032.85±47.94a	807.60±13.93a	1079.10±37.69a	885.10±49.29a
谷氨酸	842.95±210.79a	1071.65±110.24a	966.30±73.96a	1016.60±58.55a	907.45±101.19a
丝氨酸	364.05±93.83a	464.45±45.89a	428.75±37.26a	489.40±22.77a	414.45±65.69a
组氨酸	186.95±44.05a	234.35±19.73a	223.05±13.79a	236.10±19.80a	211.80±25.74a
甘氨酸	421.10±110.17a	544.75±62.44a	494.20±31.82a	499.60±62.08a	434.65±55.65a

氨基酸	YD1	YD2	YD3	YD4	YD5
苏氨酸	299.35±76.44a	388.15±33.16a	351.45±19.59a	364.15±28.64a	343.40±43.42a
精氨酸	512.70±146.94a	552.10±65.34a	469.55±50.56a	548.10±44.12a	436.65±57.35a
丙氨酸	357.10±86.55a	472.40±47.94a	418.65±13.93a	441.75±37.69a	429.05±49.29a
酪氨酸	207.05±52.26b	287.95±23.55a	261.30±18.95ab	281.90±20.36ab	258.00±24.04ab
半胱氨酸	44.50±14.43a	57.20±4.10a	51.90±2.83a	48.00±1.27a	44.15±2.76a
缬氨酸	374.20±83.16a	490.25±52.54a	453.05±23.26a	477.65±41.93a	456.85±56.50a
蛋氨酸	41.30±4.81a	41.15±7.00a	52.90±2.26a	48.00±8.34a	39.60±2.40a
苯丙氨酸	22.10±0.99a	31.45±2.76a	35.40±7.64a	32.25±12.09a	40.50±13.72a
异亮氨酸	340.25±83.51a	439.90±47.38a	412.60±25.46a	434.40±55.72a	424.10±59.82a
亮氨酸	474.90±116.81a	624.40±59.82a	579.10±25.74a	603.55±63.85a	582.05±76.44a
赖氨酸	455.85±115.61a	540.50±38.61a	557.15±27.65a	519.35±101.89a	458.05±68.38a
脯氨酸	510.75±106.14a	585.85±117.59a	411.80±73.68a	549.80±72.69a	517.70±6.65a
必需氨基酸	2008.05±479.35a	2555.80±241.26a	2441.60±116.25a	2479.35±312.47a	2344.55±320.81a
非必需氨基酸	4308.65±1134.98a	5303.50±557.77a	4533.00±398.38a	5190.35±105.15a	4539.05±500.42a
总氨基酸	6316.75±1614.40a	7859.2±799.03a	6974.6±514.63a	7669.7±417.62a	6883.55±821.16a

　　由表 9-9 可知，花椒果皮的味觉氨基酸含量表现为甜味氨基酸＞鲜味氨基酸＞苦味氨基酸＞芳香族氨基酸，说明甜味氨基酸和鲜味氨基酸对花椒的香麻味贡献较大。但各味觉氨基酸含量在不同海拔上均未表现出显著差异，表明海拔未显著影响氨基酸积累量。

　　海拔是农业生态系统中重要的综合环境因子，主要通过影响作物生长环境来调控作物产量和品质形成（李蕾等，2020）。花江喀斯特峡谷区地势起伏大，自然生态环境复杂，不同海拔的环境因子差异使顶坛花椒表现出不同的生物学特征和生长发育特征（贺瑞坤等，2008）。本章发现，果实氨基酸含量以 YD2 或 YD4 为最高，YD1 或 YD5 最低（表 9-8），表明中等海拔更有利于氨基酸的合成，海拔过高或过低都不利于氨基酸的积累。原因可能是在较高海拔地带，气候温凉，光照充足，适宜的温度能够促进果实氨基酸的积累；而海拔过高或偏低时，气候则会变得冷凉或酷热，温度过高或过低均不利于果实氨基酸的合成（刘敬科等，2022），表明温度是果实氨基酸积累的主要限制因子之一。

表 9-9　不同海拔顶坛花椒果皮味觉氨基酸含量及比例

氨基酸	YD1	YD2	YD3	YD4	YD5
鲜味氨基酸 /(mg·kg^{-1})	2160.30±596.52a	2645.00±209.73a	2331.00±183.14a	2615.10±162.35a	2250.60±294.86a
甜味氨基酸 /(mg·kg^{-1})	2139.30±517.04a	2689.80±326.82a	2327.80±190.07a	2580.80±98.43a	2351.05±233.27a

氨基酸	YD1	YD2	YD3	YD4	YD5
苦味氨基酸 /(mg·kg^{-1})	1743.45±435.08a	2147.8±232.07a	1967.2±127.28a	2111.65±125.65a	1939.2±252.58a
芳香族氨基酸 /(mg·kg^{-1})	273.65±65.69a	376.6±30.41a	348.6±14.14a	362.1±31.25a	342.65±40.52a
药效氨基酸 /(mg·kg^{-1})	2867.45±789.20a	3520.75±325.20a	3034.25±249.26a	3457.6±110.87a	2962.35±377.24a
鲜味氨基酸比例/%	34.20	33.65	33.42	34.10	32.70
甜味氨基酸比例/%	33.87	34.22	33.38	33.65	34.15
苦味氨基酸比例/%	27.60	27.33	28.21	27.53	28.17
芳香族氨基酸/%	4.33	4.79	5.00	4.72	4.98

注：同列数据后不同小写字母表示存在显著差异（$P<0.05$）。下同。

9.3.4　顶坛花椒果皮维生素含量

由图 9-10 可知，随着海拔升高，顶坛花椒果皮 3 种维生素含量均表现为先增加后降低的变化趋势。其中，维生素 C 和维生素 E 含量均以 YD3 最高，分别达 8.94mg·g^{-1}、517.21μg·g^{-1}，YD5 最低，为 6.21mg·g^{-1}、364.23μg·g^{-1}；β-胡萝卜素含量为 0.06～0.09mg·kg^{-1}，以 YD4 最高，YD1 最低，但不同海拔间均无显著差异。

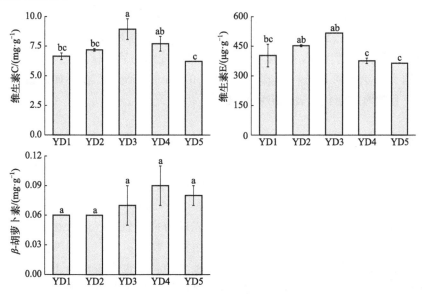

图 9-10　不同海拔顶坛花椒果皮维生素含量

9.3.5 顶坛花椒粗蛋白和粗脂肪含量

由图 9-11 可知，顶坛花椒果皮粗蛋白含量随海拔升高呈先降低后升高再降低的变化趋势，以 YD1 最高（12.47%），显著高于 YD5，与 YD2～YD4 之间无显著差异；粗脂肪含量总体随海拔升高呈先增加后降低再升高再降低的变化趋势，数值上以 YD2 最高（5.08%），显著高于 YD1 和 YD5，与 YD3～YD4 之间无显著差异。

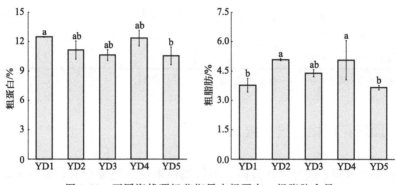

图 9-11　不同海拔顶坛花椒果皮粗蛋白、粗脂肪含量

9.3.6 顶坛花椒果皮矿质元素含量

由图 9-12 可知，顶坛花椒果皮 Fe 含量为 $56.40～230.78mg \cdot kg^{-1}$，YD3 显著高于 YD1、YD2、YD4、YD5；Zn 含量也以 YD3 最高（$37.43mg \cdot kg^{-1}$），但不同海拔间均无显著差异，两者均随海拔升高呈先增加后降低的变化趋势。Se 和 I 含量分别为 $0.40～0.82mg \cdot kg^{-1}$、$0.03～0.05mg \cdot kg^{-1}$，在不同海拔间均无显著差异，且随海拔变化未表现出明显规律。

9.3.7 品质综合评价

（1）顶坛花椒果实内在品质指标间的相关性分析　由图 9-13 可知，顶坛花椒果皮中 Fe 与 Zn 含量之间呈显著正相关关系（$P<0.05$，下同），表明 Fe 和 Zn 相互促进，Fe 与 CP、CF 及氨基酸的积累多表现为抑制效应，但未达显著水平；维生素 C 与维生素 E 之间呈显著增强效应，相关系数达 0.71，表明维生素 C 和维生素 E 间存在一定的协调性，维生素 C 与氨基酸的积累也多表现为正效应，但均未达显著水平；CF 与 PAA 和 CF 与 NEAA 之间均表现为显著正相关，相关系数均为 0.64；EAA、NEAA、DAA 等各种氨基酸积累量之间均呈极显著正相关关系

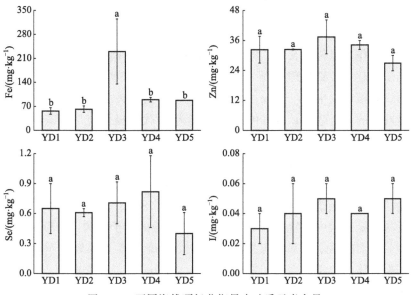

图 9-12　不同海拔顶坛花椒果皮矿质元素含量

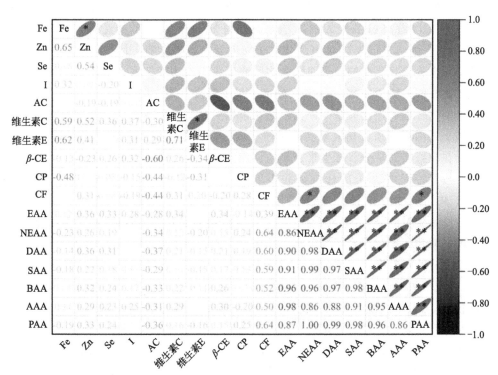

图 9-13　顶坛花椒果实品质指标之间的相关性分析

Fe：铁；Zn：锌；Se：硒；I：碘；AC：灰分；β-CE：类胡萝卜素；CP：粗蛋白；CF：粗脂肪；
EAA：必需氨基酸；NEAA：非必需氨基酸；DAA：鲜味氨基酸；SAA：甜味氨基酸；BAA：苦味氨
基酸；AAA：芳香族氨基酸；PAA：药效氨基酸；"＊"表示在 0.05 水平上显著相关，"＊＊"表示在
0.01 水平上极显著相关

（$P<0.01$，下同），相关系数高达 1.00、0.99、0.98，表明各种氨基酸之间的积累关系较为密切；除此之外，其余果实品质指标间无显著相关性。

矿质元素作为果树生长发育的重要物质基础，参与调控果树的生长发育、产量形成及品质构建等关键生理过程（陈晶英等，2021；张朝坤等，2022）。本节结果表明，顶坛花椒果皮中 Fe 与 Zn 含量之间呈显著正相关关系，两者的协同提升了顶坛花椒叶片的光合效率，良好的 C 同化能为 N 代谢提供充足的碳源和能量，促进硝酸盐同化进程，进而提升果实品质（苗妍秀等，2021）。此外，Fe 对各种氨基酸含量积累多表现为抑制效应。这与苗妍秀等（2021）的研究结果不一致，原因可能是 Fe 为无机物质，能够活化酶活性（孟令博等，2021）；而氨基酸为有机物质，其代谢途径受到其他诸如维生素等有机物的影响（Song et al.，2020）；Fe 可能通过化学反应与氨基酸中的官能团结合，破坏氨基酸的分子结构，并影响水解反应等化学过程，进而阻碍了氨基酸积累。维生素 C 和维生素 E 都属于小分子物质，共同参与调控机体的代谢、生长和发育等过程（Jeong et al.，2020）。与本研究结果一致，维生素 C 与维生素 E 之间互为正向效应，两者协同调控顶坛花椒果实品质形成。本研究还发现，不同氨基酸的积累之间多表现为极显著增强效应。究其原因，一是 N 以游离氨基酸的形式积累，是有效贮存多余 N 的途径（鲁显楷等，2006），氨基酸含量可表征 N 素变化对植物生理生态的影响，且不同种类氨基酸的含量受环境养分状况制约，因而彼此之间表现为正向协变关系；二是不同种类的氨基酸具有相似的物质组成，其比值决定了果实品质性状，因此呈现出正向关联效应，以调控合适的计量关系，促成顶坛花椒果实品质的形成。

（2）不同海拔顶坛花椒果实品质性状的综合评价　由表 9-10 可知，将不同海拔顶坛花椒果实的灰分、维生素、矿质元素及氨基酸等 27 个品质指标进行主成分分析，按照特征值＞1 的标准，共提取到 5 个主成分，特征值分别为 13.486、4.621、2.776、2.227 和 1.786，累计贡献率达 92.207%，说明这 5 个主成分可以反映出原始变量的绝大部分信息。第 1 主成分的贡献率为 46.709%，主要受苏氨酸、丙氨酸和亮氨酸等各种游离氨基酸影响，载荷系数较大，且均表现为正效应；第 2 主成分的贡献率为 14.825%，主要由维生素和 Fe 含量决定，载荷系数均大于 0.8，表现为协同促进作用；第 3 主成分的贡献率为 12.476%，粗蛋白和苯丙氨酸权重较大，两者的作用效果相反，表现为拮抗作用；第 4 主成分的贡献率为 10.483%，主要受 β-胡萝卜素、I 和灰分控制，其中 β-胡萝卜素和 I 表现为正效应，灰分表现为负效应；第 5 主成分的贡献率为 7.715%，主要受 Se 和粗脂肪支配，Se 表现为促进作用，粗脂肪表现为抑制作用。

表 9-10　旋转因子载荷矩阵及主成分的贡献率

指标	主成分 1	主成分 2	主成分 3	主成分 4	主成分 5
Fe	−0.013	0.800	−0.379	0.036	0.109

指标	主成分1	主成分2	主成分3	主成分4	主成分5
Zn	0.276	0.676	0.171	−0.190	0.487
Se	0.218	0.234	0.045	0.035	0.876
I	0.163	0.169	−0.130	0.660	−0.415
灰分	−0.245	−0.098	−0.583	−0.636	−0.106
维生素C	0.174	0.892	0.106	0.272	0.028
维生素E	−0.048	0.870	−0.206	−0.214	−0.260
β-胡萝卜素	0.142	−0.015	−0.025	0.924	0.148
粗蛋白	0.013	−0.201	0.893	0.135	0.071
粗脂肪	0.271	0.192	0.552	−0.113	−0.644
天冬氨酸	0.781	−0.299	0.520	0.007	0.084
谷氨酸	0.968	0.110	0.217	0.001	0.005
丝氨酸	0.915	0.057	0.289	0.243	0.017
组氨酸	0.957	0.137	0.133	0.191	0.083
甘氨酸	0.934	0.221	0.163	−0.041	0.120
苏氨酸	0.996	0.054	0.047	0.043	0.019
精氨酸	0.626	−0.053	0.712	−0.224	0.000
丙氨酸	0.994	−0.041	−0.038	0.073	−0.002
酪氨酸	0.965	0.062	0.041	0.158	−0.043
胱氨酸	0.833	0.272	0.182	−0.409	−0.081
缬氨酸	0.976	0.023	−0.027	0.209	−0.013
蛋氨酸	0.391	0.688	0.116	0.409	0.328
苯丙氨酸	0.452	0.018	−0.639	0.492	0.145
异亮氨酸	0.955	−0.015	−0.079	0.276	0.062
亮氨酸	0.979	0.030	−0.063	0.186	0.038
赖氨酸	0.812	0.416	0.042	0.072	0.328
脯氨酸	0.516	−0.526	0.505	−0.177	−0.306
特征值	13.486	4.621	2.776	2.227	1.786
贡献率/%	46.709	14.825	12.476	10.483	7.715
累计贡献率/%	46.709	61.534	74.010	84.493	92.207

由各因子方差贡献率和因子得分加权计算得到不同海拔顶坛花椒果实品质的综合指数,为 YD4(1.501)> YD2(1.112)> YD3(0.578)> YD5(−0.995)> YD1(−2.196)(表9-11)。结果显示,顶坛花椒果实品质在 YD4、YD2 较优,YD3 为中等水平,YD5 和 YD1 则较差,表明中等海拔高度有利于顶坛花椒果实品质指标的积累,而海拔过高或过低均不利于果实品质形成。

表9-11 不同海拔顶坛花椒果实品质的主成分因子得分及综合指数

样地	主成分1	主成分2	主成分3	主成分4	主成分5	综合指数
YD1	−3.733	−1.479	0.073	−2.202	−0.145	−2.196
YD2	2.492	−0.078	1.131	−1.269	−0.624	1.112

样地	主成分1	主成分2	主成分3	主成分4	主成分5	综合指数
YD3	0.288	3.340	−1.628	0.772	0.916	0.578
YD4	1.957	0.058	2.496	1.959	0.797	1.501
YD5	−1.003	−1.841	−2.072	0.740	−0.944	−0.995

（3）不同海拔顶坛花椒果实品质性状的聚类分析　由图 9-14 可知，5 个不同海拔顶坛花椒果实品质聚集为 3 类，分别对应顶坛花椒的 3 个品质等级，第 1 类聚集了 YD2 和 YD4，主要特征是氨基酸含量普遍较高，顶坛花椒果实品质中等偏上；第 2 类聚集了 YD3，主要特点是矿质元素及维生素含量较高，氨基酸含量中等，顶坛花椒果实综合品质也处于中等水平；第 3 类聚集了 YD1 和 YD5，主要特点是维生素和氨基酸含量均较其他样地偏低，顶坛花椒果实品质亦相对较差。综上，聚类分析和主成分综合评价指数结果较为一致，表明聚类分析和主成分分析均可用于分析顶坛花椒果实品质特征，综合评价不同海拔顶坛花椒果实的品质差异。

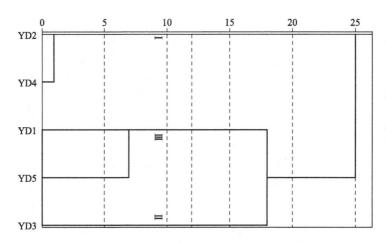

图 9-14　不同海拔顶坛花椒果实品质聚类分析树状图

主成分和聚类分析结果表明，5 个海拔的果实品质可划分为 3 个等级（图 9-14），YD4 和 YD2 最优，YD3 次之，YD5 和 YD1 较差。这与 Paunovic 等（2020）和聂佩显等（2015）的研究结果不完全一致，原因可能是在花江峡谷顶坛片区，土壤由高海拔的黑色石灰土向中海拔的黄色石灰土再向低海拔的红色石灰土演替，有机质和养分肥力水平逐渐降低。此外，从低海拔往高海拔，光照强度增加，紫外线辐射增强，温度逐渐降低（赵桂琴等，2022）。在最低海拔的河谷处，温度最高，土壤水分蒸发量大，气态水含量相对欠缺。因此，综合来看，中海拔兼具土壤和气候条件优势，更有利于花椒品质形成。

本章结果显示，5 个海拔的顶坛花椒果实品质综合指数为 YD4(1.501)＞ YD2

(1.112)＞YD3(0.578)＞YD5(−0.995)＞YD1(−2.196)（表 9-11），表明中等海拔有利于顶坛花椒果实品质的积累，而海拔过高或过低均不利于果实品质的形成。综合不同海拔的土壤、气候等条件差异，建议在高海拔地区采取封育措施，种植高大落叶阔叶树种，增加凋落物数量和有机质水平，通过水土迁移向低海拔区提供丰富的有机质；低海拔地区要增施农家肥等有机肥，促进土壤腐殖化和矿质化过程，提高土壤养分利用效率，改善土壤肥力质量；中海拔地区则要充分利用好优势，科学推广、种植花椒，实现花椒产量及品质提升。同时，中海拔地区还适宜良种选育、定向培植研究，能够为其他区域提供生境类比参考和技术指导。综上，海拔是影响植物物种分布和果实品质形成的关键因子（Gunduz et al.，2018）。但本研究仅探讨了海拔间接因子对顶坛花椒果实品质的影响，今后还需加强海拔差异引起的直接因子，比如土壤结构、肥力状况、水分条件、气候变化等对其品质性状的影响研究（殷丽琼等，2019；刘丙花等，2021；袁洁等，2022），以找到影响顶坛花椒品质形成的关键因子，为品质调控奠定基础。

9.4 土壤与叶片性状对果皮品质的影响

植物功能性状是指影响植物生长、繁殖、存活的生理、生态和物候等特征（Violle et al.，2007），可指示环境变化（Schmitt et al.，2022），代表生活史策略；直接参与多个生态系统过程，影响生态系统服务水平。碳（C）、氮（N）、磷（P）等土壤养分是重要的生命元素，其含量与化学计量影响元素循环和能量流动过程，引起生态系统化学变化（Bertolet et al.，2018）。果皮因营养物质丰富而成为重要的资源产品（Wongkaew et al.，2021），其富含的氨基酸、微量元素和维生素等物质，既可表征适应环境能力（Youssef et al.，2022），也对维持动植物机体生理功能和生长发育等至关重要。三者之间，土壤养分与化学计量是叶片功能性状形成和果皮品质积累的重要基础，探究它们之间的内在关系，有助于揭示果皮品质的形成机理，调控营养物质积累。

叶片是植物光合产物合成的主要场所，其功能性状影响生态系统服务水平（郑华等，2021）。例如，比叶面积与光强呈反比（Konopka et al.，2016），能够指示生境光照状况，还可表征植物捕获光能和同化 CO_2 的能力；叶片养分性状受到土壤综合质量的制约，在一定程度上影响叶片厚度和硬度等。前期已经在水稻（*Oryza sativa* L.）上证实，优化施 N 量，可以提高叶片功能和水稻产量（Guo et al.，2019）。因此，叶片功能性状在一定程度上与果实物质积累密切关联，成为研究土壤和果实关系的载体，也是求解结构与功能关系的桥梁。土壤养分是评估其肥力和生产力的重要因子，为植物生长提供必需的营养元素，制约养分循环和植物生长发育。研究表明，茶园套种板栗（*Castanea mollissima* Blume）后，会调节土壤养分，进而影响茶叶产量和品质（Ma et al.，2017）；土壤钾（K）、钙（Ca）在草莓［*Fragaria × ananassa*（Weston）Duchesne］产量、品质之间具有较好的相关性（Jamaly et al.，2021）；前期研究成果也表明顶坛花椒人工林土壤 N 亏缺会抑制叶绿素合成，降低叶片光合能力（邓雪花等，2022）。综合结果表明，土壤养分与果实品质的相关性较强，通过调控土壤可以优化品质性状，因而土壤养分调控成为生产调控的主要因子之一。

但是，顶坛花椒果皮品质对土壤和叶片功能性状的响应关系如何，目前还不够清晰。探明性状之间的内在关联，可为顶坛花椒产量和品质调控提供科学支撑。基于此，本研究以 531m、640m、780m、871m 和 1097m 共 5 个海拔的顶坛花椒人工林为对象，在分析叶片结构、养分性状和土壤元素含量及化学计量后，探究这些性状对果皮品质的影响规律。旨在回答以下两个科学问题：一是影响顶坛花椒品质性状的土壤和叶片性状有哪些？二是主要土壤和叶片性状对果皮品质性状形成的影响机理是怎样的？

9.4.1　研究方法

（1）样地设置　与 9.1.1 相同。

（2）取样方法与测定

① 叶片采集。2021 年 7 月，每个样方各选取 5 株能够代表整体生长状况的顶坛花椒，每株再遴选出 1 根能够代表枝条长势的标准枝，每根枝条各摘取 20～30 片完整、无病虫害的老叶（通过肉眼鉴别，新叶呈浅绿色，无或偶见腺点；老叶呈深绿色或墨绿色，腺点较多且表面凹凸不平），充分混匀后，制得混合样。立即将样品分成两份，一份置于低温保存箱，另一份装入尼龙网袋，带回实验室，用纯净水冲洗叶表尘土后，于 70℃烘干至恒重，粉碎过 0.25mm 筛，用于元素测定。

② 果实采集。前期长期连续观测结果表明，顶坛花椒叶片颜色、厚度和面积等功能性状对植株生长和果实形成的指示具有同步性，因此，为阐明叶片功能性状与品质性状的内在关联，筛选优异农艺性状，叶片和果实同期取样。在选取的标准枝条上，分别采集新鲜果实若干粒，以混合样品重约 500g 为宜。采集的果实样品自然晾晒 1～2d，使其充分干燥；然后，剔除闭眼椒并脱粒，分离椒目仁和果皮。由于当前椒目仁主要用作肥料（粉碎或焚烧还田）和种子（作为种椒培育实生苗），利用率总体不高；果皮则因其富含醇类、酰胺类等香、麻味物质而作为香料与调

料。因此选取果皮作为品质性状分析的对象，并在 1 周内完成测试。

③ 土壤数据。土壤养分性状采用前期取样分析结果（表 9-12）。在每个样方内，移除凋落物层后，按照五点混合法，采集 0～20cm 土壤 1 份。土壤有机碳（soil organic carbon，SOC）含量采用重铬酸钾氧化-外加热法测定；全氮含量采用凯氏定氮法测定；速效氮（available nitrogen，AN）含量采用碱解扩散法测定；全磷含量采用高氯酸-硫酸消煮-钼锑抗比色-紫外分光光度法测定；速效磷（available phosphorus，AP）含量采用氟化铵-盐酸浸提-钼锑抗比色-紫外分光光度法测定；全钙、速效钙（available Ca，ACa）、全铁（total Fe，TFe）和速效铁（available Fe，AFe）采用紫外分光光度法测定。其中，C 是结构性元素，N、P 是主要的限制性元素，Ca 是喀斯特地区的特征性元素，Fe 是影响光合生理活性和物质积累的重要元素，化学计量用来评估生态系统过程中元素的耦合与平衡关系。前期生产观测发现，采摘前两个月是果实壮大和品质形成的关键时期，兼顾采样的天气要求，于果实采摘前 50d 左右采集土壤。

表 9-12　土壤养分元素含量与化学计量数据

样地	土壤有机碳/(g·kg⁻¹)	全氮/(g·kg⁻¹)	速效氮/(mg·kg⁻¹)	全磷/(g·kg⁻¹)	速效磷/(mg·kg⁻¹)	全钙/(g·kg⁻¹)	速效钙/(mg·kg⁻¹)	全铁/(g·kg⁻¹)	速效铁/(mg·kg⁻¹)	碳氮比	碳磷比	氮磷比
YD1	34.48±16.63a	2.98±0.39ab	0.26±0.03bc	1.24±0.21b	24.59±12.08b	1.24±0.21b	1.97±0.27b	55.56±5.75a	11.81±3.07b	11.29±5.02a	28.00±13.83a	2.43±0.21b
YD2	32.89±15.37a	2.70±0.40b	0.23±0.02c	1.16±0.25b	25.46±12.21b	1.16±0.25b	2.47±0.14a	52.08±2.07ab	8.13±1.34b	11.78±4.51a	27.46±9.17a	2.36±0.16bc
YD3	28.54±1.55a	2.72±0.11ab	0.23±0.04c	1.30±0.10b	20.86±5.80b	1.30±0.10b	1.89±0.07bc	52.58±3.38ab	11.85±1.19b	10.52±0.56a	22.00±1.96a	2.09±0.10bc
YD4	31.89±5.64a	3.92±1.64a	0.30±0.03ab	1.11±0.089b	8.25±0.75b	1.11±0.08b	1.72±0.10c	48.93±1.83b	13.00±1.36b	8.83±2.40a	28.61±3.19a	3.50±1.33a
YD5	32.16±3.09a	2.81±0.40ab	0.32±0.04a	1.99±0.44a	61.39±38.45a	1.99±0.44a	1.02±0.17d	49.38±3.52b	23.58±11.45a	11.50±0.67a	16.60±2.79a	1.45±0.25c

④ 叶片功能性状。叶片厚度（leaf thickness，LT 或 T_L）采用精度为 0.01mm 的游标卡尺测量；叶绿素采用便携式叶绿素仪（TYS-4N，北京中科维禾科技发展有限公司）现场测定；叶面积（leaf area，LA 或 A_L）采用 Delta-T 叶面积仪（Cambridge，WinDIAS-WD3，英国）扫描测定；叶片鲜重（leaf fresh weight，LFW 或 W_{LF}）用精度为 0.0001g 的天平称量后，将叶片放入水中避光浸泡 12h，取出后迅速用吸水纸吸干叶片表面水分，称叶饱和鲜重（leaf saturated fresh weight，LSFW 或 W_{LSF}），然后置于烘箱中 105℃ 杀青 30min 并于 70℃ 烘至恒重，称量叶片干重（leaf dry weight，LDW 或 W_{LD}）。每个样方由 10 组数据的算术平均值得到。养分性状上，叶片碳含量（leaf carbon content，LCC）采用重铬酸钾外加热法测定；叶片氮含量（leaf nitrogen content，LNC）采用凯氏定氮法测定；叶片磷含量（leaf phosphorus content，LPC）采用钼锑抗比色法。基于原始数据，采用式（9-1）~式（9-4）计算比叶面积（specific leaf area，SLA 或 A_{SL}）、叶干物质含量（leaf dry matter content，LDMC 或 C_{LDM}）、叶片含水率（leaf water content，LWC 或 C_{LW}）和叶组织密度（leaf tissue density，LTD 或 D_{LT}）。

$$A_{SL} = A_L / W_{LD} \tag{9-1}$$
$$C_{LDM} = W_{LD} / W_{LSF} \times 100\% \tag{9-2}$$
$$C_{LW} = (W_{LF} - W_{LD}) / W_{LF} \times 100\% \tag{9-3}$$
$$D_{LT} = W_{LD} / (A_L \times T_L) \tag{9-4}$$

⑤ 果皮品质性状测定。顶坛花椒果皮除富含芳香油、脂肪酸等调味物质外，还具有丰富的氨基酸、维生素和生命元素等营养成分，本次主要测定研究鲜见的营养指标，以丰富对品质性状及形成的理解。首先采用高效液相色谱法测定苏氨酸、缬氨酸、丙氨酸及半胱氨酸等 17 种游离氨基酸含量，然后参照文献（张美微等，2016）计算必需氨基酸和非必需氨基酸的积累量；灰分、维生素 C、维生素 E、β-胡萝卜素、粗蛋白、粗脂肪、Fe、Zn、I 含量的测定方法同"9.3.1 研究方法"。每 5 个样品抽取 1 个进行平行样测试，以控制数据质量。

9.4.2　叶片性状

据图 9-15，叶片厚度以样地 YD1、YD2 和 YD4 最高，更倾向于通过储存养分来获得竞争优势。比叶面积以中高海拔更高，表明其捕光能力和相对生长速率更高。叶片干物质含量在数值上，随海拔增加而降低，但仅样地 YD1 为显著最高（$P < 0.05$），叶片含水率的变化则相反，暗示最低海拔花椒抵抗燥红壤环境水养亏缺的能力最强，以充分利用生态资源。叶片 C 含量、叶片 N 含量未随海拔分异发生显著变化；叶片 P 含量在中低海拔更高。总体看，叶片功能性状随海拔变异具有较强的规律性。

据表 9-13，灰分以样地 YD4 为最低，显著低于其余 4 个海拔样地；必需氨基酸、非必需氨基酸、Zn 和 I 含量为 2008.05~2555.80mg·kg^{-1}、4308.65~5303.50mg·kg^{-1}、26.92~37.43mg·kg^{-1}、0.03~0.05mg·kg^{-1}，β-胡萝卜素含量为 0.06~0.09mg·g^{-1}，均未随海拔发生显著变化，表明其随生境变化的稳定性较高；维生素 C、维生素 E、Fe 含量均以样地 YD3 为最高（分别为 8.94mg·g^{-1}、517.21μg·g^{-1}、230.78mg·kg^{-1}），总体上具有显著优势；粗蛋白、粗脂

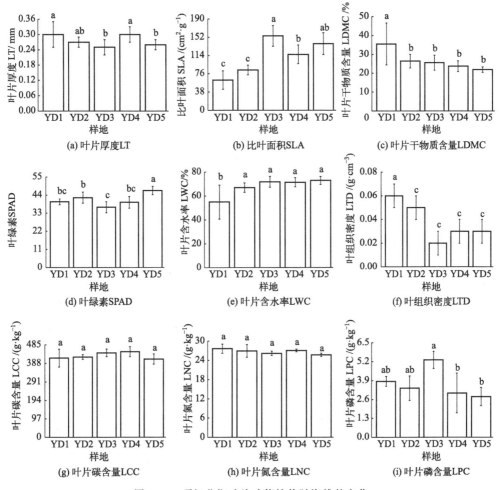

图 9-15　顶坛花椒叶片功能性状随海拔的变化

肪含量在最高海拔（样地 YD5）均为最低，但随海拔的总体变异规律不明显（数据详细分析见本章 9.3 节）。

表 9-13　果皮品质性状指标

样地	灰分/%	必需氨基酸含量/(mg·kg⁻¹)	非必需氨基酸含量/(mg·kg⁻¹)	粗蛋白含量/%	粗脂肪含量/%	维生素C含量/(mg·g⁻¹)	维生素E含量/(μg·g⁻¹)	β-胡萝卜素含量/(mg·g⁻¹)	铁含量/(mg·kg⁻¹)	锌含量/(mg·kg⁻¹)	碘含量/(mg·kg⁻¹)
YD1	6.35±0.18a	2008.05±479.35a	4308.65±1134.98a	12.47±0.04a	3.78±0.35b	6.64±0.28bc	402.38±57.25bc	0.06±0.01a	56.40±9.59b	32.32±5.35a	0.03±0.01a
YD2	6.36±0.07a	2555.80±241.26a	5303.50±557.77a	11.13±0.93ab	5.08±0.05a	7.18±0.11bc	452.41±4.69ab	0.07±0.01a	62.17±9.29b	32.41±0.18a	0.04±0.02a

样地	灰分/%	必需氨基酸含量/(mg·kg^{-1})	非必需氨基酸含量/(mg·kg^{-1})	粗蛋白含量/%	粗脂肪含量/%	维生素C含量/(mg·g^{-1})	维生素E含量/(μg·g^{-1})	β-胡萝卜素含量/(mg·g^{-1})	铁含量/(mg·kg^{-1})	锌含量/(mg·kg^{-1})	碘含量/(mg·kg^{-1})
YD3	5.755±0.39a	2441.60±116.25a	4533.00±398.38a	10.62±0.55ab	4.39±0.18ab	8.94±0.88a	517.21±0.36ab	0.07±0.02a	230.78±94.90a	37.43±6.75a	0.05±0.01a
YD4	3.105±0.04b	2479.35±312.47a	5190.35±105.15a	12.35±0.81ab	5.06±1.00a	7.70±0.63ab	376.09±14.02c	0.09±0.02a	89.95±6.46b	34.23±1.75a	0.04±0.01a
YD5	5.98±0.95a	2344.55±320.81a	4539.05±500.42a	10.54±0.90b	3.67±0.11b	6.21±0.00c	364.23±1.22c	0.08±0.01a	87.42±0.01b	26.92±3.11a	0.05±0.01a

注：同列数据后不同小写字母表示存在显著差异（$P<0.05$）。

9.4.3 性状间的内在关联

依据载荷值＞1和累计贡献率＞85%的原则，筛选出6个主成分，提取载荷＞0.7的因子，进一步分析其对品质的影响规律。0.7的设置是通过前期因子之间Pearson相关性分析结果，以及不同指标的生态学内涵和载荷值综合确定的；所得到的解释变量具有相对性，基于该结果继续深入分析其对品质性状的影响。筛选出土壤TP含量、AP含量、TCa含量、ACa含量、AFe含量、C∶P、C∶N、叶片厚度、比叶面积、叶组织密度及叶片C含量对品质性状的影响较大（表9-14）。

表9-14 土壤性状和叶片功能性状的主成分分析

因子	主成分1	主成分2	主成分3	主成分4	主成分5	主成分6
土壤有机碳含量	0.270	0.139	0.648	0.513	0.438	−0.035
土壤全氮含量	0.179	−0.566	0.590	−0.327	0.072	0.161
土壤速效氮含量	−0.577	−0.186	0.674	−0.331	0.059	0.152
土壤全磷含量	**−0.860**	0.377	0.126	0.012	0.150	0.091
土壤速效磷含量	**−0.784**	0.537	0.022	0.057	0.029	0.229
土壤全钙含量	0.331	−0.007	0.001	0.524	**−0.712**	0.152
土壤速效钙含量	**0.853**	−0.053	−0.129	0.416	−0.250	0.098
土壤全铁含量	0.535	0.474	−0.442	−0.252	0.243	−0.012
土壤速效铁含量	**−0.869**	0.269	0.208	−0.100	0.205	0.033
土壤碳氮比	0.097	0.516	0.160	**0.722**	0.359	−0.153
土壤碳磷比	**0.754**	−0.155	0.444	0.369	0.223	−0.099
土壤氮磷比	0.573	−0.650	0.407	−0.253	−0.052	0.053
叶片厚度	0.415	0.059	0.156	**−0.737**	−0.089	−0.159
比叶面积	**−0.714**	−0.431	−0.405	0.055	0.191	−0.282
叶干物质含量	0.697	0.487	−0.127	−0.342	0.291	0.194

因子	主成分1	主成分2	主成分3	主成分4	主成分5	主成分6
叶片含水率	−0.595	−0.553	0.001	0.398	−0.047	−0.314
叶绿素SPAD值	−0.629	0.415	0.461	0.044	−0.295	0.238
叶组织密度	**0.743**	0.528	0.281	0.099	−0.042	0.203
叶片C含量	0.121	**−0.808**	0.064	0.198	0.320	0.218
叶片N含量	0.628	0.333	0.191	−0.258	0.065	−0.482
叶片P含量	0.213	−0.380	−0.618	0.081	0.398	0.480
特征值	7.515	3.908	2.800	2.672	1.560	1.030
贡献率/%	35.79	18.61	13.33	12.72	7.43	4.91
累计贡献率/%	35.79	54.40	67.73	80.45	92.78	97.69

9.4.4 影响机理分析

选取土壤和叶片功能性状为解释变量，品质性状为响应变量，继续开展冗余分析（redundancy analysis，RDA），以揭示几者间的作用规律。结果显示，土壤和叶片功能性状对品质的累计贡献率达到100%（表9-15）；其中土壤ACa含量、比叶面积、叶片厚度等影响较大，但仅土壤ACa达显著水平（$P = 0.008$）（表9-16）。

表9-15　RDA分析的特征值、方差贡献率及累计贡献率

指标	特征值	贡献率/%	累计贡献率/%
RDA1	43.14	93.90	93.90
RDA2	2.22	4.82	98.72
RDA3	4.52	9.83	99.90
RDA4	1.38	2.99	100

表9-16　部分土壤、叶片功能性状重要性测序和显著性检验

指标	贡献率/%	近似F检验	P值
土壤速效钙含量	28.4	43.4	0.008
比叶面积	1.3	13.1	0.106
叶片厚度	13.5	1.7	0.222
叶组织密度	14.3	1.6	0.224
土壤碳磷比	10.9	1.4	0.286

总体上，比叶面积对果皮微量元素和维生素含量影响最大，叶C含量和土壤AFe含量的影响次之，表明比叶面积更倾向于影响果皮微量营养元素的积累和合成等；土壤ACa含量对氨基酸、蛋白质、粗脂肪等影响较大，说明喀斯特地区特征性元素Ca的可利用性对有机化合物合成起主要作用（图9-16），同时也受叶片

厚度和叶组织密度等的影响较大。此外，土壤 C∶N、C∶P 对粗蛋白、灰分等也有一定影响，暗示土壤养分平衡状况将同时影响有机与无机物质合成。综合表明土壤和叶片性状均对品质性状产生影响，但叶片的综合影响可能较大（制图后，贡献率极小的土壤 TP 与 AP，系统默认不显示）。

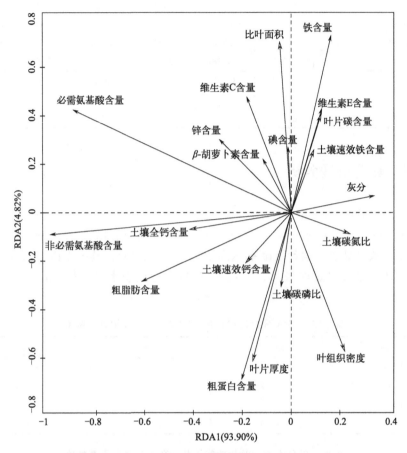

图 9-16　土壤、叶片性状与果皮品质性状的冗余分析

　　喀斯特地区土壤 Ca 含量较高，植物也形成了适应高 Ca 环境的特定机制（Meng et al.，2022），加之 Ca 在生态系统中较为活跃，其适 Ca 方式已成为重要议题。顶坛花椒是喜 Ca、耐旱、水土保持效果好的植物，在长期适应环境的演化过程中，形成了特定的 Ca 依赖机制，能够对生态系统的运行方式产生影响，主要体现在功能性状的差异上。

　　Ca 对果皮品质的贡献较高，原因是 Ca 具有重要的生理、生态功能，可调节土壤酸碱度，也是植物生长的必需营养元素，影响生态系统异质性（杨胜天等，2021）；高 Ca 影响植物的光合作用、生长速率及 P 代谢（姬飞腾等，2009）；Ca^{2+}还是细胞信号转导过程中的第二信使，调节植物对环境变化的响应过程（Poovaiah et al.，1993）；综合表明，Ca 参与了植物机体构建、信号转导等过程，是关键的活性物质。同时，植物对 Ca 的生物吸收能力，也受到土壤 K、Na、有机质等影响，是其适应高 Ca 环境的策略（刘进等，2021），表明植物和土壤之间具有重要的协同机制。但是，ACa 较 TCa 具有更强的决定作用，原因是 TCa 中的一些组分更容易形成氧化物，产生沉淀物质，与其他元素多表现为拮抗作用，限制了它们的功能发挥；而 ACa 是能够被植物快速吸收和利用的那部分 Ca，其与微量元素之间可能更倾向于协同关系，因此对土壤活性的影响更大。推测土壤中 ACa 低时，顶坛花椒可能通过富集、活化根际土壤中 Ca 素，以满足自身对 Ca 素的高需求（王程媛等，2011）。今后，要加强 Ca 介导的生态作用研究，基于地球化学背景开展产业经营对策研究。

土壤化学计量能够表征元素之间的平衡关系，广泛用于探讨生物地球化学循环和生态过程的耦合关系。土壤 C：P 值能够指示 P 水平，间接表征遗传和调节物质等的生产、转运及分配等。土壤 C：P 值影响果皮品质，原因是其调控着元素计量平衡，C 作为投资植物有机体的首要元素，与物质积累、适应性与抗性等关系密切；P 是限制性元素，也参与能量物质、遗传物质等的构成。二者的计量关系，对调控元素平衡起到重要作用，成为决定生产力水平的关键因素。但是，土壤 C：N 值对品质的影响却相对较小，原因是土壤 C、N 作为结构性元素，其在土壤中的积累和消耗总体较为同步，存在相对固定的比值，导致 C：N 值趋于稳定（宁志英等，2019）。未来可深入阐明更多元素及其化学计量比值对品质性状，尤其是对生物化学性状的影响，为土壤养分调控提供理论依据。

比叶面积是指示植物适应环境能力的重要指标。本研究中，低海拔的顶坛花椒比叶面积更小，表征其适应干旱和贫瘠环境的能力更强，这与低海拔地区为燥红壤的环境特征（土壤有机质含量低，储水能力弱；加之热量高、蒸发快，环境更趋于胁迫）相一致。冗余分析表明，比叶面积对果皮品质的影响最大，究其原因，包括：首先，比叶面积同植物生长、生存对策紧密关联，既能反映植物对生境的适应，也能指示植物的生长状况和生态系统功能（Gao et al.，2022）；其次，比叶面积具有较强的综合性，受限于叶片干物质和叶面积两个指标，也容易受到叶片自身大小、厚度、表型等影响（彭曦等，2018）；最后，比叶面积还与水分利用效率（李群等，2017）、生态化学计量（徐朝斌等，2015）存在密切联系，进而影响植物的生长和生理等过程。进一步挖掘比叶面积对生态系统服务的影响途径，是提升服务水平的关键。

叶片厚度对果皮品质的影响也较大，原因是：第一，叶片厚度决定着可利用的营养，并与叶片细胞的体积和水分存储变化有关（张增可等，2019），因此会调控有机物的合成，并促进生物小分子聚合为大分子，是较为直接的表型适应，影响生物化学性状。第二，叶片作为最敏感的器官，也是光合作用的主要场所和植物的水力瓶颈，叶片厚度又是其质量鉴别和营养物质存储最直观的判别依据，因此在一定程度上也会影响其光合作用能力，进一步决定资源利用效率。第三，结合比叶面积和叶片厚度等的生态学意义，二者对光能利用效率的影响较大，进而会制约有机物生产，影响合成、分解、代谢等过程，协调质与量的关系，因此显著影响有机物的积累，成为重要的表型性状。未来，建立适用的顶坛花椒典型农艺性状指标体系，能够快速诊断植株营养生长和生殖生长中存在的问题，为栽培和品质优化调控提供支撑。

为了改善顶坛花椒品质，要补充特征性元素 Ca 等，尤其是添加速效养分，或者提高根系对养分的溶蚀和提取能力，做到伺机施肥和靶向施肥；但是，施肥类型、用量、时间，以及顶坛花椒生长与精油中香、麻味等调味功能物质间的内在关联还不够清晰，尚需开展深入研究。筛选优良种质资源的优异性状和重要农艺性状，厘清培育措施、代际、林龄等对性状稳定性的影响，识别性状的遗传稳定性，是优化种植制度的重要理论基础。叶片功能性状主要起到指示作用还是决定作用，叶片和根系功能性状的作用规律是否一致，对产量和品质性状的影响方式是否存在差异，是值得研究的科学问题。从生态学视角剖析这些问题，有利于研发顶坛花椒品质提升技术，推进生态产业振兴。

参考文献

鲍士旦，2000. 土壤农化分析 [M]. 3 版. 北京：中国农业出版社.

边雪廉，赵文磊，岳中辉，等，2016. 土壤酶在农业生态系统碳、氮循环中的作用研究进展 [J]. 中国农业通报，32 (4)：171-178.

曹永华，金高明，刘兴禄，等，2016. 不同海拔红富士苹果叶片生理及果实品质的研究 [J]. 西北农业学报，25 (12)：1821-1828.

车明轩，吴强，方浩，等，2021. 川西高寒山地灌丛草甸土壤水文效应特征 [J]. 应用与环境生物学报，27 (5)：1163-1169.

陈昊轩，刘欣蕊，孙天雨，等，2021. 太白山栎属树种叶片生态化学计量特征沿海拔梯度的变化规律 [J]. 生态学报，41 (11)：4503-4512.

陈晶英，李水祥，马文，等，2021. 橄榄果实发育过程中矿质元素含量变化特征 [J]. 热带作物学报，42 (7)：1957-1962.

邓雪花，喻阳华，熊康宁，等，2022. 不同林龄花椒光合特性及对土壤养分的响应 [J]. 森林与环境学报，42 (2)：149-157.

邓浩俊，陈爱民，严思维，等，2015. 不同林龄新银合欢重吸收率及其 C：N：P 化学计量特征 [J]. 应用与环境生物学报，21 (3)：522-527.

国家林业局，1999. 森林植物与森林枯枝落叶层全硅、铁、铝、钙、镁、钾、钠、磷、硫、锰、铜、锌的测定：LY/T 1270-1999 [S]. 北京：中国标准出版社.

贺瑞坤，彭慧蓉，陈训，2008. 海拔高度对贵州花江峡谷顶坛花椒产量与品质的影响 [J]. 安徽农业科学，2008，36 (6)：2294-2295.

贺静雯，刘颖，余杭，等，2020. 干热河谷优势灌木养分重吸收率及其 C：N：P 化学计量特征 [J]. 北京林业大学学报，42 (1)：18-26.

何家莉，王金牛，周天阳，等，2020. 发育阶段和海拔对岷江源区陇蜀杜鹃小枝功能性状及生物量分配

的影响 [J]. 应用生态学报，31 (12)：4027-4034.

何中声，陈佳嘉，朱静，等，2022. 戴云山南坡不同海拔森林土壤微生物功能多样性特征及影响因素 [J]. 生态学报，42 (9)：3504-3515.

黄天辉，2021. 生态环境因子对山地苹果抗 CO_2 伤害特性的研究 [D]. 咸阳：西北农林科技大学.

姬飞腾，李楠，邓馨，2009. 喀斯特地区植物钙含量特征与高钙适应方式分析 [J]. 植物生态学报，33 (5)：926-935.

李婷婷，聂富育，杨万勤，等，2018. 四川盆地西缘 4 种人工林土壤活性氮季节动态 [J]. 应用与环境生物学报，24 (4)：744-750.

李蕾，王一峰，苟文霞，等，2020. 狮牙草状风毛菊果期资源分配对海拔的响应 [J]. 植物生态学报，44 (11)：1164-1171.

李群，赵成章，王继伟，等，2017. 张掖湿地芦苇比叶面积和水分利用效率的关系 [J]. 生态学报，37 (15)：4956-4962.

李忠意，杨希，赵新儒，等，2021. 有机物料对喀斯特地区石灰土有效 N、Fe、Zn 含量的影响 [J]. 生态学报，41 (19)：7743-7750.

李春雨，加鹏华，王树涛，等，2022. 阜平县不同海拔梯度下耕地土壤养分现状与分布特征 [J]. 水土保持研究，29 (1)：197-204.

林先贵，2010. 土壤微生物研究原理与方法 [M]. 北京：高等教育出版社.

刘进，龙健，李娟，等，2021. 典型喀斯特山区优势树种钙吸收能力的海拔分异特征研究 [J]. 生态环境学报，30 (8)：1589-1598.

刘雪峰，胡德玉，袁项成，等，2017. 海拔和采收期对奥林达夏橙果品质的影响 [J]. 南方农业，11 (4)：52-55.

刘丙花，唐贵敏，梁静，等，2021. 不同树形对早实核桃'鲁光'坚果产量和品质的影响 [J]. 果树学报，38 (1)：73-81.

刘敬科，张爱霞，赵巍，等，2022. 糙小米发芽过程中游离氨基酸的变化分析 [J]. 粮油食品科技，30 (4)：85-94.

刘雅洁，王亮，樊伟，等，2021. 海拔对杉木人工林土壤活性有机碳组分的影响 [J]. 西北农林科技大学学报（自然科学版），49 (8)：59-69.

刘志，杨瑞，裴仪岱，2019. 喀斯特高原峡谷区顶坛花椒与金银花林地土壤抗侵蚀特征 [J]. 土壤学报，56 (2)：466-474.

罗文文，高琛稀，张东，等，2014. 不同海拔环境因子对富士苹果叶片和果实品质的影响 [J]. 应用生态学报，25 (8)：2243-2250.

鲁显楷，莫江明，彭少麟，等，2006. 鼎湖山季风常绿阔叶林林下层 3 种优势树种游离氨基酸和蛋白质对模拟氮沉降的响应 [J]. 生态学报，26 (3)：743-753.

陆龙发，黄涛，米涛，等，2022. 贵州顶坛花椒芳香油成分分析 [J]. 农产品加工 (7)：61-62.

苗妍秀，梁祎，杨家勤，等，2021. 铁锌配施对黄瓜生长、光合特性和果实品质的影响 [J]. 西北农业学报，30 (4)：555-562.

孟令博，赵曼，尤燕，等，2021. 不同浓度 Fe^{2+} 与 Zn^{2+} 对羊草幼苗生长和生理特性的影响 [J]. 西北植物学报，41 (10)：1681-1690.

宁志英，李玉霖，杨红玲，等，2019. 沙化草地土壤碳氮磷化学计量特征及其对植被生产力和多样性的影响 [J]. 生态学报，39 (10)：3537-3546.

聂佩显，张守江，董伟，等，2015. 不同海拔高度对天汪一号苹果果实品质的影响 [J]. 落叶果树，2015，47 (3)：7-9.

彭曦，闫文德，王凤琪，等，2018. 基于叶干质量比的杉木比叶面积估算模型的构建 [J]. 植物生态学报，42（2）：209-219.

钱琦，钱壮壮，葛晓敏，等，2022. 武夷山不同海拔森林土壤碳氮特征 [J]. 森林与环境学报，42（3）：225-234.

全国饲料工业标准化技术委员会（SAC/TC 76），2018. 饲料中粗蛋白的测定凯氏定氮法：GB/T 6432—2018 [S]. 北京：中国标准出版社.

全国饲料工业标准化技术委员会，2006. 饲料中粗脂肪的测定：GB/T 6433—2006 [S]. 北京：中国标准出版社.

任常琦，王进闯，程汉亭，等，2017. 不同林龄橡胶（*Hevea brasiliensis*）林土壤微生物群落和磷组分的变化 [J]. 生态学报，37（23）：7983-7993.

任书杰，于贵瑞，姜春明，等，2012. 中国东部南北样带森林生态系统 102 个优势种叶片碳氮磷化学计量学统计特征 [J]. 应用生态学报，23（3）：581-586.

申奥，朱教君，闫涛，等，2018. 辽东山区主要阔叶树种叶片养分含量和再吸收对落叶时间的影响 [J]. 植物生态学报，42（5）：573-584.

位杰，蒋媛，林彩霞，等，2019. 6 个库尔勒香梨品种果实矿质元素与品质的相关性和通径分析 [J]. 食品科学，40（4）：259-265.

魏大平，张健，张丹桔，等，2017. 不同林冠郁闭度马尾松（*Pinus massoniana*）叶片养分再吸收率及其化学计量特征 [J]. 应用与环境生物学报，23（3）：560-569.

王宝荣，曾全超，安韶山，等，2017. 黄土高原子午岭林区两种天然次生林植物叶片-凋落叶-土壤生态化学计量特征 [J]. 生态学报，37（16）：5461-5473.

王锐清，郭盛，段金廒，等，2017. 花椒果皮与种子营养类化学成分分析与资源价值评价 [J]. 食品工业科技，38（22）：5-10.

王凯，那恩航，张日升，等，2021. 不同密度下沙地樟子松碳、氮、磷化学计量及养分重吸收特征 [J]. 生态学杂志，40（2）：313-322.

王凯，齐悦彤，刘建华，等，2022. 油松与榆树人工林植物-凋落叶-土壤碳、氮、磷化学计量特征 [J]. 生态学杂志，41（3）：427-434.

王睿照，毛沂新，云丽丽，等，2022. 氮添加对蒙古栎叶片碳氮磷化学计量与非结构性碳水化合物的影响 [J]. 生态学杂志，41（7）：1369-1377.

王俊文，袁鸿，张洋，等，2023. 外源 5-氨基乙酰丙酸对番茄成熟过程中果实品质和矿质元素含量的影响 [J]. 核农学报，37（1）：169-179.

王程媛，王世杰，容丽，等，2011. 茂兰喀斯特地区常见蕨类植物的钙含量特征及高钙适应方式分析 [J]. 植物生态学报，35（10）：1061-1069.

王绍强，于贵瑞，2008. 生态系统碳氮磷元素的生态化学计量学特征 [J]. 生态学报，28（8）：3937-3947.

王菲，王志超，程小毛，等，2021. 千家寨野生古茶树对不同海拔的生理响应 [J]. 云南农业大学学报（自然科学），36（3）：500-506.

韦昌盛，左祖伦，2016. 顶坛花椒产业衰退原因分析及对策研究 [J]. 贵州林业科技，44（1）：60-64.

吴玥，赵盼盼，林开淼，等，2020. 戴云山黄山松林碳组分的海拔梯度变化特征及影响因素 [J]. 生态学报，40（16）：5761-5770.

向慧敏，温达志，张玲玲，等，2015. 鼎湖山森林土壤活性碳及惰性碳沿海拔梯度的变化 [J]. 生态学报，35（18）：6089-6099.

徐朝斌，钟全林，程栋梁，等，2015. 基于地理种源的刨花楠苗木比叶面积与叶片化学计量学关系 [J]. 生态学报，35（19）：6507-6515.

杨起帆，熊勇，余泽平，等，2021，江西官山不同海拔常绿阔叶林土壤活性氮组分特征 [J]. 中南林业科技大学学报，41（9）：138-147.

杨胜天，黎喜，娄和震，等，2021. 贵州茂兰喀斯特地区土壤全钙含量空间估算模型与迁移分析 [J].
中国岩溶，40（3）：449-458.

殷丽琼，肖星，刘德和，等，2019. 不同时期的轻修剪对云南大叶种茶叶产量及品质的影响 [J]. 西南
农业学报，32（5）：1034-1038.

袁洁，区善汉，邓荫伟，2022. 柑橘果实品质改善影响因素及品质提升主要技术研究进展 [J]. 南方园
艺，33（4）：71-74.

喻阳华，钟欣平，李红，2019. 黔中石漠化区不同海拔顶坛花椒人工林生态化学计量特征 [J]. 生态学
报，39（15）：5536-5545.

赵桂琴，琚泽亮，柴继宽，2022. 海拔和品种对燕麦营养品质及表面附着微生物的影响 [J]. 草业学报，
31（11）：147-157.

张增可，郑心炫，林华贞，等，2019. 海岛植物不同演替阶段植物功能性状与环境因子的变化规律 [J].
生态学报，39（10）：3749-3758.

张朝坤，肖靖，洪雅芳，等，2022. 番石榴果实中微量矿质养分变化特征及其对果实品质的影响 [J].
热带作物学报，43（9）：1928-1934.

张美微，王晨阳，敬海霞，等，2016. 灌浆期高温对冬小麦籽粒氨基酸含量和组成的影响 [J]. 生态学
报，36（18）：5725-5731.

中华人民共和国国家卫生和计划生育委员会，国家食品药品监督管理总局，2016. 食品安全国家标准
食品中胡萝卜素的测定：GB 5009.83—2016 [S]. 北京：中国标准出版社.

郑华，潘权，文志，等，2021. 植物功能性状与森林生态系统服务的关系研究综述 [J]. 生态学报，41
（20）：7901-7912.

Ågren G I, 2018. Stoichiometry and nutrition of plant growth in natural communities [J]. Annual Review
of Ecology Evolution & Systematics, 39（1）：153-170.

Bargali K, Manral V, Padalia K, et al, 2018. Effect of vegetation type and season on microbial biomass
carbon in Central Himalayan forest soils, India [J]. Catena, 171（12）：125-135.

Baligar VC, Sicher R C, Elson M K, et al, 2015. Iron sources effects on growth, physiological
parameters and nutrition of cacao [J]. Journal of Plant Nutrition, 2015, 38（11）：1787-1802.

Bertolet B L, Corman J R, Casson N J, et al, 2018. Influence of soil temperature and moisture on the
dissolved carbon, nitrogen, and phosphorus in organic matter entering lake ecosystems [J]. Biogeochemistry,
139（3）：293-305.

Bertrand I, Viaud V, Daufresne T, et al, 2019. Stoichiometry constraints challenge the potential of
agroecological practices for the soil C storage. A review [J]. Agronomy for Sustainable Development, 39（6）：
1-16.

Bing H J, Wu Y H, Zhou J, et al, 2016. Stoichiometric variation of carbon nitrogen, and phosphorus in
soils and its implication for nutrient limitation in alpine ecosystem of Eastern Tibetan Plateau [J]. Journal of
Soils and Sediments, 16（2）：405-416.

Bonomelli C, de Freitas S T, Aguilera C, et al, 2021. Ammoniumexcess leads to Ca restrictions,
morphological changes, and nutritional imbalances in tomato plants, which can be monitored by the N/Ca ratio
[J]. Agronomy, 11（7）：1437.

Brant A N, Chen H Y H, 2015. Patterns and mechanisms of nutrient resorption in plants [J]. Critical
Reviews in Plant Sciences, 34（5）：471-486.

Cao Y, Zhang P, Chen Y M, 2018. Soil C∶N∶P stoichiometry in plantations of N-fixing black locust
and indigenous pine, and secondary oak forests in Northwest China [J]. Journal of Soils and Sediments, 18

(4): 1478-1489.

Chang E H, Chen T H, Tian G L, et al, 2016. The effect of altitudinal gradient on soil microbial community activity and structure in moso bamboo plantations [J]. Applied Soil Ecology, 98: 213-220.

Charles M, Corollaro M L, Manfrini L, et al, 2018. Application of a sensory-instrumental tool to study apple texture characteristics shaped by altitude and time of harvest [J]. Journal of the Science of Food and Agriculture, 98 (3): 1095-1104.

Chen B, Chen L, Jiang L, et al, 2022. C ∶ N ∶ P Stoichiometry of plant, litter and soil along an elevational gradient in subtropical forests of China [J]. Forests, 13 (3): 372.

Chen H, Reed S C, Lü X, et al, 2021. Global resorption efficiencies of trace elements in leaves of terrestrial plants [J]. Functional Ecology, 35 (7): 1596-1602.

Crespo P, Bordonaba J G, Terry L A, et al, 2010. Characterisation of major taste and health-related compounds of four strawberry genotypes grown at different Swiss production sites [J]. Food Chemistry, 122 (1): 16-24.

Chen L F, He Z B, Du J, et al, 2016. Patterns and environmental controls of soil organic carbon and total nitrogen in alpine ecosystems of northwestern China [J]. Catena, 137: 37-43.

De Feudis M, Gardelli V, Massaccesi L, et al, 2016. Effect of beech (*Fagus sylvatica* L.) rhizosphere on phosphorous availability in soils at different altitudes (Central Italy) [J]. Geoderma, 276: 53-63.

Du B M, Kang H Z, Pumpanen J, et al, 2014, Soil organic carbon stock and chemical composition along sltitude gradient in the Lushan Mountain, subtropical China [J]. Ecologucal Research, 29: 433-439.

Elser J J, Sterner R W, Gorokhova E, et al. 2000. Biological stoichiometry from genes to ecosystems. Ecology Letters, 3: 540-550.

Fierer N, McCain C M, Meir P, et al, 2011. Microbes do not follow the elevational diversity patterns of plants and animals [J]. Ecology, 92 (4): 797-804.

Gao J, Wang K Q, Zhang X, 2022. Patterns and drivers of community specific leaf area in China [J]. Global Ecology and Conservation, 33: e01971.

Gaston K J, 2000. Global patterns in biodiversity [J]. Nature, 405 (6783): 220-227.

Golchin A, Oades JM, Skjemstd J O, 1994. Soil structure and carbon cycling [M]. Australian Journal of Soil Research, 32: 1043-1068.

Gunduz K, Ozbay H, 2018. The effects of genotype and altitude of the growing location on physical, chemical, and phytochemical properties of strawberry [J]. Turkish Journal of Agriculture and Forestry, 42 (3): 145-153.

Guo J X, Yang S N, Gao L M, et al, 2019. Nitrogen nutrient index and leaf function affect rice yield and nitrogen efficiency [J]. Plant and Soil, 445 (1/2): 7-21.

Han W X, Tang L Y, Chen Y H, et al, 2013. Relationship between the relative limitation and resorption efficiency of nitrogen vs phosphorus in woody plants [J]. Plos One, 8 (12): e83366.

He ZL, Yang X E, Baligar V C, et al, 2003. Microbiological and biochemical indexing systems for assessing quality of acid soils [J]. Advances in Agronomy, 78 (2): 89-138.

He X J, Hou E Q, Liu Y, et al, 2016. Altitudinal patterns and controls of plants and soil nutrient concentration and stoichiometry in subtropical China [J]. Scientific Reports, 6: 24261.

Hedley M J, Stewart J W B, Chauhan B S, 1982. Changes in inorganic and organic soil phosphorus fractions induced by cultivation practies and by laboratory incubations [J]. Soil Science Society of America Journal, 46 (5): 970-976.

Hodge A, Robinson D, Fitteg A, 2000. Are microorganisms more effective than plants at competing for nitrogen? [J]. Tends in Plant Science, 5 (7): 304-308.

Hou E Q, Luo Y Q, Kuang Y W, et al, 2020. Global meta-analysis shows pervasive phosphorus limitation of aboveground plant production in terrestrial ecosystems [J]. Nature Communications, 11: 637.

Hou E Q, Chen C R, Lou Y Q, et al, 2018. Effects of climate on soil phosphorus cycle and availability in natural terrestrial ecosystems [J]. Global Change Biology, 24: 3344-3356.

Jeong H R, Cho H S, Cho Y S, et al, 2020. Changes in phenolics, soluble solids, vitamin C, and antioxidant capacity of various cultivars of hardly kiwifruits during cold storage [J]. Food Science Research and Biotechnology, 29 (12): 1763-1770.

Jamaly R, Parent S É, Parent L E, 2021. Fertilization and soil nutrients impact differentially cranberry yield and quality in eastern Canada [J]. Horticulturae, 7 (7): 191.

Kobler J, Zehetgruber B, Dirnböck T, et al, 2019. Effects of aspect and altitude on carbon cycling processes in a temperate mountain forest catchment [J]. Landscape Ecology, 34 (2): 325-340.

Konôpka B, Pajtik J, Marusak R, et al, 2016. Specific leaf area and leaf area index in developing stands of *Fagus sylvatica* L. and *Picea abies* Karst [J]. Forest Ecology and Management, 364: 52-59.

Leff J W, Jones S E, Prober S M, et al, 2015. Consistent responses of soil microbial communities to elevated nutrient inputs in grasslands across the globe [J]. Proceedings of the National Academy of Sciences of the United States of America, 112 (35): 10967-10972.

Leal M C, Seehausen O, Matthews B, 2017. The ecology and evolution of stoichiometric phenotypes [J]. Trends in Ecology & Evolution, 32 (2): 108-117.

Ma Y H, Fu S L, Zhang X P, et al. , 2017. Intercropping improves soil nutrient availability, soil enzyme activity and tea quantity and quality [J]. Applied Soil Ecology, 119: 171-178.

Millard P, Grelet G A, 2010. Nitrogen storage and remobilization by trees: ecophysiological relevance in a changing world [J]. Tree physiology, 30 (9): 1083-1095.

Meng W P, Ren Q Q, Tu N, et al, 2022. Characteristics of the adaptations of epilithic mosses to high-calcium habitats in the karst region of southwest China [J]. The Botanical Review, 88 (2): 204-219.

Montanaro G, Dichio B, Lang A, et al, 2014. Internal versus external control of calcium nutrition in kiwifruit [J]. Journal of Plant Nutrition and Soil Science, 177 (6): 819-830.

Pang D B, Cui M, Liu Y G, et al, 2019. Responses of soil labile organic carbon fractions and stocks to different vegetation restoration strategies in degraded karst ecosystems of southwest China [J]. Ecological Engineering, 138: 391-402.

Paunovic S M, Maskovic P, Milinkovic M, 2020. Determination of primary metabolites, vitamins and minerals in black mulberry (*Morus nigra*) berries depending on altitude [J]. Erwerbs-obstbau, 62 (3): 355-360.

Parra-Coronado A, Fischer G, Camacho-Tamayo J H, 2016. Growth model of the pineapple guava fruit as a function of thermal time and altitude [J]. Ingenieria E Investigacion, 36 (3): 6-14.

Parra-Coronado A, Fischer G, Camacho-Tamayo J H, 2015. Development and quality of pineapple guava fruit in two locations with different altitudes in Cundinamarca Colombia [J]. Bragantia, 74 (3): 359-366.

Poovaiah B W, Reddy A S, 1993. Calcium and signal transduction in plants [J]. Critical Reviews in Plant Sciences, 12 (3): 185-211.

Qin Y, Feng Q, Holden M N, et al, 2016. Variation in soil organic carbon by slope aspect in the middle of the Qilian Mountains in the upper Heihe River Basin, China [J]. Catena, 147: 308-314.

Reich P B, Oleksyn J, 2004. Global patterns of plant leaf N and P in relation to temperature and latitude [J]. Proceedings of the National Academy of Sciences, 101 (30): 11001-11006.

Rieger G, Muller M, Guttenberger H, et al, 2008. Influence of altitudinal variation on the content of phenolic compounds in wild populations of *Calluna vulgaris*, *Sambucus nigra*, and *Vaccinium myrtillus* [J]. Journal of Agricultural and Food Chemistry, 56 (19): 9080-9086.

Schmitt S, Trueba S, Coste S, et al, 2022. Seasonal variation of leaf thickness: an overlooked component of functional trait variability [J]. Plant Biology, 24 (3): 458-463.

Singh D, Takahashi K, Kim M, et al, 2012. A hump-backed trend in bacterial diversity with elevation on mount Fuji, Japan [J]. Microbial Ecology, 63 (2): 429-437.

Song N N, Zhu Y Q, Cui Y Y, et al, 2020. Vitamin B and vitamin C affect DNA methylation and amino acid metabolism in mycobacterium bovis BCG [J]. Frontiers in Microbiology, 11: 812.

Song Y P, Yu Y H, Li Y T, 2022. Leaf function traits and relationships with soil properties of *Zanthoxylum planispinum* 'dintanensis' in plantations of different ages [J]. Agronomy, 12: 1891.

Turner D W, Fortescue J A, Ocimati W, et al, 2016. Plantain cultivars (*Musa* spp. AAB) grown at different altitudes demonstrate cool temperature and photoperiod responses relevant to genetic improvement [J]. Field Crops Research, 194: 103-111.

Vergutz L, Manzoni S, Porporato A, et al, 2012. Global resorption efficiencies and concentrations of carbon and nutrients in leaves of terrestrial plants [J]. Ecological Monographs, 82 (2): 205-220.

Violle C, Navas M L, Vile D, et al, 2007. Let the concept of trait be functional! [J]. Oikos, 2007, 116 (5): 882-892.

Wongkaew M, Kittiwachana S, Phuangsaijai N, et al, 2021. Fruit characteristics, peel nutritional compositions, and their relationships with mango peel pectin quality [J]. Plants, 10 (6): 1148.

Wang F, Fang X, Wang GG, et al. 2019. Effects of nutrient addition on foliar phosphorus fractions and their resorption in different-aged leaves of Chinese fir in subtropical China. Plant and Soil, 443: 41-54.

Wang Z, Zheng F, 2020. Ecological stoichiometry of plant leaves, litter and soils in a secondary forest on China's loess plateau [J]. Peer Journal, 8: e10084.

Wang M, Liu G, Jin T, et al, 2017. Age-related changes of leaf traits and stoichiometry in an alpine shrub (*Rhododendron agglutinatum*) along altitudinal gradient [J]. Journal of Mountain Science, 14 (1): 106-118.

Wang Z, Lu J, Yang H, et al, 2014. Resorption of nitrogen, phosphorus and potassium from leaves of lucerne stands of different ages [J]. Plant and Soil, 383 (1): 301-312.

Wang N X, Li Y, Deng X H, et al, 2013. Toxicity and bio accumulation kinetics of arsenate in two freshwater green algae under different phosphate regimes [J]. Water Research, 47 (7): 2497-2506.

Wen G T, De X C, Phillips O L, et al, 2018. Effects of long-term increased N deposition on tropical montane forest soil N_2 and N_2O emissions [J]. Soil Biology and Biochemistry, 126: 194-203.

Xiang Y Z, Chang S X, Shen Y Y, et al, 2023. Grass cover increases soil microbial abundance and diversity and extracellular enzyme activities in orchards: a synthesis across China [J]. Applied Soil Ecology, 182: 104720.

Xiao Y, Huang Z G, Lu X G, 2015. Changes of soil labile organic carbon fractions and their relation to soil microbial characteristics in four typical wetlands of Sanjiang Plain, Northeast China [J]. Ecological Engineering, 82: 381-389.

Youssef N, Susko E, Roger A J, et al, 2022. Evolution of amino acid propensities under stability-mediated epistasis [J]. Molecular Biology and Evolution, 39 (3): msac030.

Yuan Z Y, Chen H Y H, 2009. Global-scale patterns of nutrient resorption associated with latitude, temperature and precipitation [J]. Global Ecology and Biogeography, 18 (1): 11-18.

YuF Z, Zhang Z Q, Chen L Q, et al, 2018. Spatial distribution characteristics of soil organic carbon in subtropical forests of mountain Lushan, China [J]. Environtalmonitoring and Assessment, 190 (9): 545.

Yu Y H, Zheng W, Zhong X P, et al, 2020. Stoichiometric characteristics in *Zanthoxylum planispinum* var. *dintanensis* plantation of different ages [J]. Agronomy Journal, 10. 1002/agj2. 20388.

YuY H, Song Y T, Zhong X P, et al, 2021. Growth decline mechanism of *Zanthoxylum planispinum* var. *dintanensis* in the canyon area of Guizhou Karst Plateau [J]. Agronomy Journal, 113 (2): 852-862.

Zhang Y, Xiong K N, Qin Y, et al, 2020. Stoichiometric characteristics of ecological-economic forests in karst rocky desertification areas of southern China [J]. Austrian Journal of Forest Science, 137 (2): 109-131.

Zhou W J, Sha L Q, Schaefer D A, et al, 2015. Directs of litter decomposition on soil dissolved organic carbon and nitrogen in a tropical rainforest [J]. Soil Biology and Biochemistry, 81 (6): 255-258.

Zhou J, Wu Y H, Bing H J, et al, 2016. Variations in soil phosphorus biogeochemistry across six vegetation types along an altitudinal gradient in SW China [J]. Catena, 142: 102-111.

10 顶坛花椒培育技术

顶坛花椒作为芸香科的特色植物，培育措施应当依据其生物学、生态学习性和生境因子共同确定。在既往培育花椒的过程中，存在引进技术未经熟化，导致产量和品质较低的情形，在今后的产业发展过程中应当予以修正。花椒培育涉及的理论包括生物多样性（王凯等，2022）、土壤肥力、水肥耦合（王景燕等，2016）、花芽分化（杨君等，2023）、病虫害防控等，是一个系统工程，不能将每一项技术措施孤立开来。

10.1 基于功能性状的顶坛花椒高效培育技术

对植物功能性状的研究能够深刻认识人工林对其储存资源的分配方式，从而揭示不同人工林对生境的适应策略，最终服务于林分的培育（孙梅等，2017；程雯等，2019）。寻找关键功能性状是指导林分培育的重要途径（Pérez-Harguindeguy et al.，2013；张景慧等，2021）。其中，主要关注两类功能性状：一类是植物的形态特征，另一类是与植物获取资源效率相关的功能性状（Díaz et al.，2016）。比如：株高反映了植物对光资源的获取能力，与植物竞争能力相关（Hodgson et al.，1999），比叶面积大的植物通常相对生长速率更高（Reich et al.，1997；Wright et al.，2004），叶干物质含量高的植物通常具有较强的资源储存能力（Cornelissen et al.，2003；Ansquer et al.，2009）。植物性状的实践研究可追溯到原始农业时期，人们通过对比发现与农作物产量和品质密切相关的性状，再通过选育实现高产与优质（何念鹏等，2018）。在研究初期，有研究重点关注植物如何通过特定性状或多种性状协同来实现群落结构稳定与生产力优化（Westby and Wright.，2006）。例如探究福建柏（*Fokienia hodginsii*）种源间的叶功能性状以及叶绿素荧光的适应性策略，可为其优良基因资源的挖掘和利用提供新思路（刘凯等，2021）；陈瑶等（2022）以同质园的 30 个茶树品种为研究对象，发现比叶面积、叶干物质含量、氮、磷以及叶厚度等指标的组合变化与茶树叶经济谱分布密切相关，可作为优良指标，针对性地开展品种选育与驯化。张运等（2022）通过研究叶片和细根功能性状的耦合关系及对不同梯度土壤磷添加的响应，从而制定合理的土壤施磷量。霍灿灿等（2023）通过比较 7 种园林绿化灌木叶片功能性状及生态化学计量特征，发现金叶假连翘（*Duranta erecta* 'Golden Leaves'）、朱槿（*Hibiscus rosa-sinensis*）和台琼海桐（*Pittosporum pentandrum* var. *formosanum*）适合作为城市园林规划所需的树种。张悦等（2022）同样也比较了国槐（*Sophora japonica*）、七叶树（*Aesculus chinensis*）、木槿（*Hibiscus syriacus*）、黄杨（*Buxus sinica*）等 4 种绿化树种叶功能性状及其对大气污染的耐受性，研究结果可为未来城市绿化树种选择与配置研究提供参考。Qin 等（2016）研究表明在黄土高原 4 种林分类型中，刺槐与榆树混交能有效提高两种树种叶片养分含量和光合能力。Andivia 等（2021）研究表明，低比叶面积和高木材密度的苗木具有较高的存活率。可见，植物功能性状可为林分的培育提供参考，并且其提供管理实践的类型呈现多样化。目前，以顶坛花椒功能性状视角指导生产实践的研究尚有不足，一定程度上限制了林分的可持续经营，植物功能性状在顶坛花椒人工高效培育中的价值未得到充分发挥。

何腾兵等（2000）研究表明花椒生长不良可能是根际土壤的钾素亏缺引起的；周玮等（2008）以土壤酶表征不同林龄花椒林的土壤肥力，发现种植花椒在短时间内不会造成土壤肥力下降，后续研究还发现蔗糖酶、淀粉酶和蛋白酶活性均随着林龄增加而增加，但脲酶和磷酸酶变化规律与之不一致。廖洪凯等（2012）研究了小生境对花椒林表土团聚体有机碳和活性有机碳的影响，结果显示，石沟和石坑呈促进作用，石槽和石洞则有降低作用。结果可为花椒林碳库保护和农业土壤资源合理利用提供科学依据。周玮等（2009）以土壤的物理、化学和生物学特性构建评价指标体系，采用隶属度函数，综合评价了花椒峡谷地区的土壤肥力质量，结果依次为乔木林、花椒林、耕地、荒地和农林套种地，研究结果有利于改善喀斯特石质山区的土壤肥力质量，为土地利用类型的筛选提供了依据。喻阳华等（2018）研究结果表明，海拔较高的地区土壤质量总体更优，并提出生产上应在施用矿质元素肥料的基础上，配施有机肥，以此提高土壤养分供给能力和利用效率，这项研究结果为花椒林的养分管理和可持续经营提供了借鉴和参考。容丽等（2005）根据叶片结构适应分化程度的差异，将顶坛花椒划分为偏中生叶类型，表现出较强的灵活性，结果能够为喀斯特区生态重建提供理论依据。李安定等（2011）分析了顶坛花椒生态需水量对不同覆盖的响应，阐明了林地的需水规律，为协调植株生长和水分供应的关系奠定了科学基础。以上研究结果均为花椒人工林管理提供了科学参考，但多集中在土壤肥力诊断方面，对植株生长规律研究较少，鲜有从植株生理、生态、生化等方面来研究顶坛花椒需肥规律的报道。

前人在不同序列上对顶坛花椒功能性状进行了研究，取得了丰富成果。海拔梯度上，顶坛花椒人工林比叶面积、叶磷、叶钾、叶片含水率均呈现先升高后降低的趋势，表明海拔支配着顶坛花椒人工林的资源分配（李红和喻阳华，2020）；与枇杷（*Eriobotrya japonica*）、核桃（*Juglans regia*）人工林相比，顶坛花椒光合能力最强（刘海燕等，2021）；但不同退化程度上，顶坛花椒净光合速率在脆弱生境中的适应能力呈现出不同程度减弱（谭代军等，2019）；通过对正常和早衰顶坛花椒叶片功能性状的研究，发现早衰降低了顶坛花椒植株对氮、磷的养分利用效率，且使花椒形成了在保持叶干物质含量基础上进一步降低比叶面积的策略，以提高其水分利用效率（李红等，2021）；核桃林中、林下、林缘的顶坛花椒叶片蒸腾速率均仅 1 个峰值，且光照强度、大气温度和叶厚度是主要影响因子（钟欣平等，2021）；与自然生长的顶坛花椒林相比，矮化密植与喷灌对其光合速率的提升最明显，对叶片养分含量的影响不显著（孔令伟等，2022）。同时也有研究表明，矮化密植与喷灌促使花椒品质性状更优（Yu et al.，2022）；邓雪花等（2022）通过研究顶坛花椒叶片叶绿素、净光合速率等光合参数，得到 10～12 年生顶坛花椒的光合能力最强；王登超等（2022）通过比较春梢、夏梢、秋梢的果皮氨基酸累积特征，得知夏梢有利于提高顶坛花椒果皮的氨基酸品质。上述研究对林分的经营管理有一定的参考价值。但是研究多关注花椒叶片功能性状，未能系统研究叶片、枝条、根系、果皮性状，以及林下草本多样性随林龄的变化特征，限制了林分管理措施的动态调整。

研究区顶坛花椒的大规模栽培历史已有 30 余年，通过长期的生物学实践检验发现，顶坛花椒在生长发育过程中出现了衰退现象，主要表现有林龄降低、地力减弱、抗性下降等，导致轮伐周期缩短，不利于石漠化治理成果的巩固，阻碍了石漠化治理、脱贫攻坚、乡村振兴等成效的有效衔接。因此，结合前期研究，在长期跟踪观测以及文献查阅的基础上，从土壤水肥管理、苗木管理、枝条管理、林下套种、林下草本多样性、凋落叶调控、林龄确定方面，集成顶坛花椒高效培育技术，旨在促进顶坛花椒产业的可持续发展。

10.1.1　土壤施肥管理

土壤是由岩石、气候、生物等各自然环境要素相互作用形成的疏松物质，并为植物生长繁育提供水分、养分供应以及载体，是大气圈、生物圈、岩石圈等圈层物质、能量相互作用的中心环节（黄昌勇和徐建明，2010）。土壤的本质特征是肥力，肥力影响甚至决定着顶坛花椒的产量和品质。对花椒林地土壤肥力进行评价，有利于揭示林地肥力现状以及存在的问题，对改土、施肥，以及促进顶坛花椒的高产稳产具有重要的实践意义。通过综合评价林地土壤肥力，发现土壤综合肥力指数在不同林龄阶段均处于较低水平，符合喀斯特生境土壤养分贫瘠的特征。土壤是植株生长的物质基础，因此科学管控土壤肥力以及合理施肥是保证植株健康生长以及高质高量的重要措施。

在施肥过程中，一是要做到全面性，即大量、中量和微量元素要兼顾。由于受只注重施氮磷钾肥的片面观念影响，以往的施肥种类过于单一，今后应逐渐优化施肥方法。二是有机肥和化肥配施，可以实现速效和缓效肥力的统一，达到增量提质的目标。三是要实施平衡施肥，元素的平衡关系直接影响养分的吸收和利用，制约生产力水平。注重元素的计量平衡，可以提高资源利用速率和效率。

10.1.2　土壤水分管理

基于土壤水分管理方面。土壤水分是植物赖以生存和发展的资源，成为植物水分的最主要来源，是土壤中众多化学、物理和生物学过程的溶剂。研究区虽然雨季降水丰富，但是因土层浅薄，碳酸盐岩广泛分布，土壤固水性差，容易导致地表干旱，加之降水与植物需水规律不匹配（王德炉等，2003；黄甫昭等，2021），因此制定高效的土壤水分管理措施尤为必要。李红等（2021）研究表明，土壤水分是制约顶坛花椒生长的首要因子。实践表明，具有喷灌设施的花椒，长势良好，未大规模出现卷曲叶片、黄叶和黄花，果穗长度 4~5cm，枝条直径 6~8mm，枝条长度 80~120cm。水分供应欠缺的花椒，叶片卷曲比例占 60%~80%，黄叶比例占 10%~20%，黄花比例达 5% 以上，花穗长度 1~2cm，枝条直径 4~5mm，枝条长度 40~60cm。因此，应该在不同林龄林地采取喷灌措施，在土壤含水量低于正常生长下限时，及时补足水分，进行水分补给，可以调节植物的光合和抗氧化等能力（Ahmed et al.，2019），进而提高生物量，实现生产力提升。

喷灌设施的安装。首先是要铺设地面管道，根据顶坛花椒植株的高度，管道直立高度应该设置为 3.5~4.5m，管道的喷头由中心向四周喷水，射程可以覆盖 4~5 株花椒。当土壤水分含量低于 20%~30% 时，应及时补充水分，启用喷灌设施。喷灌次数应结合生长季长短（受限于培育目标和采摘时间等）和天气状况而定，大致为 8~12 次。但由于土壤水分对花椒果皮品质影响较大，其水分参数尚需深入研究。

10.1.3　土壤培肥

土壤微生物能够促进矿质元素的积累和循环，说明土壤培肥过程应该注重土壤微生物的作用。他人研究表明，在土壤贫瘠的生境下，土壤微生物在短期有机肥管理中，通过调节土壤养分供应间接影响植物生长。Bei 等（2018）研究表明，微生物代谢活动能够快速响应外部有机肥的输入。因此，化肥虽然可以在短时间内显著提高土壤肥力，但在保肥供肥、改善微生物环境方面的效果不如有机肥（王慎强等，2001；温延臣等，2015）。在施用有机肥的同时，配施化肥不仅有利于维持和提升土壤肥力，而且还可以提高植株的产量和品质，为植株生长创造良好的土壤条件（柳开楼等，2018；Li et al.，2020）。有机肥和无机肥的结合使用，可以培养更多样化的微生物群落，进而形成富营养化的生态系统，这对土壤养分循环有十分重要的意义。此外，有机肥改善了土壤团聚体组成和稳定性。良好的土壤结构对于保持水分和肥力、加强微生物呼吸、伸展植物根系，以及加速养分循环和供应十分重要（Gill et al.，2009；Martin et al.，2012；Yazdanpanah et al.，2016）。有机肥与化肥对土壤团聚体、速效养分和微生物生物量及活性的影响存在明显差异，施肥种类在土壤肥力管理中具有重要地位（Li et al.，2020）。

基于对有机肥的认识，应根据顶坛花椒的生长节律进行施肥，施肥过程中以有机肥作为基肥，成分主要为猪粪、牛粪、草灰、植物枝叶等，于每年的 11~12 月施肥 1 次，每株施大约 2kg。使用复合肥作为追肥，主要成分为氮、磷、钾（比例为 15∶15∶15），保花保果肥、壮果肥、长枝肥、催花肥分别在 1 月底~2 月初、4~5 月、8 月、11 月施用，每次用量均为每株 350~450g，于雨后施肥效果最好，施肥时要距离树干 40~60cm，采取环状施肥。同时，在顶坛花椒人工林不同生长发育阶段，其肥力限制因子不同，应在不同生长阶段采取相应的培肥措施以实现养分的全面性和均衡性。5~7 年、10~12 年的林分主要受到土壤微生物性状的影响，应注重菌肥的施用，同时提高生物量磷的活性；20~22 年林分主要受土壤有机碳的限制，应增施有机肥，培育土壤团粒结构；28~32 年的重要影响因子为速效磷、全钙、真菌，栽培过程中应补充磷肥、钙肥，同时配施菌肥。为了保证产量水平，通常树龄在 20 年以内较为适宜。

10.1.4 苗木管理

本研究中，通过对比分析顶坛花椒与九叶青花椒幼苗叶片和根系功能性状，得知顶坛花椒幼苗抵御环境胁迫能力更强，能够较好适应当地养分贫瘠的生境，所以当地主要以种植顶坛花椒为主。由于顶坛花椒人工林采用幼苗移栽方法建植而来，为提高幼苗存活率，经过查阅资料（陈训等，2011），结合前期研究，应遵循如下技术措施。

于秋季苗木停止生长后、春季苗木萌动前移栽，移栽的天气选择在刚降水后。起苗时若土壤干燥，应对苗圃充分灌水，等到土壤稍干时再起苗。起苗时为避免根系、茎干的机械损伤，可用锹或镢挖苗，挖好后置于无风阴凉处等待分级。移栽选苗时，选择 1~2 年生，枝梢充分木质化，无病虫害及机械损伤的一、二级实生苗移栽。栽植过程中，定植穴的大小应要使幼苗根系均匀舒展分布。由于研究区土被不连续，栽植密度为 50~70 株·hm^{-2}，行距保持在 （3~4）m×（3~4）m，幼苗定植后，进行浇水及埋土处理。苗木的管理，一年分两次抚育，第一次于 4~5 月，为了减少对苗木的养分竞争，清除掉林地杂草，放置于林地基部，腐熟后施用；第二次于 8~9 月进行松土除草，松土深度约为 0~20cm，土层浅薄的以实际深度为准，农家肥每株施用量为 2~3kg，以鲜重计。具体施肥参数也要结合生境、苗木特征及时调整。

10.1.5 叶片与枝条管理

植物功能性状对土壤因子的响应，是指导人工林培育的重要理论基础。本研究结果表明，顶坛花椒叶片、枝条功能性状与土壤因子密切关联，说明可以通过调控土壤营养条件，促进形成有利于增强抗性的功能性状。土壤养分与顶坛花椒叶片功能性状之间存在显著的相关性，土壤氮、钾、铁、镁等元素的有效性，以及土壤微生物对叶片化学性状、形态性状以及防御性状驱动作用较强。因此，应加强土壤养分供应调控。人工林在生长栽培过程中，需要吸收多种矿质元素来参与代谢活动。本研究中土壤有机碳、速效氮和速效钾能够促进枝条主要防御性状的形成，对应的应该提高有机肥、氮肥、钾肥的施用量，使枝条健壮，提高抗逆性，减少病害。土壤氮、钾、铁、镁元素的有效性以及土壤微生物性状对顶坛花椒形态性状具有较强的促进作用，应该提高速效养分含量，增强植株的光合作用和抵御能力。同时，土壤微生物也会影响植物功能性状，进而影响植株生长。其作用机理是将土壤中的矿质肥料矿化成植物可以直接吸收利用的形态，进而增加土壤有效养分。在施用化肥的同时，应该施用生物菌肥。总体上，应采取综合施肥的策略，提高肥效的持久性，综合提升地力水平和养分供应潜力。

修枝对于培育健康、强壮的经济林意义重大，是经济林木培育中必不可少的农业技术环节。合理的修剪可以促进枝条和新梢生长，保证林分处于可管理的采摘条件，提高产量和品质（Kumar et al.2015；Sun et al.2018）。修枝主要是削减无效枝条的数量，包括病害枝、枯枝、弱枝、重叠枝等，可以减少养分损耗，使叶片氮质量分数等增加，提高净光合速率，补偿修枝对生长的不利影响（刘可欣等，2019）。顶坛花椒为人工纯林，种植20～22年后逐渐发生生长衰退，可以通过不同的农艺手段来恢复衰退的花椒林。通过实践发现，修枝整形可以快速恢复衰退花椒林的活力（喻阳华等，2021）。因花椒的树龄不同，修剪方法和程度亦不同，修枝整形技术应根据花椒的生长发育阶段而异。对于幼树，以疏剪为主，使其迅速扩大树冠成形，强壮的枝条不剪，较弱的枝条剪去枝条的1/3或1/4即可，切忌重剪，否则会导致花椒的产量减少，因为植株无法储存足够的代谢物质以备将来使用，这种方法有利于幼树扩大树冠成形。对于中龄林，修剪主要是为了在原来基础上维持树形，稳定树势，进一步提高花椒生产力和品质。大枝过多会导致顶坛花椒的树形紊乱，应当疏除部分大枝、不挂果甚至挂果少的徒长枝；对于有生长空间的徒长枝，可短截培养成结果枝，没有生长空间的徒长枝则从基部剪掉；对主枝末端衰弱的枝条，回缩到壮枝处，并选留斜上升枝为头枝。对于老龄树，林分郁闭度增大，修枝是为了改善光照条件，恢复树势。首先要修剪掉部分交叉重叠的弱枝，以及枯枝、病枝、冗余枝条等，并采取骨干枝轮换回缩更新技术（喻阳华等，2023）。骨干枝如若先端衰弱，回缩到强枝处，利用隐芽萌发成徒长枝，用作主、侧枝更新。总体上，修枝时，枝条数量控制在 30～40 条，冠幅控制在 2.5～3m，枝下高为 35～40cm，枝条长度为 60～80cm，枝条与地面角度呈 30°～65°。

10.1.6　凋落物调控

本章研究中，顶坛花椒凋落叶对土壤微生物有显著的正向影响，对花椒林培育给予了一定启示。在人工林培育过程中，应当重视凋落物对提高土壤微生物活性的作用，以此促进群落养分循环。由于花椒叶片养分回归慢，因而可以采用研究区域其他易于分解的凋落物制成生物肥料。已经表明，混合不同类型的凋落物可能会最大限度地提高营养资源的多样性，从而有利于微生物多样性（Brunel et al.，2017）。研究区域内有构树、红薯、金银花、花生、大豆等经济作物以及林地杂草，可以利用其来堆肥。以花椒枝叶和林下草本制作的有机肥，已经证明在改良土壤中发挥了重要作用（具体方案见本章 10.2 节内容）。采用该方法的优点是过程简单且成本低廉。综合起来，可以有如下技术：一是选择易分解的凋落物，可以与花椒枝叶共同发酵，使养分回归快速、全面。二是凋落物还田可以利用其中一些次生代谢物质的杀菌作用，也起到缓慢改良土壤的作用。三是采用凋落物堆制的有机肥，可以与畜禽粪便共同使用，以发挥更好的肥效。同时，也要考虑到凋落物还田可能引入杂草种子、抑制微生物活性等问题，这需要在实际应用中权衡利弊。未来，凋落物的腐熟及施用，还可根据林龄而有所不同，实现养分供需平衡，做到调控措施与林龄效应同步。

10.1.7　林下草本层调控

林下草本层是人工林生态系统的重要组成部分，对维持人工林生态功能稳定性具有重要作用（Gamfeldt et al.，2013）。与乔灌木相比，林下草本植物对干扰更为敏感，对环境的适应性更强。如果干扰破坏了原有的森林生态系统，草本植物通常会快速恢复，从而迅速改善土壤立地条件，降低地面太阳辐射强度，为乔灌木的生长繁育提供重要保障（黄云霞等，2016；Wang et al.，2021）。原因是其丰富多样性的草本植物能够提高土壤微生物多样性及其数量，提升土壤微生物活性，从而加速林地土壤养分循环进程（Chen et al.，2016）。同时，草本层的存在为人工林病虫害提供新的寄主植物，可以有效降低人工林病虫害发生的风险和程度。因此，为了促进顶坛花椒人工林正向演替，促进植被恢复和重建，应重视草本层尤其是地被物层的构建，充分发挥其在固土保水、养分归还、生境调节等方面的功能，提高人工生态系统的稳定性。

在顶坛花椒人工林的管理过程中，为改善其单一的结构，应该保留草本层的存在。一是在生产上禁用除草剂，以减少对林下植被和土壤微生物群落的负向效应。二是苏门白酒草、中华苦荬菜、细叶旱芹、鬼针草等植物在各个林龄下花椒均有分布，说明这些物种适应能力强，可以用作顶坛花椒林建群种来丰富林分的生物多样性，同时起到水土保持的作用。在林分生长初期，郁闭度较低，可增加一些喜光、株高较高的草本植物，生长后期则选择耐阴、低矮的草本植物。三是定期修剪林下草本植物，将高度控制在40～50cm，剪下的部分草本粉碎，发酵腐熟后，可以制成有机肥料，这样既减少了除草成本，又能增加绿肥。四是需要充分考虑郁闭度对林下植物的影响，避免大面积高密度种植，并且采取一定人工辅助手段保持最佳林分密度和枝条数量。

10.1.8　林下套种模式

林下套种是一种有效增加林下土壤养分并减少杂草数量的农业管理措施（Yuan et al.，2023），全球范围内，如非洲、亚洲、欧洲和美洲，都有套种现象（Yu et al.，2016）。套种增加了物种丰富度且提高作物产量和生态系统性能（Li et al.，2016），即套种会比单一作物取得更高的产量，这是由于套种促进了资源利用的互补性，并且减少了生态位的重叠（Zhang et al.，2017）。然而，当不同植株需要相同资源如光、水、养分时，就会形成竞争关系，从而破坏特定时间和空间竞争的平衡性，这种平衡关系的改善可通过优化作物种类来实现，以此最大限度地减少对资源的争夺（Yu et al.，2015）。为了改善顶坛花椒单一的种植模式，提高综合效益，可筛选一些作物作为花椒林下套种物种。经过长期的生产实践，发现顶坛花椒林下配置生姜、大豆、花生、金银花均取得了良好的效果。其中生姜、花生具有耐阴的生物学特性，适合栽植土面面积较大的生境，在林分中期种植，花椒植株形成的庇荫环境可以促进其生长。大豆可以固定大气中的氮，在长期缺氮的耕作系统中（Zahran，1999；Wang et al.，2022），与固氮作物间作可以提高土地生产力，同时减少氮的人工补充（Xu et al.，2020），适合栽植于花椒生长前期。金银花喜阳，于林分生长前期或中期，栽植在石缝、石沟、石槽等小生境。花椒套种上述物种的方法包括：生姜的栽植密度为0.25m×0.22m，高度控制在40～50cm，花椒密度为2.2m×2.5m；大豆栽植密度为（0.3～0.4）m×（0.3～0.4）m，高度控制在 30～40cm，花椒密度为 3m×（3～3.5）m；花生栽植密度为（0.3～0.4）m×（0.3～0.4）m，高度控制在 30～40cm，花椒密度为 3m×3m；金银花攀附在裸露岩石上面，形成约 50％的覆盖面为宜，花椒密度为（3.5～4）m×（3.5～4）m。由于喀斯特地区小生境较为复杂，具体密度可以根据生境特征和植物长势综合确定或调整，应保持动态性。

10.1.9 林龄与培育目标的确定

通过研究顶坛花椒土壤肥力随林龄的变化规律，发现应对林龄进行调控，以保证土壤肥力得到充分利用，维持林地生产力，因为林龄大于 20 年的花椒，养分吸收的能力逐渐变弱，产量也有所下降。顶坛花椒人工林培育应选择林龄在 20～22 年以下的林分作为主要经营目标。研究顶坛花椒果皮品质性状随林龄的变化规律时，发现在培育鲜椒、干椒和种椒等不同用途的顶坛花椒时，可以选择林龄各异的植株，实现品质差异化，从林龄视角开展定向培育。通常林龄小的作为鲜椒，其培育时间相对较短、对养分需求较为集中。林龄居中的用作干椒，其培育时间相对较长，养分积累要充分；过熟花椒植株适宜培育种椒，培育时间最长，种子成熟度最高，这为定向培育提供了科学依据。作为种椒的植株，林龄可以适当延长。

敏感性高的品质性状对变量的响应更大，响应滞后的指标不宜作为监测响应因子，敏感性强的指标则可以作为响应指示的良好指标，因此在品质评价指标确定上，灰分、维生素 E 等的敏感性弱，不宜作为区分品质性状的指标；游离氨基酸和微量元素敏感性强，可以作为品质分等定级的指标。铁在植物生长发育过程中同时扮演生命元素和金属元素的双重角色，其阈值的确定较为关键，准确把握好元素亏缺与超标的范围，做好产地环境保护较为重要。品质形成包括有机物质产生的次生代谢过程，充足的时间位移较为重要，因此适当延迟顶坛花椒的采摘时间，有利于核心品质物质的积累。

10.2 促进枝条培育和花芽分化的施肥方法

花芽分化是枝条上的生长点由分生出的营养芽分化出花芽的过程，枝条壮实和花芽分化是顶坛花椒产量和品质形成的重要基础，是顶坛花椒培育上较为关键的技术环节，也是生产上较难准确把握的环节。目前，对枝条培育和花芽分化的技术手段较多，概括起来主要有：养分管理、生长调节剂使用、树体改造、环境调控等几个方面，不同技术手段的侧重点存在一定区别。但是，归纳起来仍然存在如下问题：

一是对复合肥和植物生长调节剂的依赖均较高，不利于有机产品和绿色产品培育，且对土壤环境的副作用较大，容易造成重金属污染和土壤板结，也不利于植物根系对土壤养分的吸收。

二是原料成本过高，部分技术提及用腐殖土等制作新型有机肥，虽然肥效持久，但对生态环境存在一定破坏作用，且肥料加工、运输等成本过高，导致部分椒农难以承受，市场的可接受程度较低。

三是使用效果不佳，主要是没有协调好肥力、枝条、花芽分化三者之间的关系，尤其是高氮肥和矮化药物的频繁使用，导致营养生长向生殖生长转化不够及时，造成大量的资源和人力浪费，严重时会导致大面积减产甚至绝收。

基于此，本技术提供了一种促进花椒枝条培育和花芽分化的施肥方法及其应用，属于肥料生产及应用技术领域。针对现有顶坛花椒种植技术中所存在的缺陷，以枝条、花芽、叶片等关键器官为出发点，以产量和品质为出口，从枝条培育和促进花芽分化方面入手，分别优化了培枝肥、促花芽分化基肥和促花芽分化叶面肥的施肥种类、施肥时间和具体施用方法，形成了一套原料来源便捷、使用成本低廉、促进高产高质的顶坛花椒成套种植技术体系。实践证明，使用本方法可使顶坛花椒的树体更为健康，显著提高花芽分化质量，改善土壤环境质量，最终使产量和品质得到大幅提高，对顶坛花椒的种植和生产具有重要意义。

具体实施步骤如下：

步骤一：施用培枝肥

所述培枝肥为高氮硫基复合肥，于6月下旬和8月上旬分两次施用，第一次针对所有植株，施用量为每株0.2～0.5kg，施肥深度为15～30cm，第二次针对树势较差植株，施用量为每株0.4～0.6kg，施肥深度为15～30cm，施肥区域均为树冠滴水线以内20cm。

步骤二：施用促花芽分化基肥

所述促花芽分化基肥为花椒枝叶和杂草的腐熟有机肥，于每年11～12月施用，施用量为每株2～5kg，施肥深度为15～20cm，施肥区域为树冠边缘垂直投影线1周。

步骤三：施用促花芽分化叶面肥

所述促花芽分化叶面肥由磷酸二氢钾、植物生长调节剂和/或硼微肥组成，于9月上旬和10月下旬开始，分两个环节施用，第一个环节施用3～4次，第二个环节施用2～3次，两个环节中每次施用量均为每株0.5～0.8kg，施用间隔均为15～20d。

优选的，所述培枝肥为高塔硝硫基复合肥料。

优选的，所述促花芽分化基肥的制备过程包括以下步骤：

① 消杀。将虱螨脲、阿维菌素、吡唑醚菌酯和洁净自来水制备成消毒药水，对花椒枝叶和杂草进行消杀。

② 腐熟。将花椒枝叶和杂草分别粉碎、风干、腐熟。

③ 混合。

优选的，所述步骤①中虱螨脲、阿维菌素、吡唑醚菌酯和洁净自来水的体积比为1∶1∶1∶(1000～1500);消毒药水与花椒枝叶或杂草的质量比为1∶(5～8)。

优选的,所述步骤②中花椒枝叶粉碎成1～1.5cm长度,腐熟时间为40～60d;杂草粉碎成20～30cm长度,腐熟时间为60～90d;堆肥高度均不低于2m。

优选的,所述步骤③中腐熟后花椒枝叶与腐熟后杂草的混合质量比为1∶(2～3)。

优选的,所述步骤三第一个环节中施用的促花芽分化叶面肥由磷酸二氢钾、三十烷醇、洁净自来水制成,所述步骤三第二个环节中施用的促花芽分化叶面肥由磷酸二氢钾、芸薹素、硫体硼、洁净自来水制成。

优选的,所述磷酸二氢钾、三十烷醇和洁净自来水的混合比例为[(2∶1)～(3∶1)]∶1∶(500～600);所述磷酸二氢钾、芸薹素、硫体硼、洁净自来水的混合比例为3∶1∶1∶(500～600);其中磷酸二氢钾以质量计,其余组分按体积计。

该技术还提供了一种施肥方法在顶坛花椒种植中应用。

与现有技术相比,本技术具有如下技术效果:

一是树体更为健康。树体健康、健壮是顶坛花椒培育最基本的要求。通过本技术的实施,顶坛花椒树体更为高大,冠高较对照增加0.5倍以上;枝条健壮,叶片发黄、凋落等现象明显减缓,使光合能力得到较大增强,为树体储存了充足的养分。同时,对资源的利用能力得到优化。

二是花芽分化质量提高。本技术中的花芽呈现出饱满、圆大的特征,通体发亮,营养物质含量更加丰富,抵抗逆境胁迫的能力得到显著提高,为高产高质奠定了客观基础,为产量和品质提升提供了最基本保障。

三是土壤环境质量得到改善。该技术减少了对化肥、农药、生长调节剂、除草剂等农资的过度依赖,使土壤污染的风险大大降低,土壤微生物保持了较高的活性,有利于土壤质量改善和提高,构建更为稳定的农业生态系统。特别是减少了除草剂的使用,为土壤健康维护做出了突出贡献。

四是花椒产量和品质显著提高。通过对比监测数据可知,使用本技术,顶坛花椒的产量是对照组的2～3倍,顶坛花椒产值得到大幅提高。同时由于养分更为充足,顶坛花椒的干物质含量也较高,具备了更强的品质竞争优势。

10.3 高品质种椒培育技术

种质资源优良性状的稳定维持应当是其创制和利用的首要目标。种椒质量的核心是其遗传性状的稳定性,尤其是优异性状能否得到稳定维持并遗传下去。也有研究表明,实生苗繁殖可能导致优良性状退化,原因是种子质量在代际之间发生下降。因此,培育高品质种椒就成为顶坛花椒种植的关键措施。在生产实践中也发现,不同质量种椒的出苗率、成活率均存在较大差异,波动范围在20%～70%之间，表明培育高品质种椒尤为迫切和必要。

顶坛花椒定向培育还处于起步阶段。目前，在顶坛花椒栽培技术中，没有依据产品功能采取针对性的培育措施，技术缺乏定向性，特别是没有区分种椒和鲜椒的培育技术，造成产品的适用范围不清，这在很大程度上限制了顶坛花椒产业的发展。尤其是许多椒农将鲜椒的果实作为种椒使用，使苗木质量发生退化，影响了顶坛花椒的可持续经营。综上，开发顶坛花椒种椒定向培育技术，具有重要的现实意义。

归纳起来，现有近似技术主要存在以下问题：一是在培育顶坛花椒种苗时，主要从浸种、催芽、间苗等技术出发，旨在提高种子发芽率和田间成活率，对如何通过提高种子优异性状以增加出苗率的方法，总体还较为缺乏，对种子优良性状的形成和维持尚需加强；二是一些技术采取嫁接等方式培育苗木，但整合优良性状的同时，也带来一些对后代不利的性状，其利弊关系较难权衡，果实品质性状的稳定性也较差，难以形成持续的生态产业；三是对种子优良性状形成的调控技术集成欠缺，主要靠自然界筛选，缺乏人为合理干预措施，造成采种困难且具有一定的随机性。

基于此，本技术提供了一种花椒高品质种椒的培育方法，属于高品质种苗栽培技术领域。针对现有技术中顶坛花椒种椒培育中所存在的缺陷，结合自然背景特征，采取科学调控手段，分别在生境选择、树形控制、肥水管理、坐果时长控制和林下生草管理方面进行优化，其中树形控制包括冠幅大小、枝条数量、枝条间距、枝条长度的控制以及新梢摘除，肥水管理包括氮磷钾肥和微肥的施用以及土壤水分的调节，最终形成了一套可有效保持顶坛花椒种椒优良性状的培育体系。实践证明，使用本方法培育的顶坛花椒种椒，种子产量与质量得到较大提高，种子发芽率和出苗率得到显著提高，种子优异性状得以维持，同时还以肥代药，对环境十分友好。

本技术提供了一种花椒高品质种椒的培育方法，包括生境选择、树形控制、肥水管理、坐果时长控制和林下生草管理五个方面。

所述生境选择阳坡的石面、石沟、石槽等。小生境选择的目的是调节光照反射率和昼夜温差。由于小生境光照时间较长，能够促进初生、次生代谢产物积累。此项技术措施旨在通过生境布局来促进遗传物质的形成，充分结合了干热河谷地区的典型特征。

树形控制包括冠幅大小、枝条数量、枝条间距、枝条长度的控制以及新梢摘除五个方面。具体参数为：冠幅大小控制在（3～4）m×（3～4）m，枝条数量控制在48～60条，相邻枝条间距控制在0.3～0.5m，枝条长度控制在0.5～0.8m，新梢摘除是去除4～6月萌发的春梢和夏梢。冠幅大小控制时还包括手工摘除过密花芽的步骤，其目的是提高资源的利用效率，减少冗余空间，避免生态位过度重叠。控制合适的冠幅，可以提高资源利用效率。

枝条长度的控制是通过枝条修剪途径实现，枝条修剪部分占整枝长度的

20％～30％，修剪后枝条保留 0.5～0.8m 长，这样可以使枝条养分得以充分积累。而且采用的是修小枝的方式，避免修大枝。目的是减少新梢木质化压力，利于枝条养分积累，促进花芽分化，提高果实质量。

所述新梢摘除的目的是防止新梢生长过度竞争养分，影响种子物质积累。

肥水管理具体包括氮磷钾肥和微肥的施用以及土壤水分的调节，其中氮肥为高氮硫基复合肥，磷钾肥为磷酸二氢钾，微肥为钙肥。

优选的，所述氮肥为高塔硝硫基复合肥料，施用时间为 10 月底，施用量为每株 50～200g；所述磷钾肥为每 30～50g 磷酸二氢钾兑水 50kg 制成的水剂，施用时间为 7 月中旬，施用量为每株 0.8～1.2kg；所述微肥为椒博士中量元素水溶肥料，于 3 月中旬和 4 月上旬各施用一次。

所述氮肥施用以低量为原则，严防后期诱发新梢。所述高塔硝硫基复合肥肥料登记证号为黔农肥（2014）准字 0607 号，由贵州开磷集团股份有限公司生产，施用量依据树势酌情调整。

所述椒博士中量元素水溶肥料由四川国光农化股份有限公司生产，Ca≥170g·L^{-1}，肥料登记证号为农肥（2018）准字 8058 号；施用时按 8～12g 兑水 15kg，可喷洒 10～12 株成熟花椒，以叶片正反面开始滴水为宜。

优选的，所述土壤水分调节具体为使土壤水分有 1/2 天维持在 20％～30％。

所述土壤水分含量在非降雨天气时通过浇水途径维持，浇水间隔为 12～15d。通过水分胁迫，可诱导次生物质积累。

优选的，所述坐果时长控制在 3 月至 10 月中的 160～180d 内。

所述坐果时长的控制目的是增加时间位移，使次生代谢反应的时长足够，防止挂果时间太短导致生化物质积累不充分。

林下生草管理具体是将林下草本植物的高度控制在 30～50cm，超高部分采取割草机缓慢刈割，同时防止伤害顶坛花椒主干。该高度的草本植物层能够起到蓄水保墒，为病虫害创造新宿主植物等作用，适宜于构建乔灌层和草本层完整的人工生态系统。

与现有技术相比，本技术具有如下效果：

（1）种子产量与质量得到较大提高　采取本技术提供的方法，种椒产量可提高 1 倍以上，采摘后即可开始催芽，避免了种子因过久保存而发生霉变、失活等质量下降的问题；加之种子直径更大、干物质含量更高，且次生代谢产物积累时间更长，种子质量也得到较大提升。

（2）种子发芽率和出苗率显著提高　在种子质量得到提高的基础上，种子发芽率和成活率也显著增加，几乎不采取补植和补种措施，降低了造林成本，能够快速遏制石漠化逆向演替，并实现生态经济效益；苗木质量的提高，使生产管理成本也极大降低，有利于生态化和规模化种植，成为优选的先锋树种和经济树种。尤其是顶坛花椒主要在干热河谷地区种植，适应能力的提升，极大减少了造林劳务开支。

（3）**种子优异性状得以维持**　由于采取的生态化措施减少了药剂、激素的使用，使种子的优良性状得以维持，避免了实生苗移栽造成林分退化的问题。本技术注重营造适宜花椒生长的自然环境，同时施以适度胁迫，生长时间位移也更长，使次生代谢物质能够充分积累，因此优异遗传性状得到保存。归纳起来，该技术不仅提高了花椒的产量和品质，还实现了性状的稳定，这对其他木本植物苗木培育具有较大的参考价值和借鉴意义。

（4）**以肥代药**　与传统其他技术大量使用药剂不同，本技术主要通过提高土壤肥力和控制修剪等措施，减少农药的使用，实现生态栽植；同时，还充分利用了林下草本层的优势作用，杜绝了除草剂的使用，实现无公害栽植。综合来看，本技术从源头上大大降低了化学药剂的施用量，有效提高了花椒果实品质，在较大程度上保存了优良性状，因此该项技术具有较大的推广价值。

10.4　顶坛花椒定向培育技术

10.4.1　定向培育的概念

林木培育技术包括整地、苗木培育、水肥管理、整形修剪、病虫害防控等，既互为独立，又紧密联系。

定向的"向"，即方向、目标，就是植物特定的最终利用目的和方式。不同的"方向"，其培育技术存在较大差异，措施不同，称为定向。简单地说，就是通过技术调节，以实现不同的利用目标。可以说，定向培育是"一个古老而重要的话题"。

10.4.2　定向培育的原则

一是抓住核心性状，比如顶坛花椒的香麻味，调味功能的实现以次生代谢物质为主。二是明确两个视角，就是优异的种质资源和科学的培育技术。三是协同代谢产物，包括维持生命的初生产物和适应环境的次生产物，初生代谢产物是前体，必不可少。四是做好产量兜底，生物量是基础，尊重生态系统中的协同与矛盾关系。五是采取靶向措施，措施到位、精准、靶向是获取高价值生态产品的核心。

10.4.3　定向培育的作用价值

一是给产品定位，提高市场的占有度。二是给产品提质，增强市场的竞争力。三是给产品分流，降低产品的拥挤度。四是给产品挖潜，增加产品的可用性。通过定向培育技术，使不同产品实现各自价值。

10.4.4　定向培育的关键理论

（1）**地质大循环与生物小循环**　地质大循环是指上地幔以上整个岩石圈中物质的循环，循环过程以物质的理化特性发生明显变化为标志。生物小循环是指地表环境内部狭义生物圈（生态系统）中的物质循环，循环过程以生命体的生理特性发生明显变化为主要标志，以各种动植物体为循环相对稳定阶段的基本形态和环节，以食物链的形式进行。

（2）**有机质与矿物质**　有机质是指含有生命机能的有机物质，植物体内有一定复杂的生化变化，有机物协调并有方向地转化，从而表现出不同的代谢类型。矿物质是地壳中自然存在的化合物或天然元素，是构成植物组织和维持正常生理功能所必需的各种元素的总称，是植物体必需的营养素。可以说，"土壤需要有机质，植物需要矿物质"。

（3）**大量元素和微量元素**　大量元素，是指植物正常生长发育需要量或含量较大的必需营养元素。微量元素指自然界广泛存在的含量很低的化学元素。它们都是植物生长、发育所必需的，并同时发挥着营养供给和信号传导等功能。我们以往多关注其营养供给功能，对元素功能的认识还需要不断全面。

（4）**光合作用和蒸腾作用**　光合作用是植物利用太阳能把二氧化碳和水合成糖类同时释放氧气的过程。蒸腾作用是指水分以气体状态，通过植物体的表面（主要是叶片），从体内散失到体外的现象。叶片蒸腾有两种方式：一是通过角质层的蒸腾叫角质蒸腾；二是通过气孔的蒸腾叫气孔蒸腾。

（5）**顶端优势和边际效应**　顶端优势指植物的主茎顶端生长占优势，同时抑制着它下面邻近的侧芽生长，使侧芽处于休眠状态的现象。多增加一个单位的产量带来的成本称为边际成本，边际效应是指物品或劳务的最后一单位与前一单位效用的比较，如果后一单位的效用比前一单位的效用大，则是边际效用递增，反之则为边际效用递减。

（6）**根系和根际**　根系是植物长期适应陆生生活环境而逐渐发育和完善的营养器官，其主要作用是从土壤中吸收水分和矿质养分，并将植株固定在土壤中。根际是指受植物根系活动的影响，在物理、化学和生物学性质方面不同于原土体的土壤微域。

（7）**生态因子与最小因子定律**　生态因子是指环境中对生物生长、发育、生殖和分布有直接或间接影响的环境要素，例如温度、湿度、养分、氧气、二氧化碳和其他相关生物等。李比希认为供给量最少（与需要量相差最大）的元素决定着植物的产量，这一理论后来不断得到丰富和完善。

（8）**水肥耦合与元素计量平衡**　水肥耦合是物理学概念的借用，指水分与肥料之间或水分与肥料中的 N、P、K 等营养元素之间的相互作用对植物生长和生理特征及其利用效率的影响。元素之间的平衡状态对生态系统稳定性、生产力等影响很大，土壤 C/N 等化学计量指标在生产上已经广为使用。

（9）**养分吸收、运输和循环**　是指营养物质从介质进入植物体内的过程。根系是植物吸收养分的主要器官，主要吸收矿质养分，特别是大量和中微量养分；其次是地上部，以叶片为主，主要吸收和同化二氧化碳。养分吸收、运输和循环是通过林木生理、生态、生化反应实现的。

（10）**环境胁迫与适应调节**　环境胁迫是指环境因素的量接近或超过有机体、种群或群落的一个或多个忍耐极限时造成的胁迫作用，对生长产生不利影响。可以通过高温锻炼、化学制剂处理、加强栽培管理等途径开展适应调节，提高生理活性。解除环境胁迫是林木培育中的一项重要措施。

10.4.5　定向培育的技术要点

根据文献（祖元刚等，2010），这里整理了定向培育技术的要点，包括如下七个方面。

（1）**定向培育方向的选择**　选择正确的培养方向在定向培育中至关重要，培养方向是否正确决定着能否最终实现目的经济产物的增量。可以选择的方向分为以下三类：以收获营养体（根、茎、叶等）为培育方向、以收获生殖器官（花、果实、种子等）为培育方向、以获得目的活性物质为培育方向。

（2）**定向培育生活史型的选择**　在确定了培育方向后，接着要以生活史型理论为基础，推断在定向培育工作中需要将植物培植成什么生活史型（比如物候规律、生长特征、生命过程等），不同的培育方向对应不同的植物生活史型。具体地，可以是我们理想的树形是什么等，先有一个定位。

（3）**实现培育目标所需要的环境条件筛选和确定**　以生活史型理论为指导，选择便于人工调控的环境因子（通常为光照、水分和营养条件）；在选定的环境条件下，对不同水平处理的培育植物进行生活史型监测。筛选出可以实现目的生活史型的环境条件及其水平，为定向培育中的工程设计提供依据和参考。

（4）**实现所需环境条件的工程设计（技术措施）**　工程设计的中心是实现目的生活史型所需的环境条件，并尽可能地提高土地利用率，降低病虫害的发生。工程设计是否成功决定着定向培育中能否实现培育植物的目的生活史型，也最终决定了定向培育工作的成败。工程设计主要包括自然条件的选择、人工辅助设施的使用、生态手段的利用三个方面。

（5）**目的植物的培植**　按照工程设计的要求，将植物定植在特定的环境条件下，让其快速生长，以获得较高的生物量，同时根据最终培植目的，实施一定的人工辅助措施，其间要注意日常田间管理。

（6）培育植物生活史型的计测　在定向培育过程中要定期对植物的生长状况和形态学数据进行监测，并根据形态学数据计测得到植物的生活史型，将实际计测得到的生活史型与预期生活史型进行对比，评价定向培育是否达到了预期的目的。

（7）经济产量和经济效益的评估　以获得营养体和生殖器官为目的的定向培育，收获有代表性的样株，对目的收获部分进行计重；进一步测算经济产量，再通过单价计算单位土地面积的经济效益。效益估算要反馈到技术措施的优化调整。

通俗地说，就是定位什么目标，采取何种生活史型，如何对易于调控的因子进行优化，辅助必要的人工措施，最后开展效果评估和效应估算，并反馈于培育技术优化。定向培育过程中要抓住那些易于调控的环节及参数。

10.4.6　顶坛花椒定向培育技术案例

10.4.6.1　技术的几个核心要领

① 要以较有利于核心性状的形成为原则，比如香麻度、抗病性等。

② 水肥管理、整形修剪、病虫害防治是关键技术措施，其中技术参数和时间节点比较关键。

③ 不同培育技术对应各自的产出指标与标准。

④ 不同培育目标要有对应的产品开发需求和路径。

⑤ 定向培育技术是一个动态发展的过程，应在实践中不断丰富和完善。

归纳起来，总思路为分类经营、定向培育。定向包括定品质（定目标、时间）、定树形（立地）、定土壤（肥料，决定香味、麻味、维生素、微量元素）等等。需要在生产实践中不断深化。

10.4.6.2　技术案例

在前期研究积累之上，首先将顶坛花椒定向培育目标确定为：鲜椒、干椒、椒目仁椒和种椒。不同目标在立地条件选择、养分管理、枝条修剪和病虫害防治等技术环节存在差异。比如，在立地水平较低的地块，以培育生长时间相对较短、养分需求较为集中的鲜椒为主。以鲜椒培育为例开展深入分析。

（1）立地条件　选择在海拔 $600 \sim 1200m$，土层较为浅薄的区域。

（2）养分管理

① 土壤施肥。共施用两次，分别为 6 月下旬、7 月下旬～8 月上旬。肥料类型为复合肥，用量为每株 $0.3 \sim 1kg$。

② 叶面追肥。自 8 月上旬开始，共 $2 \sim 3$ 次，每次间隔时间约 20d。施用方法为亲土 360：磷酸二氢钾：芸薹素/三十烷醇，按 50g：30g：5～10mL：20kg 纯净自来水，约喷洒 30 棵花椒树。

（3）枝条管理

① 主要培育目标为秋梢。

② 树高为 1.6～2.5m。

③ 采摘时间为 6 月下旬～8 月上旬，以剪代采，修剪之后采取控梢。

④ 结果枝长度为 0.7～1m。

⑤ 结果枝条量为 40～60 条。

⑥ 树形为开心形，分枝角度为 35°～50°。

⑦ 枝条基径为 0.8～1.5cm。

⑧ 3 月上旬摘心 3～10cm，主要针对未充分木质化的部分。

（4）病虫害防治 视病虫害的发生规律，每年进行 3～6 次病虫害防治。

① 防锈病：7 月下旬至 8 月中旬进行，药剂为 37％戊唑醇水乳剂，用法为 20mL 兑 20kg 自来水，喷洒 30～40 棵花椒树。

② 防蚜虫：8 月上旬进行。高温（34℃以上）天气时，药剂为 70％吡虫啉水分散粒剂，用量为 20g 兑 20kg 水，喷洒 30～40 棵花椒树；低温天气时，药剂为啶虫脒，用量和方法同吡唑啉。

10.4.7　定向培育与顶坛花椒的出路

① 定向培育并不是新鲜的提法，但是却非常重要，在花椒产业中应用前景较好。

② 定向培育拓宽了顶坛花椒的产品出路，对我们而言，不论在技术还是市场方面，均为机遇与挑战并存。

③ 定向培育是顶坛花椒产业发展的关键路径，我们要保护好顶坛花椒这个优良种质资源，实现产业振兴。

④ 生态产品价值实现是当前的热点，它依赖于定向培育，好的技术就是其价值实现的最好路径之一。

⑤ 我们要防止本地优良种被外来劣质种冲击，这是值得政府、企业和椒农等思考的问题；要将顶坛花椒的香麻味性质稳定保持下去，并力争实现提升。

10.4.8　定向培育展望

根据市场需求，实现分类定向培育。未来，要按市场所需的鲜椒、干椒、椒目仁椒、医用椒、化妆椒、香水椒、保健椒等，细分花椒培育目标，使花椒有针对性和特色，避免花椒统货所造成的生态产品高度同质化现象，实现产品多元化的提质增效。培育目标细分后，要求的内含物（目标物质）不同，对花椒的培育技术也不同。目前，顶坛花椒定向培育技术才刚起步，仍不成熟，需要在今后不断提炼、总结和熟化。

10.5 其他技术要领

① 花椒栽培思路。形造好、枝留好、叶保好、肥施好、水浇好、土松好、病防好。

② 高效栽培的核心。良种、良法、强枝、富叶、壮花、壮果。这12字概括了顶坛花椒栽培过程中的关键技术环节。

③ 顶坛花椒管理经验。春管花、夏壮果、秋长枝、冬稳芽。应当注重不同时期的管理要点，开展有针对性的培育措施。

④ 顶坛花椒树形要求。树要稳、腰要粗、枝要壮。枝条基径要粗，枝条不一定长，壮枝而不是长枝，应依据枝条状况、立地条件、树龄等综合确定。

⑤ 修枝原则。老弱病残去除（疏除）；常绿树种重剪培秋梢，落叶树种培春梢，枝停长后控氮；常绿树种秋冬季不（半）落叶，生理分化期不用氮。修枝时，枝强——轻修，枝弱——中修，枝衰老——重修（疏）；不在主干上留内膛枝，否则抢养分。枝条成熟时间晚，会导致花芽分化不够，落花落果严重。

⑥ 花椒病虫害防控和水肥条件是决定落花、落果、落叶等的重要因素，是重要的生产管理手段。

⑦ 花椒落叶后，没有辅养叶，会激发叶芽分化，抑制花芽形成。因此，花椒培育过程中，要在秋冬季保住叶片，这是养分积累的关键技术，也是保证花芽分化质量的重要前提。主要是水肥管理和病虫害防治。

⑧ 花芽分化期要减少N肥用量，增加K肥用量，因树势太旺不会挂果。6至9月可以施氮肥，9月以后停施氮肥，目的是让枝条老化、积累养分；9月以后施叶面肥，补充钾、磷酸二氢钾、氨基酸等；没有充分把握的前提下，尽量不施用尿素。

⑨ 花椒枝条受伤后，要将受伤的组织尽快切除；否则，会将大量物质和能量用于伤口修复，对花椒生长、产量和品质产生较大影响。

⑩ 由于不同林龄的果皮品质存在差异，通常林龄小可作为鲜椒，林龄居中可用作干椒，过熟花椒植株适宜培育种椒。

⑪ 品质形成是包括有机物质产生的次生代谢过程，充足的时间位移较为重要，因此适当延迟顶坛花椒的采摘时间，有利于品质提升。

⑫ 花椒栽培应当在前一年做好基础，不能出现明显的表型性状再开始调控，因此掌握其生长规律是前提之一。同时，物候期会因小生境而发生一定变化，我们应当结合实地进行观测。

⑬ 采取用肥料强行提苗，苗木抗性差，不要过多施氮。用不同肥料类型、施用量来提苗长成的苗木，和自然生长的苗木，其适应性和抗性存在差异。

⑭ 并非花椒果实大则精油含量高，果实大的干物质含量也许不够，精油含量

的提高还是需要依靠施肥等技术手段。

⑮ 从肥料组分看，花椒施肥要把握两个关系，"长"和"藏"。长即生长期，藏即养分贮藏期。生长期是从萌芽到结果枝停止高生长；养分贮藏期是停止高生长后开始进入花芽生理分化期与形态分化期，为成花过程的关键期。生长期，以速效肥为主，需什么施什么；养分贮藏期，以缓效的有机肥为主，特别要控氮，控营养生长促生殖生长。

⑯ 从肥料类型看，幼树、叶少树的生长期，春季高氮中磷低钾，夏季采收前壮果高钾，下枝前后高氮，壮梢高钾中磷低氮；把握不准就尽量施用平衡肥，叶面肥在促花保果期，秋季枝条老化期以磷酸二氢钾为主，一般可结合病虫害防治施用，也要注意药物和肥料是否可匹配使用。冬施基肥以有机肥为主。

参考文献

陈训，李苇洁，龙秀琴，等，2011. 顶坛花椒培育技术规程：LY/T 1942—2011 [S].

陈瑶，余雯静，陈珑，等，2022. 基于同质园的不同品种茶树叶性状变异及经济谱 [J]. 应用与环境生物学报，29 (3)：720-729.

程雯，喻阳华，熊康宁，等，2019. 喀斯特高原峡谷优势种叶片功能性状分析 [J]. 广西植物，39 (8)：1039-1049.

邓雪花，喻阳华，熊康宁，等，2022. 不同林龄花椒光合特性及对土壤养分的响应 [J]. 森林与环境学报，42 (2)：149-157.

何念鹏，刘聪聪，张佳慧，等，2018. 植物性状研究的机遇与挑战：从器官到群落 [J]. 生态学报，38 (19)：6787-6796.

何腾兵，刘元生，李天智，等，2000. 贵州喀斯特峡谷水保经济林植物花椒土壤特性研究 [J]. 水土保持学报，14 (2)：55-59.

黄昌勇，徐建明，2010. 土壤学 [M]. 3 版. 北京：中国农业出版社.

黄甫昭，李健星，李冬兴，等，2021. 岩溶木本植物对干旱的生理生态适应 [J]. 广西植物，41 (10)：1644-1653.

黄云霞，徐萱，张莉芎，等，2016. 百山祖常绿阔叶林灌草层物种组成和分布的 10 年动态 [J]. 生物多样性，24 (12)：1353-1363.

霍灿灿，朱栗琼，龙孟元，等，2023. 7 种园林绿化灌木叶片功能性状及生态化学计量特征 [J]. 热带作物学报，44 (2)：337-346.

孔令伟，喻阳华，熊康宁，等，2022. 顶坛花椒叶功能性状对经营措施的响应 [J]. 森林与环境学报，42 (4)：364-373.

李安定，杨瑞，林昌虎，等，2011. 典型喀斯特区不同覆盖下顶坛花椒林地生态需水量研究 [J]. 南京林业大学学报（自然科学版），35 (1)：57-61.

李红，喻阳华，2020. 干热河谷石漠化区顶坛花椒叶片功能性状的海拔分异规律 [J]. 广西植物，40 (6)：782-791.

李红，喻阳华，龙健，等，2021. 顶坛花椒叶片功能性状对早衰的响应 [J]. 生态学杂志，40 (6)：1695-1704.

刘海燕，喻阳华，熊康宁，等，2021. 喀斯特生境 3 种经济林树种光合作用对光强的响应特征 [J]. 南方农业学报，52 (9)：2507-2515.

刘凯，吴君，韩永振，等，2021. 福建柏叶功能性状分布特征及优良种源选择 [J]. 分子植物育种，http：//kns. cnki. net/kcms/detail/46. 1068. S. 20211015. 1924. 028. html.

刘可欣，赵宏波，张新洁，等，2019. 修枝强度对水曲柳光合作用及细根非结构性碳的影响 [J]. 东北林业大学学报，47（11）：42-46.

刘杨，孙丽莉，廖红，等，2020. 养分管理对安溪茶园土壤肥力及茶叶品质的影响 [J]. 土壤学报，57（4）：917-927.

柳开楼，黄晶，张会民，等，2018. 基于红壤稻田肥力与相对产量关系的水稻生产力评估 [J]. 植物营养与肥料学报，24（6）：1425-1434.

容丽，王世杰，刘宁，等，2005. 喀斯特山区先锋植物叶片解剖特征及其生态适应性评价——以贵州花江峡谷区为例 [J]. 山地学报，23（1）：35-42.

孙梅，田昆，张贇，等，2017. 植物叶片功能性状及其环境适应研究 [J]. 植物科学学报，35（6）：940-949.

谭代军，熊康宁，张俞，等，2019. 喀斯特石漠化地区不同退化程度花椒光合日动态及其与环境因子的关系 [J]. 生态学杂志，38（7）：2057-2064.

王德炉，朱守谦，黄宝龙，2003. 贵州喀斯特区石漠化过程中植被特征的变化 [J]. 南京林业大学学报（自然科学版），27（3）：26-30.

王登超，符羽蓉，喻阳华，等，2022. 顶坛花椒不同季节萌发枝条的果皮氨基酸累积特征 [J]. 南方农业学报，53（7）：1963-1972.

王景燕，龚伟，包秀兰，等，2016. 水肥耦合对汉源花椒幼苗叶片光合作用的影响 [J]. 生态学报，36（5）：1321-1330.

王凯，王聪，冯晓明，等，2022. 生物多样性与生态系统多功能性的关系研究进展 [J]. 生态学报，42（1）：11-23.

王慎强，蒋其鳌，钦绳武，等，2001. 长期施用有机肥与化肥对潮土土壤化学及生物学性质的影响 [J]. 中国生态农业学报，4（9）：67-69.

温延臣，李燕青，袁亮，等，2015. 长期不同施肥制度土壤肥力特征综合评价方法 [J]. 农业工程学报，31（7）：91-99.

杨君，邱帅，叶康，等. 2023. 绣球花芽分化进程中需冷量及生理生化变化特征 [J]. 植物生理学报，59（3）：557-568.

喻阳华，李一彤，宋燕平，2023. 顶坛花椒栽培技术与实践 [M]. 北京：化学工业出版社.

喻阳华，王璐，钟欣平，等，2018. 贵州喀斯特山区不同海拔花椒人工林土壤质量评价 [J]. 生态学报，38（21）：7850-7858.

喻阳华，王忠云，盈斌，等，2021. 喀斯特高原峡谷生态产业经营原理与技术 [M]. 北京：中国环境出版集团.

张景慧，王铮，黄永梅，等，2021. 草地利用方式对温性典型草原优势种植物功能性状的影响 [J]. 植物生态学报，45（8）：818-833.

张悦，田青，黄蓉，等，2022. 城市异质生境下绿化树种叶功能性状特征及对大气污染耐受性 [J]. 生态学杂志，41（11）：2106-2116.

张运，宋崇林，陈健，等，2022. 10 年生杉木人工林叶片和细根功能性状对土壤磷添加的响应 [J]. 林业科学研究，35（4）：23-32.

钟欣平，喻阳华，侯堂春，2021. 干热河谷石漠化区顶坛花椒叶片蒸腾速率及其与环境因子的关系 [J]. 西南农业学报，34（7）：1548-1555.

周玮，周运超，2010. 北盘江喀斯特峡谷区不同植被类型的土壤酶活性 [J]. 林业科学，46（1）：136-141.

周玮，周运超，李进，2009. 花江峡谷喀斯特区土壤肥力质量评价 [J]. 土壤通报，40 (3)：518-522.

周玮，周运超，田春，2008. 花江喀斯特地区花椒人工林的土壤酶演变 [J]. 中国岩溶，27 (3)：240-245.

祖元刚，杨逢建，张学科，等，2010. 喜树人工复合群落目的活性物质定向培育研究 [M]. 北京：科学出版社.

Ahmed N, Zhang Y S, Li K, et al, 2019. Exogenous application of glycine betaine improved water use efficiency in winter wheat (*Triticum aestivum* L.) via modulating photosynthetic efficiency and antioxidative capacity under conventional and limited irrigation conditions [J]. Crop Journal, 7 (5)：635-650.

Andivia E, Villar-Salvador P, Oliet J A, et al, 2021. Climate and species stress resistance modulate the higher survival of large seedlings in forest restorations worldwide [J]. Ecological Applications, 31 (6)：e02394.

Ansquer P, Duru M, Theau J P, et al, 2009. Functional traits as indicators of fodder provision over a short time scale in species-rich grasslands [J]. Annals of Botany, 103：117-126.

Bei S, Zhang Y L, Li T T, et al, 2018. Response of the soil microbial community to different fertilizer inputs in a wheat-maize rotation on a calcareous soil [J]. Agriculture ecosystems & Environment, 260：58-69.

Brunel C, Gros R, Ziarelli F, et al, 2017. Additive or non-additive effect of mixing oak in pine stands on soil properties depends on the tree species in Mediterranean forests [J]. Science of the Total Environment, 590：676-685.

Chen Y L, Chen L Y, Peng Y F, et al, 2016. Linking microbial C : N : P stoichiometry to microbial community and abiotic factors along a 3500-km grassland transect on the Tibetan Plateau [J]. Global Ecology and Biogeography, 25 (12)：1416-1427.

Cornelissen J H C, Lavorel S, Garnier E, et al, 2003. A handbook of protocols for standardised and easy measurement of plant functional traits worldwide [J]. Australian Journal of Botany, 51：335-380.

Díaz S, Kattge J, Cornelissen J H C, et al, 2016. The global spectrum of plant form and function [J]. Nature, 529 (7595)：167-171.

Gamfeldt L, Snall T, Bagchi R, et al, 2013. Higher levels of multiple ecosystem services are found in forests with more tree species [J]. Nature communications, DOI：10. 1038/ncomms 2328.

Gill J, Sale P, Peries R, et al, 2009. Changes in soil physical properties and crop root growth in dense sodic subsoil following incorporation of organic amendments [J]. Field Crops Research, 114：137-146.

Hodgson J G, Wilson P J, Hunt R, et al, 1999. Allocating C-S-R plant functional types: a soft approach to a hard problem [J]. Oikos, 85：282-294.

Kumar R, Bisen J S, Singh M, et al, 2015. Effect of pruning and skiffing on growth and productivity of Darjeeling tea (*Camellia sinensis* L.) [J]. International Journal of Technical Research and Applications, 3 (3)：28-34.

Li B, Li Y Y, Wu H M, et al, 2016. Root exudates drive interspecific facilitation by enhancing nodulation and N_2 fixation [J]. Proceedings of the National Academy of Sciences, 113 (23)：6496-6501.

Li P, Wu M, Kang G, et al, 2020. Soil quality response to organic amendments on dryland red soil in subtropical China [J]. Geoderma, 373：114416.

Martin S L, Mooney M J, Dickinsonet M J, et al, 2012. Soil structural responses to alterations in soil microbiota induced by the dilution method and mycorrhizal fungal inoculation [J]. Pedobiologia, 55 (5)：271-281.

Pérez-Harguindeguy N, Díaz S, Garnier E, et al, 2013. New handbook for standardised measurement of plant functional traits worldwide [J]. Australian Journal of Botany, 61：167-234.

Qin J, Xi W M, Rahmlow A, et al, 2016. Effects of forest plantation types on leaf traits of Ulmus pumila and *Robinia pseudoacacia* on the Loess Plateau, China [J]. Ecological Engineering, 97: 416-425.

Reich P B, Walters M B, Ellsworth D S, 1997. From tropics to tundra: global convergence in plant functioning [J]. Proceedings of the National Academy of Sciences of the United States of America, 94: 13730-13734.

Sun M, Zhang C, Lu M, et al, 2018. Metabolic flux enhancement and transcriptomic analysis displayed the changes of catechins following long-term pruning in tea trees (*Camellia sinensis*) [J]. Journal of Agricultural and Food Chemistry, 66 (32): 8566-8573.

Wang G, Sun Y, Zhou M, et al, 2021. Effect of thinning intensity on understory herbaceous diversity and biomass in mixed coniferous and broad-leaved forests of Changbai Mountain [J]. Forest Ecosystems, 8 (1): 53.

Wang T, Duan Y, Liu G, et al, 2022. Tea plantation intercropping green manure enhances soil functional microbial abundance and multifunctionality resistance to drying-rewetting cycles [J]. Science of The Total Environment, 810: 151282.

Westby Y M, Wright I J, 2006. Land-plant ecology on the basis of functional traits [J]. Trends in Ecology & Evolution, 21 (5): 261-268.

Wright I J, Reich P B, Westoby M, et al, 2004. The world-wide leaf economics spectrum [J]. Nature, 428: 821-827.

Xu Z, Li C, Zhang C, et al, 2020. Intercropping maize and soybean increases efficiency of land and fertilizer nitrogen use: A meta-analysis [J]. Field Crops Research, 246: 107661.

Yazdanpanah N, Mahmoodabadi M, Cerdà A, 2016. The impact of organic amendments on soil hydrology, structure and microbial respiration in semiarid lands [J]. Geoderma, 266: 58-65.

Yu Y H, Song Y P, Li Y T, 2022. Management practices effects on *Zanthoxylum planispinum* 'Dintanensis' fruit quality [J]. Agronomy Journal, DOI: 10. 1002/agj 2. 21034.

Yu Y, Stomph T J, Makowski D, et al, 2015. Temporal niche differentiation increases the land equivalent ratio of annual intercrops: a meta-analysis [J]. Field Crops Research, 184: 133-144.

Yuan B, Yu D, Hu A, et al, 2023. Effects of green manure intercropping on soil nutrient content and bacterial community structure in litchi orchards in China [J]. Frontiers in Environmental Science, 10: 2637.

Zahran H H, 1999. Rhizobium-legume symbiosis and nitrogen fixation under severe conditions and in an arid climate [J]. Microbiology and Molecular Biology Reviews, 63 (4): 968-989.

Zhang W P, Liu G C, Sun J H, et al, 2017. Temporal dynamics of nutrient uptake by neighbouring plant species: evidence from intercropping [J]. Functional Ecology, 31 (2): 469-479.

附　录

附录1　第三届中国花椒产业发展高峰论坛纪实

2023年4月15日至16日，由惠椒网（四川惠椒多多科技有限公司）、四川国光作物品质调控技术研究院椒博士项目部共同主办的第三届中国花椒产业发展高峰论坛在四川省成都市国光松尔科技园成功举办。据主办方介绍，来自全国各地花椒产业链相关的三百余家单位五百多人参会，包括花椒种植端、商贸流通企业、花椒终端和次终端用户、花椒行业科研院所以及花椒行业专家学者参加了这次会议。通过此次峰会，不同花椒主体之间进行了深入交流和合作意向洽谈，为共同推动花椒产业发展提供了动力。虽然在疫情和市场等因素影响下，花椒的种植规模和主体都受到一定影响，但还是看到了大家对花椒的热爱和坚守。

第一部分　高峰论坛

峰会上，西北农林科技大学兼国家花椒创新联盟理事长魏安智教授、青岛利和味道公司总裁张永昌、贵州省林业科学研究院王港副研究员、台湾著名花椒学者蔡名雄等特邀嘉宾针对七个议题进行了分享，包括：花椒市场行情与产业发展方向、乡村振兴与花椒产业融合发展、花椒产业标准化、花椒精深加工与副产物综合开发利用、花椒特异种质资源发掘与利用、全国花椒产业链如何联动发展、花椒产品如何与国际市场接轨。嘉宾们充分发表了自己的看法和见解，并与参会人员互动，深化了对花椒相关问题的理解，会议达到了预期目标。

当前，花椒种植受到很多外界因素的冲击，比如霜冻、冰雹、干旱等自然灾害，气候变化引起的花椒物候改变，市场供需不稳定，价格波动较大等，这影响了椒农种植的信心，也对花椒产业的持续发展造成一定影响。如何规避这些问题，成为不同花椒主体密切关注的话题。嘉宾们认为，这些挑战对花椒产业而言，既是危机，也是机遇，应该科学合理地控制花椒产量，确定花椒优良品种的适生区，使花椒种植的规模有序扩张，形成良性循环。还要加强行业标准的制定，形成技术规范和约束，以此加强品牌保护，避免劣质产品对品牌产品的冲击，维护品牌信誉，保障种植端收益。此外，嘉宾们还认为，延长花椒产业链，具有重要的现实意义，是提高产业稳定性，应对各种风险的有效途径。会上，嘉宾们就大家所关心的市场行情、产业振兴驱动乡村振兴、标准化、精深加工、剩余物利用、优异种质资源创制与利用、花椒产业联动、国际市场需求与贸易往来等话题，展开讨论并发表富有成效的见解，回答大家关心的问题。通过交流和互动环节，参会者对发展花椒产业的思路更加清晰，认为目前遇到的挑战也是花椒产业重组和优化的动力来源，有利于今后采取动态调控措施，消除各种风险和挑战。

第二部分　中国花椒产业振兴座谈会

高峰论坛召开前，举行了中国花椒产业振兴座谈会。会上，各位领导、专家、学者们积极发言，对于花椒产业如何促进乡村振兴，发表独特看法。总结起来，会议认为，目前花椒产业发展取得了优异成绩，总体在不断进步，规范性也逐渐提高。但是，还存在以下不足：一是产业链短，功能性成分挖掘不足，限制了花椒产业的发展。二是精深加工仍较缺乏，多以原材料供应为主，附加值较低。三是花椒产业相关标准缺乏，如种植、品质评定等标准较少或尚未统一，导致市场行为缺乏引导性，不利于规范市场秩序。四是食品安全问题还需要更加重视，虽然我们关注花椒的香味和麻味，但由于花椒是入口调料，因此农残超标等仍然要高度关注，力争打造有机、绿色、健康食品。五是资源化利用程度不高，花椒的药用价值开发、副产物加工、药食之外功能的发挥等，仍然有较大的提升空间。这些交流和互动，对花椒产业发展过程中存在的问题进行了梳理，有利于推动产业发展，助力乡村振兴。

花椒产业发展还存在一些突出问题，需要在今后的工作中加以完善。一是产品同质化严重，比如多用于鲜椒或干椒，且鲜椒的贮藏技术尚未取得较大突破，应该对产品进行不同市场需求定位，针对不同目标的产品，开发定向培育技术。二是要提高花椒抗风险和应对灾害的能力。如冰雹造成的树体损伤与落花落果，干旱造成的花芽不能分化甚至树体死亡，病虫害导致的叶片掉落，气候变化引起的物候改变等。通过提高花椒的抗风险能力，能够促进产业健康发展。三是缺乏行业标准。简单地说，花椒好不好，什么是好，什么是不好，没有一个统一的评价标准；不同的花椒，如何对其进行分级，也没有相应的标准，或者分级依据过于简单，导致各地的市场比较混乱。因此，加强标准制定尤为重要且紧迫。四是好品种离不开环境和技术，不能盲目推广，要论证、要规划，提高成功率；技术上还有很多需要突破的地方。

第三部分　花椒产业发展技术分享

这次会议上，诸多专家、学者分享了花椒种质创新、高效栽培、产品加工等技术。云南省林业和草原科学院陆斌团队分享了提高竹叶花椒果实产量的三肥两剪果枝轮替栽培法，该技术充分考虑了气候特点以及竹叶花椒的生物学特性，可使竹叶花椒单位面积产量提高50％以上。国光花椒研究所曾令富所长对国光20年花椒调控技术研究与应用历程进行了交流，介绍了植物调控在生长、产量形成、品质性状上的重要性，提出要结合花椒基地实际情况开展调控，并重点阐述了基于功能肥的品质调控技术，其因地制宜熟化技术参数的思想，得到参会者的响应。宏达香料公司董事长陈双亭做了2023年全国花椒产业发展报告，对花椒行情进行了深入浅出的分析，有利于大家对花椒产业发展的动态把握，尤其对市场变化有了预期和判断。同时，四川省林科院经济林研究所副所长陈善波分享了少刺或无刺花椒新品种创制与应用，中国科学院西北特色植物资源化学重点实验室副主任杨军丽就"花椒功能成分研究与利用"做了报告，西南交通大学生命科学与工程学院院长周先礼教授分享了花椒药用价值研究与成果分享。此外，其他专业技术人员还对花椒保果与壮果技术、病虫害科学防控、功能肥在花椒上的应用、花椒全过程调控方案等进行了交流和主题演讲。报告人还与参会者交流了想法和认识，能够促进技术整合与更新。

这些报告，包括了花椒种质资源创制与利用、花椒高效栽培与标准化培育技术、花椒功能成分挖掘、花椒产品深加工等领域，较为完整地构建了花椒研究全产业链，给参会者一定的启发作用，具有很强的理论和实践价值。未来，不同的花椒主体，可以立足不同功能和需求，开展相应环节的工作，并注重与其他环节的有机结合，笔者认为这是本次会议的突出贡献之一。

同时，会场还展示了花椒功能肥料、电动修剪工具、风干筛选设备等产品，参展商介绍了产品的技术原理、使用方法和注意事项等，拓展了参会者的思维和视野，为今后从事花椒产业提供了思路与想法，尤其有利于促进花椒产业朝轻简化发展。

第四部分　笔者体会

通过此次参会，了解了同行水平，也与不同主体进行了深入交流，并对花椒产业有一个更加系统的认识和思考。

一是要持续加强花椒领域的科学研究。目前，关于花椒种质、栽培、产品挖掘等方面的研究仍然显得不足，对花椒物候及其变化、生长规律、品质形成机理等掌握不够充分，使一些技术缺乏理论支撑，导致技术的适用性不强。今后，需要以花椒产业链条为线索，开展基础研究、技术研发和应用示范，不断推动花椒产业向更高水平发展。

二是要构建花椒产业全链条。目前，虽然在各自场合均有不同人士强调要延长花椒产业链，但是这项工作还处在起步阶段，缺乏较强的系统性和逻辑性。比如，产业链包括哪些环节，如何细化，不同领域之间如何整合与拓展等，目前仍不够完全清晰。未来，需要加强产业链构建、细分、深化等工作，不断提高花椒的附加值，提升椒农的种植信心。

三是要加强信息沟通与交流。笔者在日常工作中感觉到，花椒相关的信息沟通较少，比如种植面积、产量、市场需求、存在问题等，缺乏交流的平台和载体，使不同花椒主体之间的信息交流不畅。当前，迫切需要提供一个不同主体沟通与交流的平台，促进高质量交流，旨在不断调控花椒产业发展政策、有机培育技术，开拓新兴市场。

四是要形成合力、组团式发展。不同花椒主体之间，应该摒弃竞争思维，打破区域限制，形成合力，相互支持、共同发展。在栽培技术、产品研发、市场信息等方面，要加强合作；要改变过去单枪匹马、信息闭塞的局面，大家组团发展，实现互利共赢。

五是要不断开拓国内、国际市场。目前，花椒产品的使用仍然较为局限，未来可以在食品添加、保健、副产品开发与加工等领域，拓宽应用范围。同时，要抓住构建以国内大循环为主体，国内国际双循环相互促进的契机，不断开拓新兴市场，提高花椒的使用量，逐渐消化库存，稳步扩大规模，使产业发展健康有序。

附录2 花椒品质指标解读

根据文献（赵志峰，2019），我们梳理了花椒的核心品质指标，旨在对花椒的资源化利用提供理论参考。主要化学成分有：①酰胺类物质。多为链状不饱和脂肪酸酰胺，以山椒素为代表，有强烈的刺激性，是麻味物质的主要来源；其他则为连有苯环的酰胺。②生物碱。一类具有复杂的氮杂环结构，并具有碱性和显著的生物活性的含氮有机物的总称。③黄酮类物质。花椒中分离的黄酮类物质具有药理活性，具有抗氧化、抗衰老、抗肿瘤等活性。④多糖。具有提高免疫力、抗肿瘤、抗病毒、抗衰老、抗感染、抗溃疡等多种生物活性功能，花椒因具有多糖而使其在功能性食品和食品添加剂市场潜力巨大。⑤木脂素。一类在生物体内由双分子苯丙素衍生物聚合而成的化合物，有杀虫、抗癌、致泻等生物活性，这与其分子中常有多个不对称碳原子有关。⑥挥发油。特殊的风味物质，也是重要的次生代谢产物和复杂的萜类化合物，为花椒香味的主要来源，成分主要有烯烃类、醇类、酮类等。

在这些化学成分中，由于花椒主要作为调味品，其占据的市场最大，因此大家首先关注的是香麻味物质。其中，麻味物质是指从花椒中提取的能够引起人体辛麻感觉的一类物质，通常是以山椒素为代表的链状多不饱和脂肪酸酰胺；已经在花椒中发现的天然脂肪酸酰胺类物质大约有 27 种，主要有 α-山椒素、β-山椒素、羟基-α-山椒素及其同分异构体、羟基-γ-山椒素及其同分异构体、花椒素及异花椒素等。香味呈味物质主要是挥发油，其主要化学成分有芳樟醇、柠檬烯、蒎烯、月桂烯等，因花椒品种、气候条件、水肥状况、林龄、部位、栽培措施、挂果时长、制备方法等不同，导致相对含量差异较大。因此，正式实验开始前，可以针对性地开展一些预实验，根据所研究的花椒对象，针对性地选取评价指标。不同物质的呈味机制各异，使花椒具有丰富的风味特征。

其他关注的指标还有：

一是矿质元素。通常以物质含量和灰分等作为表达指标，因其含量不同，不同学科对其认识也存在差异。比如，从营养学角度，多将其视为必需营养物质，为植物生长、形态建成、品质形成所必需，也是施肥的重要指导依据；从环境学角度，通常将其视为重金属，用作评价环境污染的指标，也是食品质量与安全评价的内容；不同的研究视角，甚至会得到截然相反的定论。实际上，由于其含量不同，发挥的功能也存在较大差异，比如锌元素，为必需的生源要素，但是超过阈值则会产生环境污染，最终影响人体健康；同时，由于元素之间具有较为复杂的联合效应，导致其作用机理也不同，但目前对这方面的了解还不够深入。选取矿质元素作为品质指标时，应当首先对指标内涵、评价过程、本底状况等有较为清晰的了解，明确评价的目的、抓住评价的核心，这样得到的结果才有实际价值。

二是农药残留检测。农药为产量和品质提升做出了卓越贡献，但农药残留会通过生物富集等途径在人体内积累，威胁身体健康，成为食品质量与安全、出口检测检疫的重要指标。因此，农残检测成为食品品质检测的内容之一。农残的具体检测方法较多，有色谱法、生物传感器法、免疫分析法等，不同方法具有各自的优缺点（刘朋，2022）。由于花椒作为产品或添加剂的出口量较大，且在种植过程中受到一定的人为干预，因而必要时可将农残纳入检测指标。

三是初生代谢产物。包括氨基酸、维生素、蛋白质、糖类等，由于花椒中的初生代谢物质含量相对较低，且花椒主要作为调料而非食品，因此对其关注较少。但是，由于初生代谢参与植物体内合成生命活动必需物质的代谢过程，是植物形态建成物质，且次生代谢物质是初生物质进一步反应而生成的（刘立新和梁鸣早，2018），在研究花椒适应能力、次生代谢物质形成过程、品质优化调控等内容时，可以适当纳入花椒的初生代谢物质，有利于构建初生和次生产物的转化关系。

此外，在特定目标下，花椒中发挥药理、药效的成分和物质，也可以作为检测指标，这也能够为定向培育提供理论依据。花椒品质评价涉及的指标较多，在实践中，应当根据目标、需求和检测条件等综合确定；同时，不同的需求，即使测定相同的指标，其样品采集与预处理方法也存在差异，试验设计过程中要考虑到这些因素。

参考文献

赵志峰，2019. 花椒中的风味物质［M］. 成都：四川大学出版社.

刘立新，梁鸣早，2018. 次生代谢在生态农业中的应用［M］. 北京：中国农业大学出版社.

刘朋，2022. 基于纳米酶催化的农残检测方法开发与应用［D］. 苏州：江苏大学.

附录 3   花椒精油测定方法

参照《胡椒精油含量的测定》（GB/T 17527—2009）执行，该标准由中华人民共和国农业部提出，由全国辛香料标准化技术委员会归口，起草单位是农业部食品质量监督检验测试中心（湛江），由杨春亮、周慧玲、黎珍连等起草。

精油含量是在该标准规定的条件下，被水蒸气夹带出来的所有物质含量，以 $mL \cdot 100g^{-1}$ 表示。测试原理是将试样的水悬浮液进行蒸馏，馏出液收集在有刻度的接收管中，刻度管里的精油和水彼此分离，读出精油的体积，计算精油的含量。

测定需要挥发油测定器（由冷凝管、蒸馏接收器、圆底烧瓶组成）、可调式加热装置、量筒、防爆沸粒或玻璃珠、组织捣碎机、样品筛、天平等。

样品粉碎过筛后，储存于棕色瓶中备用。挥发油测定器使用前需要用重铬酸钾-硫酸洗涤液充分洗涤，洗净油污；称量制备好的试样 40g，精确到 0.01g，置于烧瓶中，加入 400mL 蒸馏水，再加入防爆沸粒或玻璃珠，连接好挥发油测定器，蒸馏接收管应事先注满蒸馏水。然后加热烧瓶，缓慢蒸馏 4h，馏出液每分钟从冷凝管滴下约 5 滴。关闭热源，冷却至室温后读出精油体积，精确至 0.05mL。由于精油加热极易挥发，应严格控制蒸馏速度，保证冷却充分，否则会影响结果的准确性。精油含量以质量分数 ω 计，单位为 $mL \cdot 100g^{-1}$，计算公式为：$\omega = V/m \times 100$。式中，V 为从蒸馏接收管中测得的精油体积，mL；m 为试样质量，g。

花椒精油含量及其香气成分受到品种、产地环境、经营措施等影响，还受到采摘时间、储存方式、加工技术等影响。在样品采集和制备过程中，应做好采样描述和记录等相关工作，便于后期对测试结果进行对比分析。